新工科机器人工程专业规划教材

Industrial Robot Technology

工业机器人技术

李瑞峰　葛连正　编著

清华大学出版社
北京

内容简介

本书是作者多年从事工业机器人教学和研发的一些技术总结，分别介绍了工业机器人的数学基础、机械系统、控制系统、软件系统、性能检测、编程及应用等内容，为读者提供了系统的工业机器人理论、设计和应用基础。

本书可供工业机器人研发和应用的技术人员参考，也可以作为高等院校机器人工程专业教师和本科生的教学参考书。

图书在版编目(CIP)数据

工业机器人技术/李瑞峰，葛连正编著.—北京：清华大学出版社，2019(2024.7重印)
(新工科机器人工程专业规划教材)
ISBN 978-7-302-53296-5

Ⅰ.①工… Ⅱ.①李… ②葛… Ⅲ.①工业机器人—高等学校—教材 Ⅳ.①TP242.2

中国版本图书馆CIP数据核字(2019)第138696号

责任编辑：许　龙
封面设计：常雪影
责任校对：赵丽敏
责任印制：宋　林

出版发行：清华大学出版社
网　　址：https://www.tup.com.cn，https://www.wqxuetang.com
地　　址：北京清华大学学研大厦A座　　**邮　　编**：100084
社 总 机：010-83470000　　**邮　　购**：010-62786544
投稿与读者服务：010-62776969，c-service@tup.tsinghua.edu.cn
质量反馈：010-62772015，zhiliang@tup.tsinghua.edu.cn
印 装 者：三河市龙大印装有限公司
经　　销：全国新华书店
开　　本：185mm×260mm　　**印　　张**：13.25　　**字　　数**：320千字
版　　次：2019年7月第1版　　**印　　次**：2024年7月第6次印刷
定　　价：45.00元

产品编号：080805-02

新工科机器人工程专业规划教材

机器人技术与系统国家重点实验室

组织编写委员会

前　言

FOREWORD

机器人技术是涉及机械电子、感知测量、控制、通信和计算机等学科的综合性高新技术，是光机电软一体化研发制造的典型代表。而工业机器人则是机器人技术发展的典型代表，其研发、制造和应用是衡量一个国家科技创新和高端制造业水平的重要标志，是推进传统产业改造升级和结构调整的重要支撑。同时，工业机器人是现代制造业重要的自动化装备，是制造业实现数字化、智能化和信息化的重要载体。工业机器人及以其为主体的自动化成套设备是提升制造业发展质量和竞争力的重要途径。目前，工业机器人已经广泛应用于汽车及汽车零部件制造业、机械加工行业、电子电气行业、橡胶及塑料工业、食品工业、物流和制造业等诸多领域中。

随着人口老龄化加剧，劳动力短缺，劳动力成本急剧上升，下游制造行业的生产方式也亟待升级。我国亦高度重视机器人产业的发展，相继出台了《关于推进机器人产业发展的指导意见》《机器人产业发展规划(2016—2020 年)》等，在战略上做了顶层设计。地方扶持政策也积极跟进，重点是对研发和“机器换人”应用的扶持。工业机器人作为我国高端装备制造的基础设备之一，是我国“十二五”发展规划中高端制造装备战略性新兴产业的重要组成部分，也是其他战略性新兴产业发展的重要基础装备。目前全国已有四十多家机器人产业园，中国已经成为全球最大的机器人市场。

机器人产业有着多层次的人才需求，教育部等部委联合发布的《制造业人才发展规划指南》预测，到 2020 年我国高档数控机床和机器人领域人才缺口将达到 300 万；到 2025 年，人才缺口将进一步扩大到 450 万。虽然我国企业和科研机构不断加大机器人技术研究与本体研制方向的人才引进与培养力度，但现场调试、维护操作与运行管理等应用型人才的培养力度依然有所欠缺。同时，各高校和职业院校也相继设置了机器人及其应用的相关专业，而系统介绍工业机器人技术和研发的专业技术书籍还不多。编者多年从事工业机器人研发，先后承担过国家重点研发计划、国家数控重大专项、“863”计划项目中的工业机器人研发课题，具有较为丰富的工业机器人研发经验，书中的部分工业机器人实例也是这些国家课题项目的技术成果。

全书共分 6 章。第 1 章介绍了工业机器人的概念和定义，阐述了工业机器人按照发展程度、性能、结构、控制、驱动和应用特征分类的情况，并对工业机器人关键技术、国内外工业机器人的发展现状和趋势进行了分析。第 2 章讲述了工业机器人的数学基础，重点介绍了工业机器人的位姿描述、坐标系转换、运动学模型、工作空间、典型轨迹规划算法。对机器人的雅可比矩阵和机器人动力学进行了简介。第 3 章分析了工业机器人的机械系统，包括机器人本体的总体结构、关节形式、材料选择、传动机构和机构优化等，讲述了工业机器人的系统标定、性能指标及测试方法。第 4 章讲述了工业机器人的驱动和控制系统，对工业机器人的各种控制方式进行了阐述，以一种工业机器人控制系统设计为例，对控制系统的硬件和软件结构进行了设计。第 5 章系统介绍了工业机器人的编程方式、编程语言、当前主要的工业机器人仿真系统，阐述了机器人的机械系统、控制系统和软件系统的原理及操作流程。第6章介绍了工业机器人在制造业领域的应用状况，包括工业机器人的安全情况、通信方式、传感器系统，以及基于视觉、力觉的工业机器人应用设计案例。分别介绍了焊接、搬运、喷涂、装配和协作等典型工业机器人的应用。

本书针对工业机器人的设计和应用过程，除了介绍和讨论机器人学的基本理论外，更加注重机器人实际设计及工程应用中应该注意的问题和一些关键技术掌握。分别从工业机器人的理论基础、机械系统设计、控制系统设计、机器人编程及应用等方面给读者提供了完整的工业机器人设计和应用流程。本书可供机器人研发、设计、工程应用的技术人员参考，也可以作为高等院校机器人专业教师和本科生的教学参考书。

本书是哈尔滨工业大学机器人研究所工业机器人课题组老师和研究生的共同研究成果。李瑞峰教授负责本书的总体规划和修订，重点编写了第1、3、6章，葛连正助理研究员重点编写了第2、4、5章。本书撰写工作得到了王珂、赵立军、陈健、仝勋伟、王淑英、吴重阳、郭万金、刘志恒等很大的支持与帮助，在此表示衷心感谢。

本书在写作过程中对相关专家进行了咨询，同时查阅了同行专家学者和一些科研单位、院校的教材和文献，在此向各位文献作者致以诚挚的谢意。由于作者水平有限，书中难免存在不足和错误之处，敬请广大读者批评指正。

作　者

2019年5月

目录

CONTENTS

第 1 章 绪论

1954 年,美国人 G. C. 戴万获得了第一项工业机器人专利,1958 年美国机械与铸造公司(A. M. F)研制成功一台数控自动通用机器,商品名为 Versatran,并以"工业机器人"(Industrial Robot)为商品广告投入市场,这就是世界上最早的工业机器人。经过 60 多年的迅速发展,工业机器人已经广泛应用于汽车及汽车零部件制造业、机械加工行业、电子电气行业、橡胶及塑料工业、食品工业、物流和制造业等诸多领域中。作为先进制造业中不可替代的核心自动化装备,工业机器人已经成为衡量一个国家制造水平和科技水平的重要标志。同时,工业机器人的发展是一个动态过程,其性能及应用将随着科技的发展而同步提升。为此,本节将对工业机器人的基本概念、发展状况及其应用前景做一整体介绍,为后续章节的学习奠定基础。

1.1 工业机器人定义

目前,世界各国对工业机器人还没有统一的明确定义。通常工业机器人是指面向工业领域的多关节机器人或多自由度的机器装置,日本工业机器人协会(JIRA)将工业机器人定义为"一种装备有记忆装置和末端执行器的,能够转动并通过自动完成各种移动来代替人类劳动的通用机器"。根据国家标准,工业机器人定义为"其操作机是自动控制的,可重复编程、多用途,并可对 3 个以上轴进行编程。它可以是固定式或移动式,在工业自动化应用中使用",操作机又定义为"一种机器,其机构通常由一系列互相铰接或相对滑动的构件所组成。它通常有几个自由度,用以抓取或移动物体(工具或工件)"。

工业机器人具有可编程、拟人化和通用性的显著特点。因此,一般对工业机器人的理解为:具有拟人手臂、手腕和手功能的机械电子装置,它可把任一物件或工具按空间位置和姿态的时变要求进行移动,从而完成某一工业生产的作业任务。如夹持焊钳或焊枪,对汽车或摩托车车体进行点焊或弧焊;搬运压铸或冲压成型的零件或构件;进行激光切割;喷涂;装配机械零、部件等。

机器人技术涉及机构学、控制论、计算机、信息技术、传感技术、仿生学和人工智能等多学科技术,目前并没有统一的定义,其定义和应用领域也必将随着技术发展而持续发展。工业机器人作为一种典型的机电一体化数字化装备,体现着机器人技术的发展成果,可实现制造生产的模块化、智能化,技术附加值高,应用范围广,作为先进制造业的支撑技术和信息化社会的新兴产业,世界各国都将其作为工业自动化发展的重点方向,将对未来生产和社会发展起着越来越重要的作用。

1.2 工业机器人分类

工业机器人可按照不同的功能、用途、规模、结构、控制和驱动形式等分成很多类型，目前国内外尚无统一的分类标准。参考国内外相关资料，本节对工业机器人作如下分类。

1.2.1 按机器人的发展程度分类

机器人技术融合了多学科的发展成果，随着学科技术的不断发展，工业机器人的发展经历了从低级到高级的过程。工业机器人作为机器人的一种主要类型，可根据从低级到高级的发展程度分为以下几类。

1. 第一代机器人

第一代机器人主要指只能以“示教-再现”方式工作的工业机器人，称为示教再现型(图 1-1)。示教内容为机器人操作结构的空间轨迹、作业条件和作业顺序等。所谓示教，即由操作者指示机器人运动的轨迹、停留点位和停留时间等。然后，机器人依照示教的行为、顺序和速度重复运动，即所谓的再现。

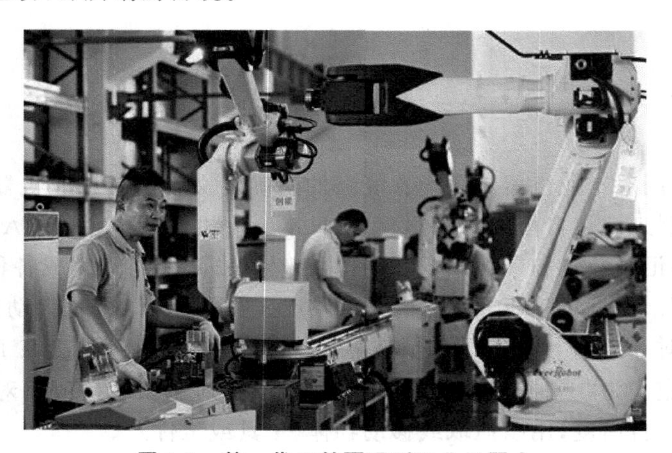

图 1-1 第一代示教再现型工业机器人

普遍的示教方式是通过机器人的控制面板或专用手控盒完成的。操作人员利用控制面板上的开关或键盘控制机器人一步一步地运动，机器人自动记录每一步，然后重复，并且操作者可以对示教的程序进行编辑。目前在工业现场应用的机器人大多采用这一方式。

另外，更为高级、方便的示教方式可由操作员手把手地进行。操作人员抓住机器人上的喷枪把喷涂时要走的位置走一遍，机器人记住这一连串运动的逻辑顺序及示教点的位置和姿态，工作时自动重复这些运动，从而完成给定位置的喷涂工作。

2. 第二代机器人

第二代机器人带有一些可感知环境的装置，通过反馈控制，使工业机器人能在一定程度上适应环境的变化(图 1-2)。

这样的技术现在正越来越多地应用在工业机器人上，例如焊缝跟踪技术。在机器人焊接的过程中，通过示教方式给出机器人的运动曲线，机器人携带焊枪走这个曲线进行焊接。这就要求工件的一致性好，也就是说工件被焊接的位置必须十分准确，否则，机器人行走的曲线和工件上的实际焊缝位置将产生偏差。焊缝跟踪技术是在机器人上加一个传感器装置，通过传感器装置感知焊缝的位置，再通过反馈控制，机器人自动跟踪焊缝，从而对示教的位置进行修正。即使实际焊缝相对于原始设定的位置有变化，机器人仍然可以很好地完成焊接工作。

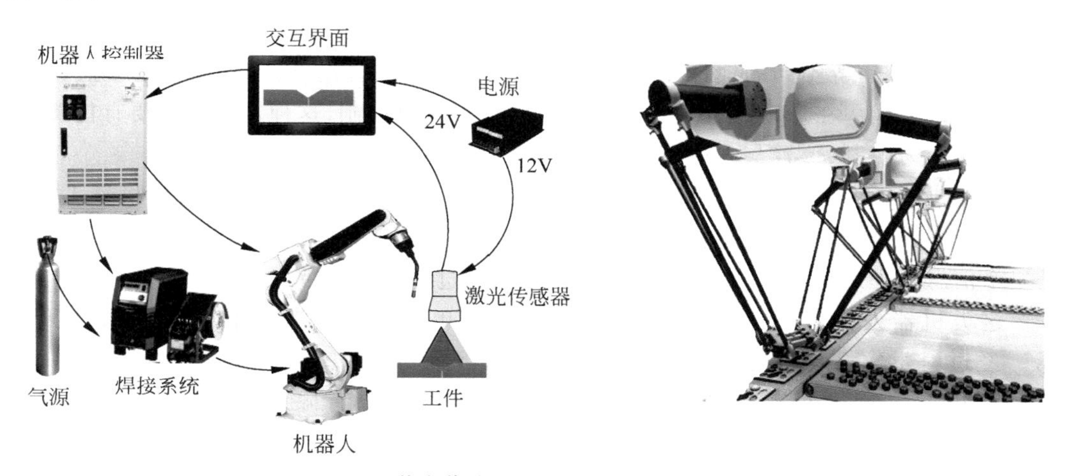

图 1-2 载有传感器的第二代工业机器人

另外一个典型例子为机器人打磨作业，机器人通过安装在腕部或末端的力传感器可以控制打磨力的大小。近年来，FANUC 机器人推出一种视觉识别工业机器人，可以自动判别物料筐中工件的姿态和位置，自动进行散乱堆放零件的挑选，提高了工作效率。

3. 第三代机器人

第三代机器人是智能机器人，是机器人学追求的最高级阶段。它具有多种感知功能，可进行复杂的逻辑推理、学习、判断及决策，可在作业环境中独立行动，具有发现问题且能自主解决问题的能力(图 1-3)。

图 1-3 第三代智能机器人

智能机器人至少要具备以下 3 个要素：①感觉要素，用来认识周围环境状态；②运动要素，对外界做出反应性动作；③思考要素，根据感觉要素所得到的信息，思考出采用什么样的动作。

感觉要素包括感知视觉、接近、距离等非接触型传感器和感知力、压觉、触觉等的接触型传感器。这些要素实质上相当于人的眼、鼻、耳等五官，它们的功能可以通过诸如摄像机、图像传感器、超声波传感器、激光器、导电橡胶、压电元件、气动元件、行程开关和光电传感器等机电元器件来实现。

对运动要素来说，智能机器人需要有一个无轨道型的移动机构，以适应诸如平地、台阶、墙壁、楼梯和坡道等不同的地理环境。它们的功能可以借助轮子、履带、支脚、吸盘、气垫等移动机构来完成。在运动过程中要对移动机构进行实时控制，这种控制不仅要有位置控制，而且还要有力控制、位置与力混合控制、伸缩率控制等。

智能机器人的思考要素是 3 个要素中的关键因素，也是人们要赋予智能机器人必备的要素。思考要素包括判断、逻辑分析、理解和决策等方面的智力活动。这些智力活动实质上是一个信息处理过程，而计算机则是完成这个处理过程的主要手段。

这类机器人具有高度的适应性和自治能力，也是人们努力使机器人能够达到的目标。经过科学家多年来不懈的研究，已经出现了很多各具特点的智能机器人。但是，在已应用的智能机器人中，机器人的自适应技术仍十分有限，该技术是机器人今后发展的方向。

1.2.2 按机器人的性能指标分类

工业机器人作为一种制造业工作单元，或独立工作，或与其他工位协调作业，因此必须考虑工业机器人的工作环境和能力等因素。机器人的工作空间是机器人操作器的工作区域，负载能力和工作空间是工业机器人的重要衡量指标之一，工业机器人按照负载能力和作业空间等性能指标可分为 5 类。

1. 超大型机器人

超大型机器人的负载能力为 500kg 以上，最大工作范围可达 3.2m 以上，大多为搬运、码垛机器人(图 1-4)。由于机器人的尺寸较大，机器人的定位精度要求不高。

2. 大型机器人

大型机器人的负载能力为 100～500kg，最大工作范围为 2.6m 左右，主要是点焊、搬运机器人(图 1-5)。

3. 中型机器人

中型机器人的负载能力为 10～100kg，最大工作范围为 2m 左右，主要是点焊机器人、浇铸机器人和搬运机器人(图 1-6)。

4. 小型机器人

小型机器人的负载能力为 1～10kg，最大工作范围为 1.6m 左右，主要是弧焊机器人、点胶机器人和装配机器人(图 1-7)，该类型的工业机器人具有较高的定位精度。

图 1-4　重载搬运机器人

图 1-5　大型码垛和点焊工业机器人

图 1-6　中型工业机器人

5. 超小型机器人

超小型机器人的负载能力为 1kg 以下，最大工作范围为 1m 左右，包括洁净环境机器人、精密操作机器人(图 1-8)，一般具有较高的运动速度和精度。

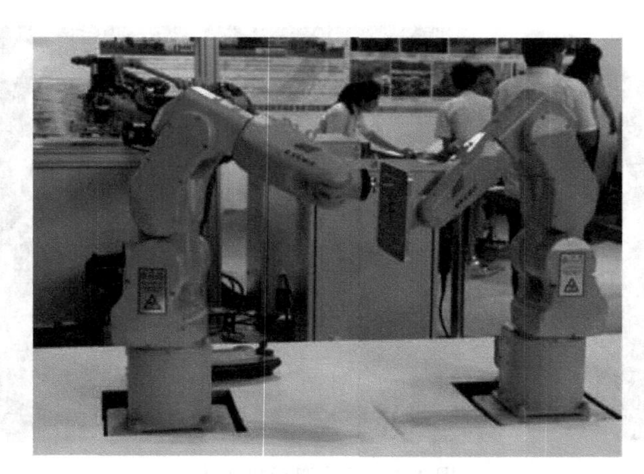

图 1-7 小型工业机器人

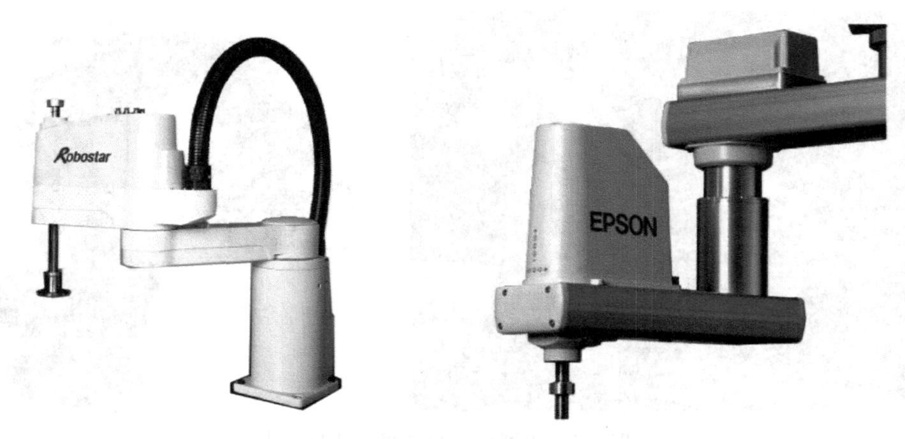

图 1-8 SCARA 装配机器人

1.2.3 按机器人的结构特征分类

在机械结构上，两个或两个以上的构件通过运动副而组成的系统称为运动链。组成运动链的各构件构成首末封闭系统的运动链称为闭链；反之为开链。工业机器人按结构特征是否开、闭链，可分为串联机器人、并联机器人和混联机器人 3 种类型。

1. 串联机器人

顾名思义，由开链组成的机器人称为串联机器人。其特点是一个轴的运动会改变另一个轴的坐标原点。早期的工业机器人如 PUMA 机器人、SCARA 机器人都是串联机器人，其结构如图 1-9 所示。

目前国内外机器人公司的主流产品均为串联关节型机器人。机器人的运动由大、小臂的俯仰及腰座的回转构成，其结构紧凑，灵活性大，能与其他机器人协调工作。

2. 并联机器人

并联机器人是一种动平台和定平台通过至少两个独立的运动链相连接，机构具有两个或两个以上自由度，且以并联方式驱动的一种闭环机构(图 1-10)。并联机器人结构紧凑，

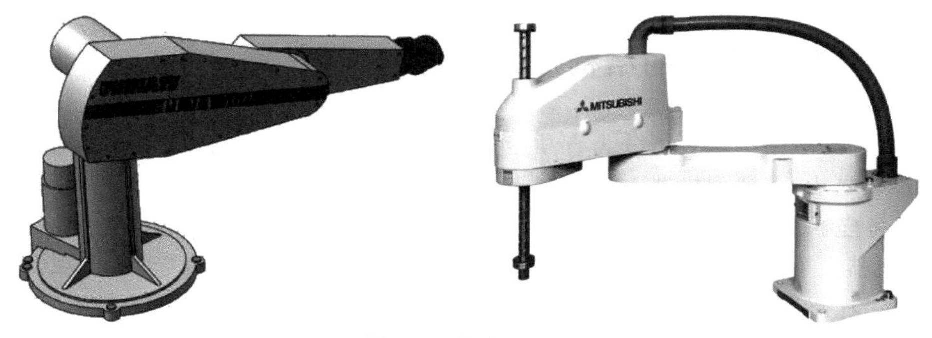

图 1-9　串联机器人

具有精度高、速度高、动态响应好、刚度高、承载能力大和工作空间较小的特点。并联机器人结构较为复杂,这正好同串联机器人形成互补,从而扩大了工业机器人的选择和应用范围。

图 1-10　并联机器人

根据这些特点,并联机器人主要应用于需要高刚度、高精度或者大载荷而无须很大工作空间的领域,包括运动模拟器、潜艇救援、装配生产线、并联力传感器、动感娱乐平台、空间飞行器的对接装置、天文望远镜的姿态控制器等。

3. 混联机器人

开链中含有闭链的机器人称为串并联机器人,或混联机器人。TRICEPT 机械手模块则是一种典型的混联机器人,它结合了串联型与并联型两者的特点。其结构如图 1-11 所示。

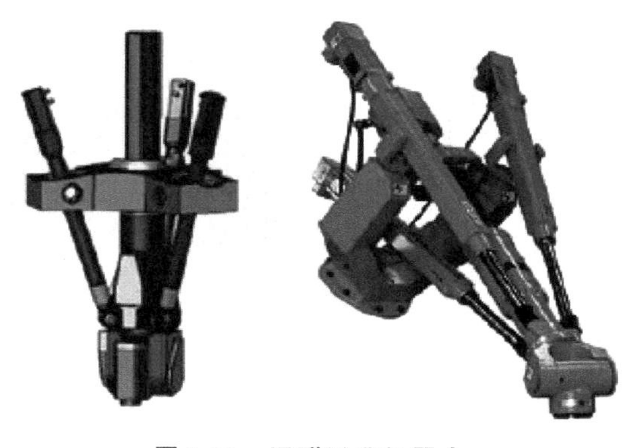

图 1-11　混联工业机器人

1.2.4 按机器人的结构形式分类

工业机器人按结构形式可分为直角坐标型机器人、圆柱坐标型机器人、球坐标型机器人、关节型机器人、多臂型机器人、柔性关节机器人和AGV移动机器人等。

1. 直角坐标型机器人

此类机器人手部空间位置的改变通过沿3个互相垂直的轴线的移动来实现，即沿着x轴的纵向移动，沿着y轴的横向移动及沿着z轴的升降(图1-12)。该形式机器人的位置精度高、刚性好、控制无耦合、制作简单。但动作范围小，灵活性差。由于直角坐标机器人有3个自由度，适合于只要求空间位置操作，对空间姿态无要求的场合。

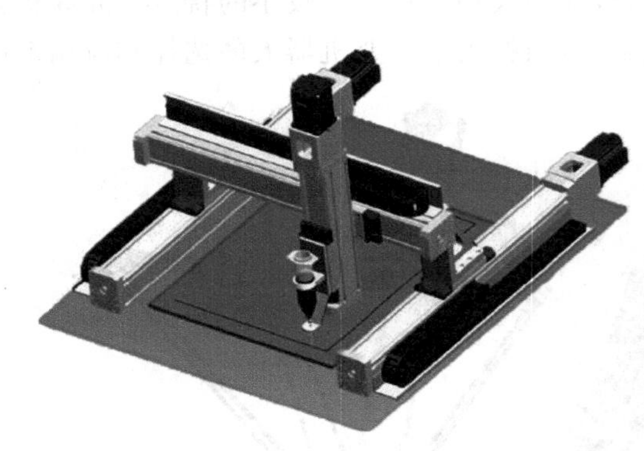

图1-12 直角坐标机器人

2. 圆柱坐标型机器人

这种机器人通过两个移动和一个转动实现手部空间位置的改变，Versatran机器人是该型机器人的典型代表(图1-13)。Versatran机器人手臂的运动系由垂直立柱平面内的伸缩和沿立柱的升降两个直线运动及手臂绕立柱的转动复合而成。圆柱坐标型机器人的位置精度仅次于直角坐标型，控制简单，避障性好，但结构也较庞大，难与其他机器人协调工作，两个移动轴的设计比较复杂。

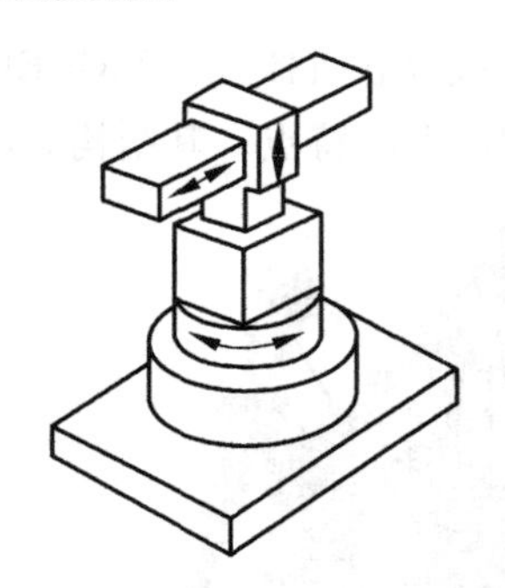

图1-13 圆柱坐标机器人

3. 球坐标型机器人

这类机器人手臂的运动由一个直线运动和两个转动所组成，如图1-14所示，即沿手臂方向x轴的伸缩，绕y轴的俯仰和绕z轴的回转。Unimate机器人是其典型代表。这类机器人占地面积较小，结构紧凑，位置精度尚可，但负载能力有限，所以目前应用不多。

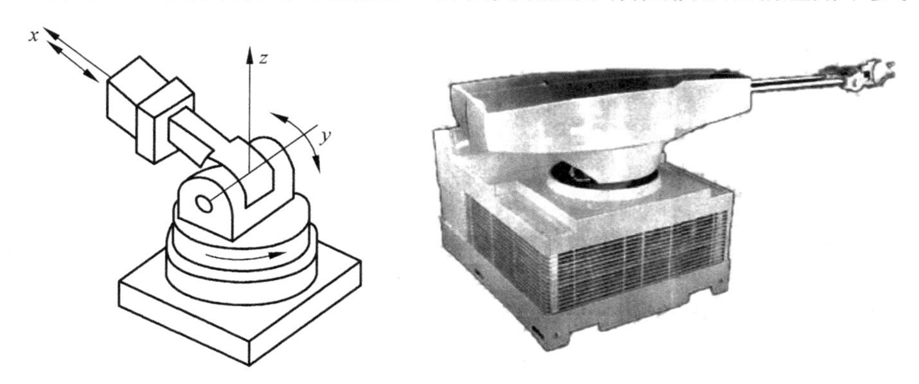

图 1-14　球坐标型机器人

4. 关节坐标型机器人

关节坐标型机器人主要由基座、腰部、臂部及腕部组成（图 1-15），目前国内外机器人公司的主流产品均为关节型机器人。机器人的运动由大、小臂的俯仰及腰座的回转构成，其结构最为紧凑，灵活性大，占地面积最小，工作空间最大，避障性好，但位置精度较低，有平衡问题，控制存在耦合，故比较复杂。这种工业机器人是目前应用得最多的一种坐标型机器人。

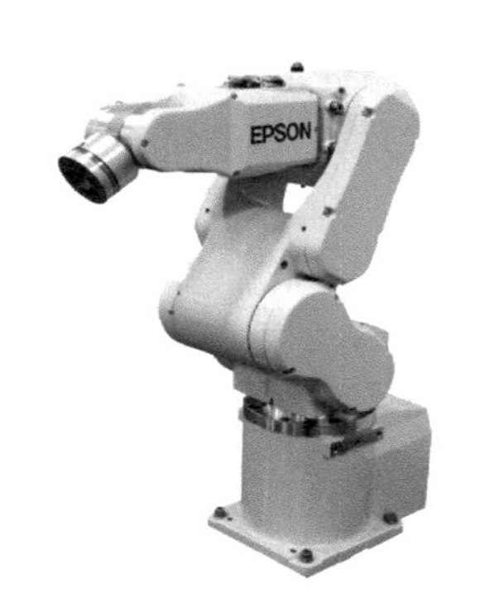

图 1-15　关节坐标型机器人

5. 多臂型机器人

为了适应复杂多变的工作环境和工作任务，目前出现了多种双臂机器人（图 1-16）。相对于单臂机器人，双臂机器人具有较大的工作负载能力，对复杂装配有较强的适应性，对物体搬运有较好的稳定性。特别是在装配作业中，多臂协作配合能够完成复杂的装配任务。但是，多臂系统也带来了更复杂的控制问题，包括路径规划、碰撞检测和协调控制等问题。

6. 柔性关节机器人

传统的机器人采用刚性连接，由钢铁等硬质材料制造，大多不允许和操作者一起作业，国外曾多次出现机器人伤人事故。随着机器人技术的发展，研究人员研制出了柔性关节机器人（Baxter 和 LBR 等，见图 1-17），柔性关节由电机带动弹簧进行驱动，具有低输出阻抗、背向驱动性的特点。相对刚性机器人，柔性关节机器人具有以下优点：①安全性，可对外界的冲击负载进行缓冲，保护机器人本体及周围操作者；②友好性，能够跟随操作者施加在机

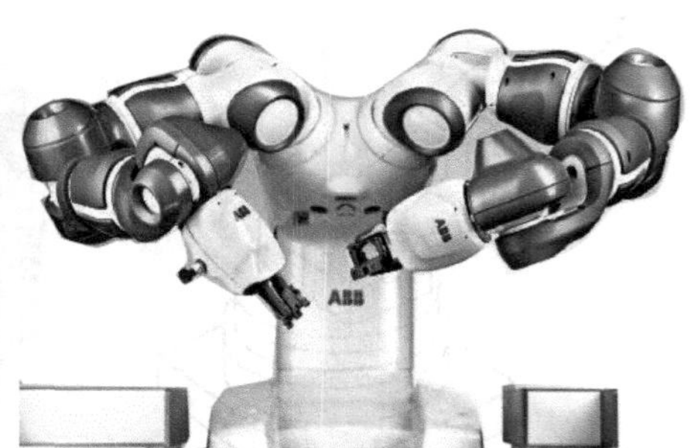

图 1-16 双臂机器人

器人上的运动,具有自调整能力,对人机物理交互过程的运动控制具有较好的柔顺性。因此,柔性关节机器人能够提高人机协同的控制能力、感知能力和安全性,保证了人和机器人在共同环境下作业的可行性。

图 1-17 柔性关节机器人

此类轻型柔性关节机器人自重小,具有如下特点:①结构紧凑,外形美观;②关节结构布局拟人化;③采用结构化、模块化关节;④电气及机械结构可重构化,通信接口统一;⑤采用新材料,提高结构强度,降低重量;⑥具有较高的安全等级,具有碰撞防护措施;⑦机器人关节采用内部走线方式。

7. AGV 移动机器人

AGV 移动机器人可以采用自主方式、半自主方式、遥控模式在工业场景内从起点到达作业终点,常用的导引方式有电磁感应、激光、视觉等(图 1-18)。AGV 移动机器人主要应用于仓储业、制造业、公共场馆、危险场所和特种行业等。

1.2.5 按控制方式分类

1. 点位控制

按点位方式进行控制的工业机器人,其运动为空间中点到点之间的轨迹运动,在作业过程中只控制几个特定工作点的位置,不对点与点之间的运动过程进行控制,中间过程不需要

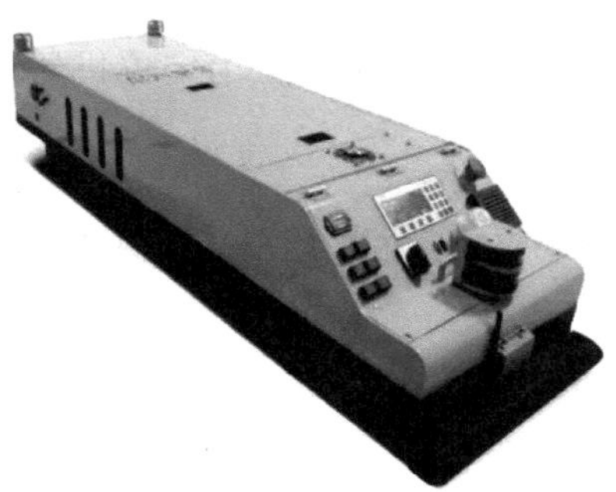

图 1-18 AGV 移动机器人

复杂的轨迹插补。在点位控制机器人中,所能控制点数的多少取决于控制系统的性能扩展程度。目前部分工业机器人是点位控制的,例如,点焊、搬运机器人可采用点位控制。

2. 连续轨迹控制

按连续轨迹方式控制的机器人,其运动轨迹可以是空间的任意连续曲线。机器人在空间的整个运动过程都处于控制之下,能同时控制两个以上的运动轴,使得手部位置可沿任意形状的空间曲线运动,而手部的姿态也可以通过腕关节的运动得以控制,便于工业机器人的弧焊和喷涂作业。

1.2.6 按驱动方式分类

1. 气力驱动式

机器人以压缩空气来驱动执行机构。这种驱动方式的优点是空气来源方便、动作迅速、结构简单、造价低,缺点是空气具有可压缩性,致使工作速度的稳定性较差。因气源压力一般只有 0.5～1MPa,故此类机器人适宜抓举力要求较小的场合。

2. 液力驱动式

相对于气力驱动,液力驱动的机器人具有大得多的抓举能力,可高达上百千克。液力驱动式机器人结构紧凑,传动平稳且动作灵敏,但对密封的要求较高,且不宜在高温或低温的场合工作,要求的制造精度较高,成本较高。

3. 电力驱动式

电力驱动是利用各种电机产生的力或力矩,直接或经过减速机构驱动机器人,以获得所需的位移、速度和加速度。电力驱动具有无环境污染,易于控制,运动精度高,成本低和驱动效率高等优点,其应用最为广泛。

目前越来越多的机器人采用电力驱动式,这不仅是因为电机品种众多可供选择,更因为可以运用多种灵活的控制方法。电力驱动可分为步进电机驱动、直流伺服电机驱动、交流伺服电机驱动等。

4. 新型驱动方式

伴随着机器人技术的发展,出现了利用新的工作原理制造的新型驱动器,如静电驱动器、压电驱动器、形状记忆合金驱动器、人工肌肉、磁致伸缩驱动、超声波电机驱动和光驱动器等。

除此之外，工业机器人根据运动特性可分为平面机器人机构、球面机器人机构和空间机器人机构；根据运动功能可分为定位机器人、调姿机器人；根据移动性可分为固定式机器人、移动机器人。

1.2.7 按机器人的应用分类

工业机器人从应用的领域可以分很多种，根据常用的机器人系列和市场占有量来看，点焊、弧焊、搬运、喷涂和 AGV 是主要的工业机器人品种。

1. 点焊机器人

点焊机器人是用于制造领域点焊作业的工业机器人。它由机器人本体、控制系统、示教盒和点焊焊接系统几部分组成。点焊机器人的驱动方式常用的为交流伺服电机驱动，具有维修简便、能耗低、速度高、精度高和安全性好等优点。

随着汽车工业的发展，焊接生产线要求焊钳一体化，重量越来越大，165kg 点焊机器人是目前汽车焊接中最常用的一种机器人，国外点焊机器人已经有 200kg，甚至负载更大的机器人。2008 年 9 月，哈尔滨工业大学机器人研究所研制完成国内首台 165kg 级点焊机器人（图 1-19），并成功应用于奇瑞汽车焊接车间，经过优化和性能提升及生产实践中的技术验证，该机器人整体技术指标已经达到国外同类机器人水平。

图 1-19 哈尔滨工业大学与奇瑞汽车联合研制的 165kg 点焊机器人

2. 弧焊机器人

弧焊机器人是用于进行自动部件弧焊的工业机器人。一般的弧焊机器人由示教盒、控制盘、机器人本体、自动送丝装置、焊接电源和焊钳清理等部分组成。可以在计算机的控制下实现连续轨迹控制和点位控制。还可以利用直线插补和圆弧插补功能焊接由直线及圆弧所组成的空间焊缝。弧焊机器人主要有熔化极焊接作业和非熔化极焊接作业两种类型，具有可长期进行焊接作业、保证焊接作业的高生产效率、高质量和高稳定性等特点。

随着科学技术的发展，弧焊机器人正向着智能化的方向发展。弧焊机器人采用激光传感器或者视觉传感器实现焊接过程中的焊缝跟踪，提升焊接机器人对复杂工件进行焊接的柔性和适应性，结合视觉传感器离线观察获得焊缝跟踪的残余偏差，基于偏差统计获得补偿数据并进行机器人运动轨迹的修正，在各种工况下都能获得最佳的焊接质量。

国际上比较有代表性的弧焊机器人有：ABB 公司的高精度弧焊机器人 IRB 1520ID，KUKA 公司的 KR6，YASKAWA 公司的 VA1400 Ⅱ 弧焊机器人，FANUC 公司的 M-710iC

型机器人等。1985年，哈尔滨工业大学研制成功国内第一台弧焊机器人“华宇-Ⅰ型”，成功打破了国外垄断，具有里程碑意义。国内新松公司已经开发出SR6弧焊机器人，重复定位精度达到0.05mm，防护等级达到IP65，可以轻松应付恶劣的外部环境。广州数控研制了弧焊机器人RH06，该机器人有着较高的重复定位精度和焊接稳定性，同时其本体较轻，有着较大的工作范围。南京埃斯顿弧焊机器人ER16-1600B，其电机为埃斯顿自研交流伺服电机，工作中能预防机器人碰撞方式，具有较强的安全防护能力；这款机器人的柔性高，工作空间大，灵活且速度快，具有很高的工作效率。图1-20为以上几款机器人的图片。

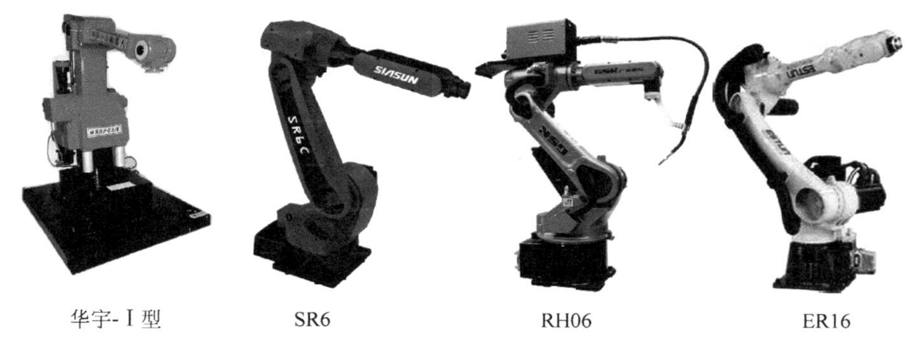

图1-20 弧焊机器人

3. 搬运机器人

搬运机器人是可以进行自动化搬运作业的工业机器人。搬运作业是指用一种末端执行器夹持工具握持工件，从一个加工位置移到另一个加工位置。搬运机器人可安装不同的末端执行器以完成各种不同形状和状态的工件搬运工作，大大减轻了人类繁重的体力劳动。

为了提高自动化程度和生产效率，制造企业通常需要快速高效的物流线来贯穿整个产品的生产及包装的过程，而搬运机器人在物流线中发挥着重要的作用。目前世界上使用的搬运机器人逾20万台，被广泛应用于机床上下料、冲压机自动化生产线、自动装配流水线、码垛搬运、集装箱等的自动搬运。部分发达国家已规定了人工搬运的最大限度，超过限度的必须由搬运机器人来完成。

国内哈尔滨博实自动化设备有限公司已经开发出负载300kg的搬运机器人(图1-21)。国内在小负载上下料机器人方面已经实现了批量化应用。

图1-21 搬运机器人

4. 喷涂机器人

喷涂机器人是可进行自动喷漆或喷涂其他涂料的工业机器人。中国已经研制出了几种型号的喷涂机器人并投入使用,取得了较好的经济效果。我国的喷涂机器人起步较早,北京机械工业自动化研究所研制出中国第一台全电动喷涂机器人和中国第一条机器人自动喷漆生产线"东风汽车喷漆生产线",但是近几年随着对喷涂机器人质量要求的提高,喷涂机器人一般作为喷涂生产线的单元设备集成在系统制造中,国内汽车身喷涂生产线大多数被国外的机器人产品所占领,如德国的杜尔、日本的FANUC等。

国内芜湖埃夫特公司已经完成了对CMA公司的收购,CMA公司是一家有着20多年历史的专门从事智能喷涂机器人及成套喷涂解决方案的意大利机器人企业,在喷涂机器人、喷涂工艺、喷涂自动化装备等方面有着丰富的研发经验和技术积累,能够为陶瓷洁具、家具、农用车辆、汽车行业提供成熟解决方案(图1-22)。CMA包含了离线编程、视觉定位、随动快速示教、密封和防爆等模块,具有提供成套涂装系统的解决能力。

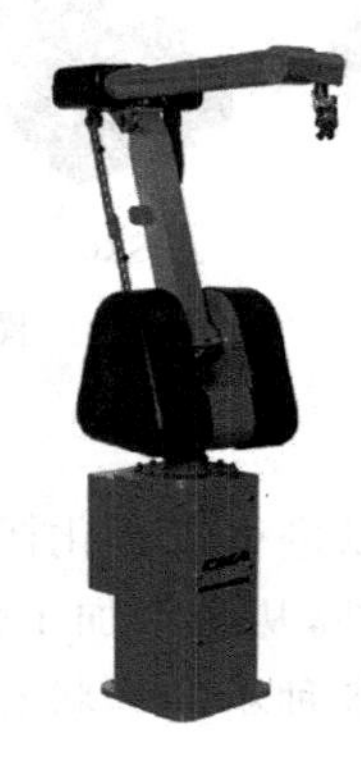

图1-22 CMA喷涂机器人

由于喷涂工艺的特殊性,喷涂机器人的控制技术与传统数控机床或者其他工业机器人有所不同。喷涂机器人控制系统具有如下特点。

(1) 喷涂机器人要实现在工作空间内的自由灵活的运动,必须有多个自由度。一般喷涂机器人有5个或6个自由度,可以实现各种运动轨迹。

(2) 喷涂机器人要通过各关节的运动实现末端喷枪的固定规划轨迹的运动。这就需要使用机器人的坐标变换、运动学正反解以及空间轨迹插补等计算。

(3) 喷涂机器人一般都是串联机器人,其各个关节之间往往存在耦合。其数学模型比较复杂,在控制过程中一般需要使用反馈、解耦等控制方法。

(4) 为了使喷涂机器人控制系统更加智能化,一般还需要增加一些视觉、力觉等传感器。在喷涂路径上,也要能方便自动选择最佳规划路径。

5. AGV机器人

装配型AGV主要用于汽车生产线,实现了发动机、后桥、油箱等部件的动态自动化装配,具有移动、自动导航、多传感器感知和网络交换等功能,也用于大屏幕彩色电视机和其他产品的自动化装配线,极大地提高了生产效率。搬运型AGV广泛应用于机械、电子、纺织、造纸、卷烟和食品等行业,具有柔性搬运和传输等功能,是国际物流技术发展的新趋势之一。

沈阳新松机器人自动化股份有限公司(简称新松公司)设计、制造的自动导引车(图1-23),其系列产品有全方位运输型AGV、全方位双举升装配型AGV、叉车式AGV和激光导引LGV。新松公司拥有20多年AGV生产、制造和现场应用经验,其激光导引LGV的开发成功,使新松公司的LGV产品达到国际一流水平。主要特点在于:AGV是移动的输送机,不固定占用地面空间;柔性大,改变运行路径比较容易;较高的系统可靠性,即使一台AGV出现故障,系统仍可正常运行;AGV系统通过TCP/IP协议易与管理系统相连,是建设无人化车间、自动化仓库、实现物流自动化的最佳选择。

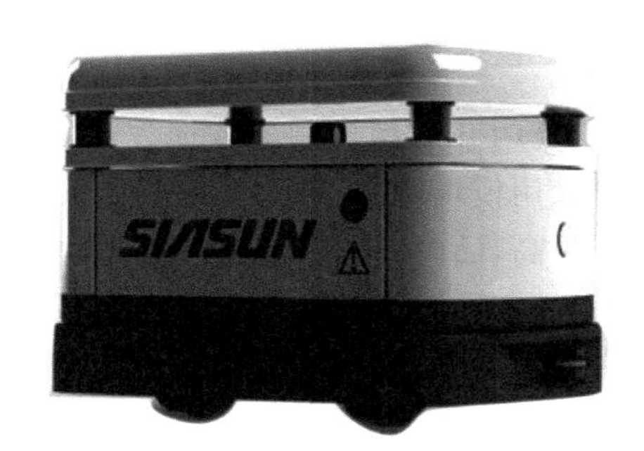

图1-23 AGV自动引导输送机器人

1.3 工业机器人关键技术

工业机器人是目前应用最广泛的一种机器人自动化设备,在汽车制造业、造船、钢铁、电力设备等行业运用广泛,近年来随着技术发展,工业机器人技术日新月异。工业机器人由4大部分组成,本体成本占22%,伺服驱动单元占24%,减速器占36%,其他6%。其关键技术主要包括以下方面。

1. 机器人机械结构

工业机器人的机械结构可分为串联机器人和并联机器人。同时工业机器人的机械结构可以具有冗余自由度,一般来说,六自由度机器人已具有完整空间定位能力,而采用冗余自由度的工业机器人可以改善机器人的灵活性、运动学和动力学性能,提高避障能力。

在机器人的机械结构设计中,通过有限元分析、模态分析及仿真设计等现代设计方法的运用,可实现机器人操作机构的优化设计。同时,探索新的高强度轻质材料,进一步提高负载/自重比。例如德国KUKA公司,已将机器人并联平行四边形结构改为开链结构,拓展了机器人的工作范围,加之轻质铝合金材料的应用,大大提高了机器人的性能。另外,采用并联机构,利用机器人技术,可实现高精度测量及加工,这是机器人技术向数控技术的拓展,为将来实现机器人和数控技术一体化奠定基础。

此外采用先进的RV减速器及交流伺服电机,使机器人操作机几乎成为免维护系统。机构向着模块化、可重构方向发展。例如,关节模块中的伺服电机、减速机、检测系统三位一体化;由关节模块、连杆模块用重组方式构造机器人整机;国外已有模块化装配机器人产品问市。机器人的结构更加灵巧,控制系统越来越小,二者正朝着一体化方向发展。

2. 机器人驱动系统

工业机器人的驱动方式主要有电机驱动、液压驱动和气压驱动。针对工业机器人不同的应用领域和要求，应选择合适的驱动方式。其中，电机驱动的方式在机器人中应用最为普及。

电机用于驱动机器人的关节，要求有最大功率质量比和扭矩惯量比、启动转矩、低惯量和较宽广且平滑的调速范围。特别是像机器人末端执行器（手爪）应采用体积、质量尽可能小的电机，尤其是要求快速响应时，伺服电机必须具有较高的可靠性，并且有较大的短时过载能力。目前，高启动转矩、大转矩、低惯量的交、直流伺服电机以及快速、稳定、高性能伺服控制器成为工业机器人的关键技术。

3. 机器人控制系统

机器人采用开放式、模块化控制系统，向基于PC机的开放型控制器方向发展，便于标准化、网络化。器件集成度提高，控制柜日见小巧，且采用模块化结构，大大提高了系统的可靠性、易操作性和可维修性。控制系统的性能进一步提高，已由过去控制标准的6轴机器人发展到现在能够控制21轴甚至27轴，并且实现了软件伺服和全数字控制。人机界面更加友好，语言、图形编程界面已经普及。机器人控制器的标准化和网络化，以及基于PC机网络式控制器已成为研究热点。编程技术除进一步提高在线编程的可操作性之外，离线编程的实用化将成为研究重点，多种品牌机器人的离线编程已实现实用化。

4. 机器人软件系统

工业机器人采用实时操作系统和高速总线的开放式系统，基于模块化结构的机器人的分布式软件结构设计，可实现机器人系统不同功能之间无缝连接，通过合理划分机器人模块，降低机器人系统集成难度，提高机器人控制系统软件体系实时性。目前机器人软件系统还存在现有机器人开源软件与机器人操作系统兼容性、工业机器人模块化软硬件设计与接口规范性、工业机器人控制系统硬件和软件开放性等关键技术问题。在机器人总线通信方面，越来越多的系统在综合考虑总线实时性要求的基础上，针对不同应用和不同性能的工业机器人对总线的要求，完善总线通信协议、支持总线通信的分布式控制系统体系结构，支持典型多轴工业机器人控制系统及与工厂自动化设备的快速集成。

5. 机器人感知系统

未来的工业机器人将大大提高工厂的感知系统，以检测机器人及周围设备的任务进展情况，能够及时检测部件和产品组件的生产情况、估算出生产人员的情绪和身体状态，需要攻克高精度的触觉、力觉传感器和图像解析算法，重大的技术挑战包括非侵入式的生物传感器及表达人类行为和情绪的模型。通过高精度传感器构建用于装配任务和跟踪任务进度的物理模型，以减少自动化生产环节中的不确定性。多品种小批量生产的工业机器人将更加智能，更加灵活，而且将可在非结构化环境中运行。

机器人中的传感器作用日益重要，除采用传统的位置、速度、加速度等传感器外，装配、焊接机器人还应用了激光传感器、视觉传感器和力传感器，并实现了焊缝自动跟踪和自动化生产线上物体的自动定位以及精密装配作业等，大大提高了机器人的作业性能和对环境的适应性。遥控机器人则采用视觉、声觉、力觉、触觉等多传感器的融合技术来进行环境建模及决策控制。为进一步提高机器人的智能和适应性，采用多种传感器的信息融合是其问题解决的关键，有效可行的多传感器融合算法，特别是在非线性及非平稳、非正态分布的情形下的多传感器融合算法使得机器人越来越聪明。

6. 机器人运动规划

为了提高工作效率，并使工业机器人能用尽可能短的时间完成其特定任务，工业机器人必须有合理的运动规划。运动规划可分为路径规划和轨迹规划，运动规划是指根据一定规则和边界条件产生一些离散的运动指令作为机器人伺服回路的输入指令。路径规划的目标是使工业机器人与障碍物的距离尽量远，同时路径的长度尽量短；轨迹规划的目的是使机器人关节空间运动中机器人的运行时间尽量小，并且满足机器人运动过程中速度和加速度要求，使工业机器人运动平稳。

7. 机器人网络通信系统

目前机器人的应用工程由单台机器人工作站向机器人生产线发展，机器人控制器的联网技术变得越来越重要。控制器上具有串口、现场总线及以太网的联网功能。可用于机器人控制器之间和机器人控制器同上位机的通信，便于对机器人生产线进行监控、诊断和管理。

同时，工业机器人可实现与 CANBus、ProfiBus 及一些网络的连接，使机器人由过去的独立应用向网络化应用迈进了一大步，也使机器人由过去的专用设备向标准化设备发展。

8. 机器人遥控和监控系统

在一些核辐射、深水、有毒等高危险环境中进行焊接或其他作业时，需要有遥控的机器人代替人去工作。遥控机器人系统的发展特点不是追求全自治系统，而是致力于操作者与机器人的人机交互控制，即遥控加局部自主系统构成完整的监控遥控操作系统，使智能机器人走出实验室进入实用化阶段。美国发射到火星上的"索杰纳"机器人就是这种系统成功应用的最著名实例。多机器人和操作者之间的协调控制，可通过网络建立大范围内的机器人遥控系统，在有时延的情况下，建立预先显示进行遥控等。

9. 机器人系统集成技术

机器人作为一种自动化单元模块，必须配合操作者或其他设备工作，即机器人的系统集成技术。在生产环境中，工业机器人应具有协调控制能力，注重人类与机器人之间交互的安全性。根据终端用户的需求设计工业机器人系统、外围设备、相关产品和任务，将保证人机交互的自然，不仅是安全的，而且效益更高。工业机器人必须容易示教，而且人类易于学习如何操作。机器人系统应设立学习辅助功能用以实现机器人的使用、维护、学习和错误诊断、故障恢复等。

10. 人机协作技术

目前工业机器人常工作于制造车间结构化的封闭场合，原因在于工业机器人的安全性难以保障。而工业机器人与操作者的协同作业将是工业机器人的发展趋势。人和机器人的交互操作设计包括自然语言、手势、视觉和触觉技术等，也是未来机器人发展需要考虑的问题。实现人机共融，突破人机安全、智能交互、协同作业等技术，解决工业机器人本体的安全保障，人机环境安全约束等问题能够推动工业机器人在制造领域的更广泛应用。

1.4 工业机器人发展现状和趋势

自 1958 年第一台机器人(Unimate)问世以来，经过 60 多年的发展，工业机器人在功能和技术层次上有了很大的提高。工业机器人在越来越多的领域得到了应用，尤其是在汽车生产线上得到了广泛应用，并在制造业中，如毛坯制造（冲压、压铸、锻造等）、机械加工、焊接、热处理、表面涂覆、打磨抛光、上下料、装配、检测及仓库堆垛等作业中得到应用，提高了加工效率与产品的一致性。

世界各国纷纷将突破机器人技术、发展机器人产业摆在本国科技发展的重要战略地位。美国、日本、欧洲、韩国等国家和地区都非常重视机器人技术与产业的发展，将机器人产业作为战略产业，纷纷制定其机器人国家发展战略规划。工业机器人作为高端制造装备的重要组成部分，技术附加值高，应用范围广，是我国先进制造业的重要支撑技术和信息化社会的重要生产装备，将对未来生产和社会发展及增强军事国防实力都具有十分重要的意义，有望成为继汽车、飞机、计算机之后出现的又一战略性新兴产业。

1.4.1 国外概况

自从 20 世纪 60 年代开始，经过近 60 年的迅速发展，随着对产品加工精度要求的提高，关键工艺生产环节逐步由工业机器人代替工人操作，再加上各国对工人工作环境的严格要求，高危、有毒等恶劣条件的工作逐渐由机器人进行替代作业，从而增加了对工业机器人的市场需求。

在工业发达国家中，工业机器人及自动化生产线成套装备已成为高端装备的重要组成部分及未来发展趋势（图 1-24），工业机器人已经广泛应用于汽车及汽车零部件制造业、机械加工行业、电子电气行业、橡胶及塑料工业、食品工业、物流、制造业等领域。从工业机器人在主要领域的年度供应量来看，欧洲、日本在工业机器人的研发与生产方面占有优势，其中知名的四大家族机器人公司占据的工业机器人市场份额达到 60%～80%，更是占据了我国 70%左右的市场份额，几乎垄断了机器人高端领域。美国特种机器人技术创新活跃，军用、医疗与家政服务机器人产业占有绝对优势，约占智能服务机器人市场的 60%。

图 1-24 COMAU 和 FUNAC 机器人生产线

在国外，工业机器人技术日趋成熟，已经成为一种标准设备被工业界广泛应用，相继形成了一批具有影响力的、著名的工业机器人公司，如瑞典的 ABB Robotics，日本的 FANUC、YASKAWA，德国的 KUKA Roboter，美国的 Adept Technology、American Robot、Emerson Industrial Automation、S-T Robotics，意大利的 COMAU，英国的 AutoTech Robotics，加拿大的 Jcd International Robotics，以色列的 Robogroup Tek 公司等，已经成为其所在地区的支柱性产业,它们的机器人本体制造技术稳定、先进,所提供的集成技术解决方案具备核心竞争力。

国际制造业升级背景下,技术革新成重点。美国为提振经济,出台再工业化(战略)推动制造业由发展中国家回流美国。由于美国劳动力成本较高,制造业回流自然要求美国国内实现产业升级,重视技术研发,减少人工占用,机器人产业热潮升温。德国推行了以智能工厂为重心的“工业 4.0”概念,强调机械化、电气化、数字化与智能制造,机器人技术作为智能工厂的关键领域迎来又一轮发展机遇。日本于 2015 年 1 月发布了《新机器人战略》,提出了日本机器人新的发展方向,包括强化易用性、柔性、简便性、自主化、信息化和网络化。另外日本还提出机器人概念将发生变化,以往机器人要具备传感器、智能控制系统、驱动系统等 3 个要素,未来机器人可能仅需要基于人工智能技术的智能控制系统。

从德国工业 4.0 计划和日本新机器人战略,能够看出下一代机器人最显著的特征可以概括为三大核心关键词:自主化、数据终端化、网络化。在下一代机器人研发当中,人工智能担任着越来越重要的角色,其与物联网、大数据、云计算等相互赋能,对机器人的迭代和更新产生更大的推力。全球兴起再工业化浪潮,推动第四次工业革命产业技术升级。

国际工业机器人产业发展模式总结为“日本模式”“美国模式”“欧洲模式”,即以“核心技术研发”为关键的“日本模式”,以“集成应用与成套设计相结合”为核心的美国模式,以及以“交钥匙工程”为主要形式的“欧洲模式”,其中以“产业链分工发展”为核心的德国模式最为突出。从技术水平来看,日本和欧盟的工业机器人技术最为先进,日本是全球范围内工业机器人生产规模最大、应用最广的国家,而隶属于欧盟组织的德国则名列全球第二;韩国在服务类机器人上的发展较为优秀,而美国则侧重于医疗和军事机器人等方面。

国际机器人联合会(IFR)的市场报告显示,自 2009 年以来,全球工业机器人年销量逐年增长(图 1-25)。2016 年全球工业机器人的销量为 29.4 万台,相对于 2015 年,增长了 16%。据 IFR 提供的最新数据,2017 年全球工业机器人销售突破 38 万台,销售金额达到 162 亿美元。国际机器人联合会还预测,未来 3 年内全球工业机器人年销量将保持近 15% 的增长速率,到 2020 年将超过 50 万台,新增总量达到近 170 万台。

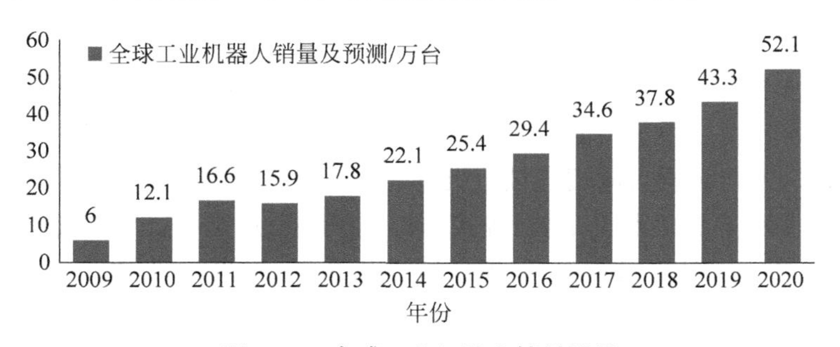

图 1-25 全球工业机器人销量增长

1.4.2 国内概况

我国目前与日、德两国工业机器人发展初期极其相似。人口老龄化加剧,劳动力短缺,劳动力成本急剧上升,下游行业的生产方式也亟待升级。我国亦高度重视机器人产业的发展,相继出台了《关于推进机器人产业发展的指导意见》《机器人产业发展规划(2016—2020 年)》等,在战略上做了顶层设计。地方扶持政策也积极跟进，重点是对研发和“机器换人”应用的扶持。我国工业机器人面临着历史上难得的发展机遇和挑战，包括政策红利、经济转型升级等刚性需求的释放。工业机器人作为我国高端装备制造的基础设备之一，是我国“十二五”发展规划中高端制造装备战略性新兴产业的重要组成部分，也是其他战略性新兴产业发展的重要基础装备。随着我国产业的逐步转型升级，以工业机器人为代表的智能装备将实现爆发式增长。

我国工业机器人需求迫切，以每年25%～30%的速度增长，年需求量在2万～3万台(套)，国产工业机器人产业化刚刚开始；在区域分布上，沿海地区企业需求高于内地需求，民营企业对工业机器人的需求高于国有企业的需求，各地政府及企业提出了相关发展规划将大力发展机器人产业。国际机器人联合会预测，到2020年我国工业机器人销量将超过21万台(图1-26)。中国已连续多年成为全球工业机器人的最大消费市场，中国工业机器人市场正处于加速成长阶段，国际机器人联合会预测中国未来工业机器人销量会维持20%左右的增速。

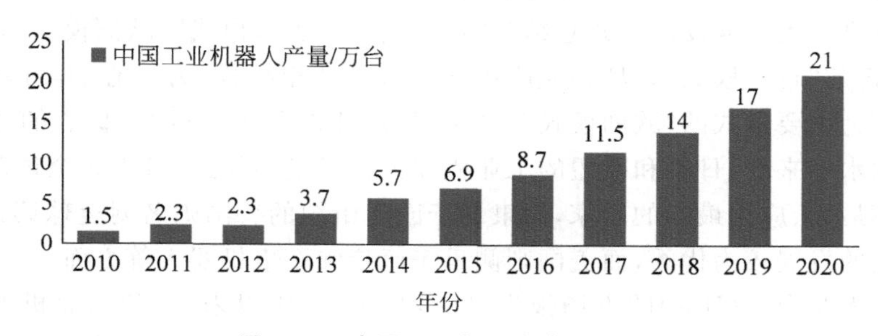

图1-26　中国工业机器人市场规模

据统计，2017年全球工业机器人市场中，中国、日本、韩国、美国、德国五大市场占据了市场总额的70%。其中中国更是以13.8万台的销量一举超过欧洲与美洲市场总和(11.24万台)，成为当之无愧的全球第一大工业机器人市场。然而从供应商角度来看，在这近14万台工业机器人的销量中，仅有25%来自本土品牌，同比下降6%。在世界范围内工业机器人“四大家族”仍然牢牢把持着全球50%以上的市场份额。尤其在高端工业机器人领域，国产品牌占有率还不到5%。中国由制造大国到制造强国的转型之路，仍然任重道远。

2018年以来，国产机器人应用延续近几年态势，不断拓展新的应用领域。国产工业机器人的应用主要集中在搬运与上下料、焊接与钎焊、装配、加工等，已经从传统的汽车制造向机械、电子、化工、轻工、船舶、矿山开采等领域迅速拓展。2017年，国产工业机器人已服务于国民经济37个行业大类，102个行业中类，相比2016年全年，又拓展了3个行业大类。具体涉及行业除了传统的食品制造业、医药制造业、有色金属冶炼和压延工业、食品制造业、非金属矿物制品业、化学原料和化学制品制造业、专用设备制造业、电气机械和器材制造业、金属制品、汽车制造业、橡胶和塑料制品业等行业外，还新增了黑色金属冶炼和压延工业等行业。

今后，随着关键岗位机器人替代工程、安全生产少(无)人化专项工程、智能制造工程和新的应用示范政策的不断落实，工业机器人的应用领域将不断拓展，预计搬运与上下料机器人销量继续保持第一位，具有加工功能的机器人将延续快速增长态势。3C制造业、汽车制造业依然是国产机器人的主要市场，并有望延伸到劳动强度大的纺织、物流行业，危险程度高的国防军工、民爆行业，对产品生产环境洁净度要求高的制药、半导体、食品等行业以及危害人类健康的陶瓷、制砖等行业。

在工业机器人研发方面，沈阳新松机器人自动化股份有限公司在自动导引车(AGV)等方面取得重要市场突破，哈尔滨博实自动化股份有限公司重点在石化等行业的自动包装与码垛机器人方面进行产品开发与产业化推广应用，广州数控设备有限公司研发了自主知识产权的工业机器人产品，用于机床上下料，昆山华恒焊接股份有限公司进行了焊接机器人研发与应用，天津大学在并联机器人方面取得了重要进展，相关技术获得美国专利。

奇瑞装备有限公司与哈尔滨工业大学联合研制的165kg点焊机器人，已在自动化生产线开始应用，用于焊接、搬运等场合。并且自主研制出第一条国产机器人自动化焊接生产线，可实现S11车型左右侧围的焊接生产。目前，安徽埃夫特机器人的销量居国内首位，工业机器人的机械、控制、软件、整体装配和测试等关键技术及产品性能达到国际先进水平。另外，南京埃斯顿、浙江钱江和上海新时达等在工业机器人整机、系统集成应用和核心部件方面也进行了研发和产业化推广，上述公司有力推动了国外品牌机器人的大幅降价，节约了机器人生产、维护、服务及零部件维修的时间及经济成本，为国内的制造业升级做出了重要贡献。目前，这些企业正在通过自主研发、收购等方式逐渐掌握零部件与本体研发技术，在产业链中上游进行拓展。结合本土服务优势，这些企业已经具备一定竞争力，有望在未来逐步替代外国进口产品。

中国工业机器人尽管在某些关键技术上有所突破，但还缺乏整体核心技术的突破，特别是在制造工艺与整套装备方面，缺乏高精密、高速与高效的减速机、伺服电动机、控制器等关键部件。国内外差距主要表现为以下几个方面：

(1) 工业机器人关键零部件方面的差距明显。目前机器人的结构和技术原理已经成熟，但是中国的工业机器人制造技术还比较落后。精密减速器、伺服电机、控制器等核心部件的质量稳定性和批量生产能力有待全面提升，核心零部件长期依赖进口的局面还亟待突破。精密减速机方面，苏州绿的国产谐波减速机可实现进口替代，但RV减速机由于传动精度、扭转刚性等问题，依然未能摆脱依赖进口的局面；伺服电机方面，国产伺服电机基本能满足机器人的需求，例如英威腾、华中数控、汇川等伺服电机企业；控制器方面，国产厂商已经解决有无问题，但在稳定性、响应速度、易用性等方面与国际主流品牌存在较大差距。

(2) 国内工艺规划手段落后。产品的制造规划基本上以人工手段为主，所有的策划过程如工艺规划、工时分析、工位布局、生产线行为分析、物流性能分析、焊接管理、工程图解、产品配置管理、产品变更管理、工程成本分析等都以传统的方式进行。各过程的人员，各自进行设计，再经过协调综合形成最后方案，各个过程极易造成联系疏散孤立，特别是相关工艺信息的查询、传输上，基本上以纸样、磁盘为媒介，没有统一的数据平台，不具备完善的项目风险控制机制，项目协同能力差。

(3) 高新技术领域研究基础薄弱。机器人是一个综合机械、控制和信息技术的整体系统，我国机器人各分系统的融合研究还处于起步阶段，工业机器人的运行稳定性和可靠性有待提高。机器人性能主要取决于机械系统和控制系统，包括运动精度、动态性能等。其中我国还缺乏基于动力学的机器人机械系统优化和控制算法研究和应用。

(4) 检测认证体系有待进一步健全。随着国家机器人检测与评定中心、国家机器人创新中心、中国机器人产业联盟和其他部门在标准规范制定、检测认证实施等方面工作的不断推进，我国在机器人方面缺乏行业标准和认证规范的局面有望继续得到改善。但还需关注我国仅部分工业机器人生产企业对产品的部分性能做了出厂检验，但缺少相关标准及专业研究，检测仪器配套较差，检验结果的可靠性较低，测试项目尚不能满足产品质量控制的需要。

1.5 小 结

本章介绍了工业机器人的概念和定义，在此基础上详细阐述了工业机器人按照发展程度、性能、结构、控制、驱动和应用特征分类的情况，讲述了工业机器人关键技术，并对国内外工业机器人的发展现状和趋势进行了分析。

习 题

1. 描述工业机器人的定义及组成部分。
2. 目前常用的第二代工业机器人的主要特点是什么？
3. 工业机器人按结构特征如何分类？各有何特点？
4. 工业机器人按结构形式如何分类？各有何特点？
5. 依据工业机器人的应用领域，有哪几类机器人？
6. 请描述喷涂机器人的控制系统特点。
7. 工业机器人的关键技术有哪些？随着技术发展其发展趋势如何？
8. 列举四大家族机器人及我国的主要工业机器人品牌。

参考文献

[1] 计时鸣，黄希欢．工业机器人技术的发展与应用[J]．机电工程，2015，32(1)：1-13.

[2] 王田苗，陶永．我国工业机器人技术现状与产业化发展战略[J]．机械工程学报，2014，50(9)：1-13.

[3] 孟明辉，周传德．工业机器人的研发及应用综述[J]．上海交通大学学报，2016，50：98-101.

[4] 赛迪智库机器人产业形势分析课题组．2019年中国机器人产业发展形势展望．机器人产业，2019，1：12-19.

[5] 李瑞峰．21世纪中国工业机器人的快速发展时代[J]．中国科技成果，2001，18：1-3.

[6] 游玮，孔民秀．重载工业机器人控制关键技术综述[J]．机器人技术与应用，2012，5：13-19.

[7] 喻一帆．我国工业机器人产业发展探究[D]．武汉：华中科技大学，2016.

[8] 张涛，陈章，等．空间机器人遥操作关键技术综述与展望[J]．空间控制技术与应用，2014，40(6)：1-10.

[9] 黄真．并联机器人机构学基础理论的研究[J]．机器人技术与应用，2001，6：11-14.

第 2 章

工业机器人数学基础

工业机器人由多个关节构成，控制器则是以关节坐标进行数据读取与位置控制，因此要求机器人具有按照笛卡尔坐标系规定工作任务的能力。物体在工作空间内的位置以及机器人手臂的运动位置，都是以某个确定的坐标系来描述。

当工作任务由笛卡尔坐标系描述时，必须把上述坐标变换为一系列能够由机器人驱动的关节位置。确定机器人位置和姿态的各关节位置计算，即运动学问题。运动学是工业机器人位置、姿态运动和轨迹规划的基础，而动力学则是机器人控制的设计依据。本章将分别阐述工业机器人运动控制的相关数学基础知识，包括位姿描述、运动学、动力学等。

2.1 工业机器人坐标系

工业机器人的运动是在一系列的坐标系中的运动，其位置和姿态描述都是基于某个坐标系。工业机器人的坐标系主要包括基础坐标系、机器人坐标系、关节坐标系、工件坐标系、工具坐标系和用户坐标系，如图 2-1 所示。

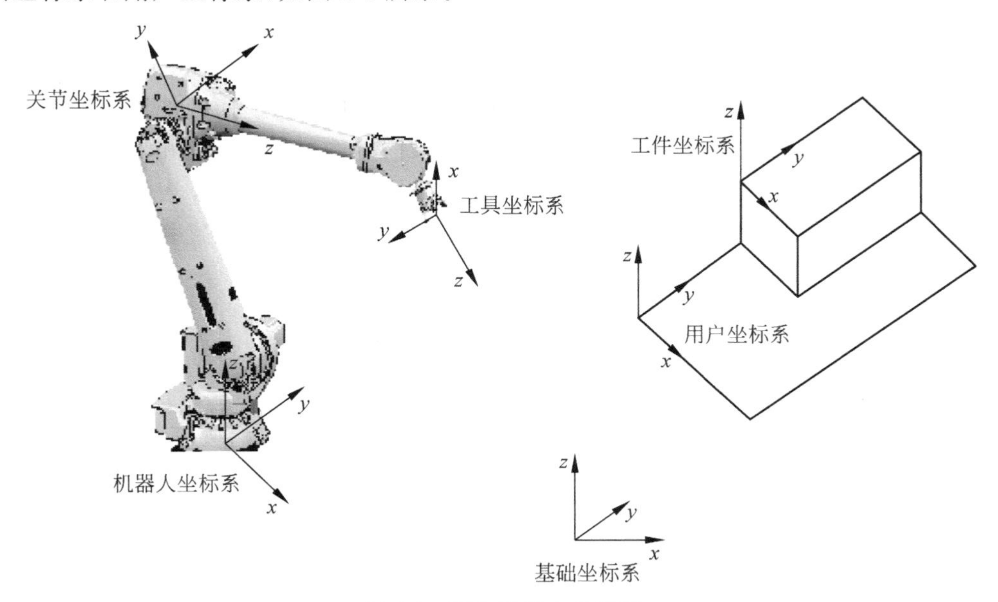

图 2-1 工业机器人坐标系

1. 基础坐标系

基础坐标系也称为大地坐标系、惯性坐标系、世界坐标系，是工业机器人在惯性空间的定位基础坐标系，在工作单元或工作站中的固定位置。这有助于工业机器人自身定位或多机器人协作，默认情况下基础坐标系和机器人坐标系重合。

2. 机器人坐标系

机器人坐标系是机器人其他坐标系的参考基础，是机器人示教或编程常用的坐标系之一，一般处于机器人的基座中心。

3. 关节坐标系

工业机器人的关节坐标系设置在机器人关节的中心位置，z 轴指向关节的旋转轴或运动轴，反映了该关节处每个轴相对于关节零位的相对角度或位置。

4. 工具坐标系

工具坐标系是原点设置在机器人末端工具中心点的坐标系，原点及方向都随着末端位置的变化而不断变化。工具坐标系需要工具安装尺寸设置或者通过示教方式设置，选用此坐标系时，机器人将沿着新的工具坐标轴运动。

5. 工件坐标系

工件坐标系是用户自定义的坐标系，可以根据工业机器人示教需要定义多个工件坐标系。选用此坐标系时，机器人将沿着新的工件坐标轴运动。

6. 用户坐标系

用户坐标系也是用户自定义的坐标系，可用于表示固定装置、工作台等设备，有助于处理持有工件或其他坐标系的处理设备。

2.2 机器人位姿描述和变换

工业机器人是一系列由关节连接起来的连杆构成的。这里为机器人的每一连杆建立一个坐标系，并用齐次变换来描述这些坐标系间的相对位置和姿态。通常把描述一个连杆与下一个连杆间相对关系的齐次变换叫做 $\boldsymbol{A}$ 矩阵，用来描述连杆坐标系间相对平移和旋转的齐次变换。如果 $\boldsymbol{A}_1$ 表示第一个连杆对于基础坐标系的位置和姿态，$\boldsymbol{A}_2$ 表示第二个连杆相对于第一个连杆的位置和姿态，那么第二个连杆在基础坐标系中的位置和姿态可由下列矩阵的乘积给出：

$$\boldsymbol{T}_2 = \boldsymbol{A}_1\boldsymbol{A}_2 \tag{2-1}$$

以此类推，若 $\boldsymbol{A}_3$ 表示第三个连杆相对于第二个连杆的位置和姿态，则有：

$$\boldsymbol{T}_3 = \boldsymbol{A}_1\boldsymbol{A}_2\boldsymbol{A}_3 \tag{2-2}$$

通常称这些 $\boldsymbol{A}$ 矩阵的乘积为 $\boldsymbol{T}$ 矩阵，其前置上标若为 0，则可略去不写。于是，对于六连杆机器人，有下列 $\boldsymbol{T}$ 矩阵：

$$\boldsymbol{T}_6 = \boldsymbol{A}_1\boldsymbol{A}_2\boldsymbol{A}_3\boldsymbol{A}_4\boldsymbol{A}_5\boldsymbol{A}_6 \tag{2-3}$$

六连杆工业机器人具有 6 个自由度，每个连杆含有 1 个自由度，并能在其运动范围内任意定位与定向。其中，3 个自由度用于确定位置，而另外 3 个自由度用来规定姿态，$\boldsymbol{T}_6$ 为机器人末端的位置和姿态矩阵。

2.2.1　机器人末端姿态

1. 机器人运动方向

工业机器人的末端如图2-2所示，末端坐标系的原点置于末端中心，此原点由向量$\boldsymbol{p}$表示。描述机器人方向的3个单位向量的指向如下：

z向向量处于末端进入物体的方向上，称为接近向量$\boldsymbol{a}$；y向向量的方向从一端指向另一端，称为方向向量$\boldsymbol{o}$；最后一个向量叫做法线向量$\boldsymbol{n}$，它与向量$\boldsymbol{o}$和$\boldsymbol{a}$构成一个右手向量集合，并由向量的叉乘所规定：$\boldsymbol{n}=\boldsymbol{o}\times\boldsymbol{a}$。因此，变换$\boldsymbol{T}_6$具有下列元素：

$$\boldsymbol{T}_6=\begin{bmatrix} n_x & o_x & a_x & p_x \\ n_y & o_y & a_y & p_y \\ n_z & o_z & a_z & p_z \\ 0 & 0 & 0 & 1 \end{bmatrix}=\begin{bmatrix} \boldsymbol{n} & \boldsymbol{o} & \boldsymbol{a} & \boldsymbol{p} \\ 0 & 0 & 0 & 1 \end{bmatrix} \tag{2-4}$$

式中，$\boldsymbol{n}$、$\boldsymbol{o}$、$\boldsymbol{a}$是机器人的姿态列向量；$\boldsymbol{p}$是机器人的位置列向量。六自由度机器人的$\boldsymbol{T}_6$矩阵可由指定其16个元素的数值来决定，在这16个元素中，只有12个元素具有实际含义。底行由3个0和1个1组成。左列向量$\boldsymbol{n}$是第二列向量$\boldsymbol{o}$和第三列向量$\boldsymbol{a}$的叉乘。当对$\boldsymbol{p}$值不存在任何约束时，只要机器人能够到达期望位置，那么向量$\boldsymbol{o}$和$\boldsymbol{a}$两者都是正交单位向量，并且互相垂直，即有：$\boldsymbol{o}\cdot\boldsymbol{o}=1$，$\boldsymbol{a}\cdot\boldsymbol{a}=1$，$\boldsymbol{o}\cdot\boldsymbol{a}=0$。应注意的是用姿态矩阵描述机器人的位置和姿态并不明显，对其分量的指定较为困难，除非是末端执行装置与坐标系平行的简单情况。因此，工业机器人的姿态常用欧拉角表述。

2. 用欧拉变换表示运动姿态

机器人的运动姿态往往由一个绕x轴，y轴或z轴的旋转序列来规定。这种转角的序列称为欧拉(Euler)角。欧拉角的旋转序列可采用多种方式，目前常用的欧拉角有下列几种：

1) Z-Y-Z欧拉角

该欧拉角用一个绕z轴旋转ϕ角，再绕新的y轴(y'')旋转θ角，最后绕新的z轴(z'')旋转ψ角来描述任何可能的姿态，见图2-3。

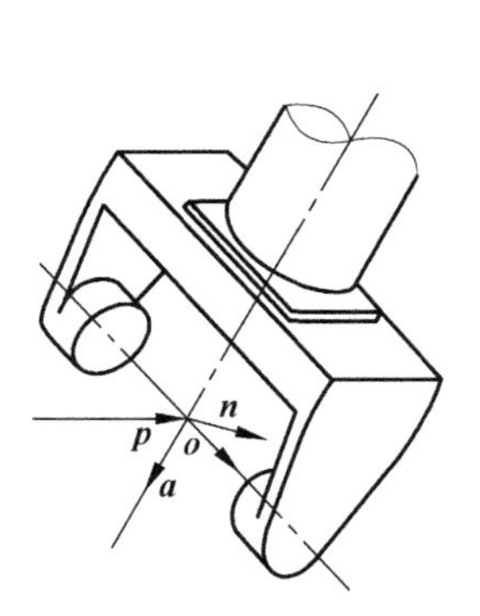

图2-2　机器人末端的姿态

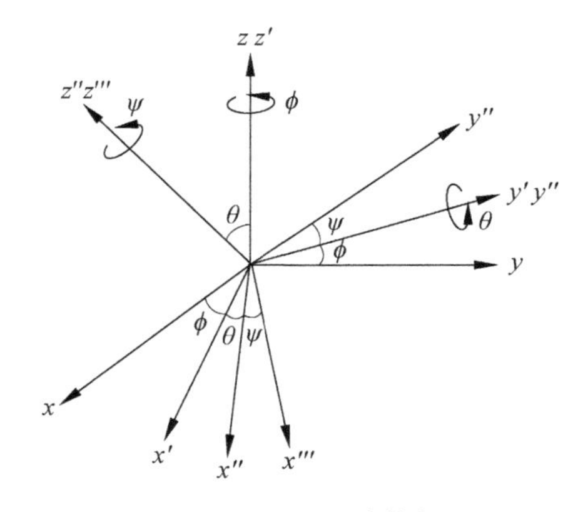

图2-3　Z-Y-Z欧拉角

在任何旋转序列下，旋转次序是十分重要的。这种旋转序列可由基础坐标系中相反的旋转次序来解释：先绕 z 轴旋转 ψ 角，再绕 y 轴旋转 θ 角，最后绕 z 轴旋转 ϕ 角而成。欧拉变换 Euler(ϕ,θ,ψ)可由连乘 3 个旋转矩阵来求得，即

$$\begin{aligned}\text{Euler}(\phi,\theta,\psi)&=\text{Rot}(z,\phi)\text{Rot}(y,\theta)\text{Rot}(z,\psi)\\&=\begin{bmatrix}c\phi & -s\phi & 0 & 0\\ s\phi & c\phi & 0 & 0\\ 0 & 0 & 1 & 0\\ 0 & 0 & 0 & 1\end{bmatrix}\begin{bmatrix}c\theta & 0 & s\theta & 0\\ 0 & 1 & 0 & 0\\ -s\theta & 0 & c\theta & 0\\ 0 & 0 & 0 & 1\end{bmatrix}\begin{bmatrix}c\phi & -s\psi & 0 & 0\\ s\phi & c\psi & 0 & 0\\ 0 & 0 & 1 & 0\\ 0 & 0 & 0 & 1\end{bmatrix}\\&=\begin{bmatrix}c\phi c\theta c\psi-s\phi s\psi & -c\phi c\theta s\psi-s\phi c\psi & c\phi s\theta & 0\\ s\phi c\theta c\psi+c\phi s\psi & -s\phi c\theta s\psi+c\phi c\psi & s\phi s\theta & 0\\ -s\theta c\psi & s\theta s\psi & c\theta & 0\\ 0 & 0 & 0 & 1\end{bmatrix}\end{aligned}\tag{2-5}$$

式中，c 和 s 分别代表 cos 和 sin 函数，以下表述皆同。

在上述坐标变换过程中，要充分考虑坐标系的旋转顺序。这里尤其需要注意变换次序不能随意调换，因为矩阵的乘法不满足交换律。在确定姿态矩阵的顺序时可以这样确认：若每次的坐标系变换都是相对于固定坐标系进行的，则矩阵左乘；若每次的坐标系变换都是相对于动坐标系进行的，则矩阵右乘。

在工业机器人的算法设计、姿态描述中，欧拉角的反解更为常用。即已知机器人的姿态矩阵，求解出机器人的欧拉角。Z-Y-Z 欧拉角求解过程如下：

令

$$\text{Euler}(\phi,\theta,\psi)=\boldsymbol{T}\tag{2-6}$$

要求得方程式的解，常采用一种通常能够导致显式解答的方法。用未知逆变换依次左乘已知方程，对于欧拉变换有

$$\text{Rot}(z,\phi)^{-1}\boldsymbol{T}=\text{Rot}(y,\theta)\text{Rot}(z,\psi)\tag{2-7}$$

$$\text{Rot}(y,\theta)^{-1}\text{Rot}(z,\phi)^{-1}\boldsymbol{T}=\text{Rot}(z,\psi)\tag{2-8}$$

式(2-7)的左式为已知变换 $\boldsymbol{T}$ 和 ϕ 的函数，而右式各元素或者为 0，或者为常数。令方程式的两边对应元素相等，对于式(2-7)即有

$$\begin{bmatrix}c\phi & s\phi & 0 & 0\\ -s\phi & c\phi & 0 & 0\\ 0 & 0 & 1 & 0\\ 0 & 0 & 0 & 1\end{bmatrix}\begin{bmatrix}n_x & o_x & a_x & p_x\\ n_y & o_y & a_y & p_y\\ n_z & o_z & a_z & p_z\\ 0 & 0 & 0 & 1\end{bmatrix}=\begin{bmatrix}c\theta c\psi & -c\theta s\psi & s\theta & 0\\ s\psi & c\psi & 0 & 0\\ -s\theta c\psi & s\theta s\psi & c\theta & 0\\ 0 & 0 & 0 & 1\end{bmatrix}\tag{2-9}$$

将式(2-9)写为

$$\begin{bmatrix}f_{11}(n) & f_{11}(o) & f_{11}(a) & f_{11}(p)\\ f_{12}(n) & f_{12}(o) & f_{12}(a) & f_{12}(p)\\ f_{13}(n) & f_{13}(o) & f_{13}(a) & f_{13}(p)\\ 0 & 0 & 0 & 1\end{bmatrix}=\begin{bmatrix}c\theta c\psi & -c\theta s\psi & s\theta & 0\\ s\psi & c\psi & 0 & 0\\ -s\theta c\psi & s\theta s\psi & c\theta & 0\\ 0 & 0 & 0 & 1\end{bmatrix}\tag{2-10}$$

式中，f_{11}，f_{12} 和 f_{13} 为式(2-9)左部分的相乘结果，例如：$f_{13}(a)=a_z$，$f_{12}(a)=-s\phi a_x+c\phi a_y$。

从式(2-10)右边可见，p_x，p_y 和 p_z 均为0。这是求解过程所期望的，因为欧拉变换不产生任何平移。此外，位于第二行第三列的元素也为0。所以可得 $f_{12}(a)=0$，即

$$-s\phi a_x+c\phi a_y=0 \tag{2-11}$$

式(2-11)两边分别加上 $s\phi a_x$ 再除以 $c\phi a_x$ 可得

$$\tan\phi=\frac{s\phi}{c\phi}=\frac{a_y}{a_x}$$

这样，即可从反正切函数 arctan 得到

$$\phi=\arctan(a_y,a_x) \tag{2-12}$$

对式(2-11)两边分别加上 $-c\phi a_y$，然后除以 $-c\phi a_x$ 可得

$$\tan\phi=\frac{s\phi}{c\phi}=\frac{-a_y}{-a_x}$$

这时可得式(2-11)的另一个解为

$$\phi=\arctan(-a_y,-a_x) \tag{2-13}$$

式(2-12)与式(2-13)两解相差180°。

求得 ϕ 值之后，式(2-9)左式的所有元素也就随之确定。令左式元素与右式对应元素相等，可得

$$s\theta=f_{11}(a)=c\phi a_x+s\phi a_y,\quad c\theta=f_{13}(a)=a_z$$

于是有

$$\theta=\arctan(c\phi a_x+s\phi a_y,a_z) \tag{2-14}$$

同理根据式(2-10)可得：$s\psi=f_{12}(n)=-s\phi n_x+c\phi n_y$，$c\psi=-s\phi o_x+c\phi o_y$，从而得到

$$\psi=\arctan(-s\phi n_x+c\phi n_y,-s\phi o_x+c\phi o_y) \tag{2-15}$$

这样，如果已知工业机器人一个表示任意旋转的齐次变换，那么就能够确定其等价欧拉角

$$\begin{cases}\phi=\arctan(a_y,a_x),\quad \phi=\phi+180^\circ\\ \theta=\arctan(c\phi a_x+s\phi a_y,a_z)\\ \psi=\arctan(-s\phi n_x+c\phi n_y,-s\phi o_x+c\phi o_y)\end{cases} \tag{2-16}$$

2) Z-Y-X 欧拉角

该变换也称为RPY变换，即滚转(Roll)、俯仰(Pitch)和偏转(Yaw)。如果想象有只船沿着 z 轴方向航行，见图2-4(a)，此时，滚转对应于绕 z 轴旋转 ϕ 角，俯仰对应于绕 y 轴旋转 θ 角，而偏转则对应于绕 x 轴旋转 ψ 角。适用于机器人手部执行装置的这些旋转，见图2-4(b)。

对于旋转次序，作如下规定

$$\mathrm{RPY}(\phi,\theta,\psi)=\mathrm{Rot}(z,\phi)\mathrm{Rot}(y,\theta)\mathrm{Rot}(x,\psi) \tag{2-17}$$

式中，RPY表示滚转、俯仰和偏转三旋转的组合变换。也就是说，在基础坐标系中，先绕 x 轴旋转 ψ 角，再绕 y 轴旋转 θ 角，最后绕 z 轴旋转 ϕ 角。此旋转变换计算如下

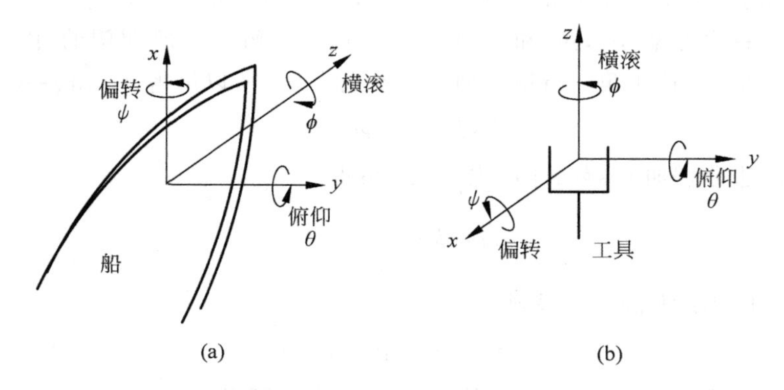

图 2-4 用横滚、俯仰和偏转表示机器人运动姿态

$$\mathrm{RPY}(\phi,\theta,\psi)=\begin{bmatrix}c\phi & -s\phi & 0 & 0\\ s\phi & c\phi & 0 & 0\\ 0 & 0 & 1 & 0\\ 0 & 0 & 0 & 1\end{bmatrix}\begin{bmatrix}c\theta & 0 & s\theta & 0\\ 0 & 1 & 0 & 0\\ -s\theta & 0 & c\theta & 0\\ 0 & 0 & 0 & 1\end{bmatrix}\begin{bmatrix}1 & 0 & 0 & 0\\ 0 & c\psi & -s\psi & 0\\ 0 & s\psi & c\psi & 0\\ 0 & 0 & 0 & 1\end{bmatrix}$$

$$=\begin{bmatrix}c\phi c\theta & c\phi s\theta s\psi - s\phi c\psi & c\phi s\theta c\psi + s\phi s\psi & 0\\ s\phi c\theta & s\phi s\theta s\psi + c\phi c\psi & s\phi s\theta c\psi - c\phi s\psi & 0\\ -s\theta & c\theta s\psi & c\theta c\psi & 0\\ 0 & 0 & 0 & 1\end{bmatrix} \tag{2-18}$$

欧拉角的反解直接从显式方程来求解用滚转、俯仰和偏转表示的变换方程。假设机器人已知姿态矩阵 $\boldsymbol{T}$

$$\mathrm{RPY}(\phi,\theta,\psi)=\boldsymbol{T} \tag{2-19}$$

根据式(2-17)和式(2-19)可得

$$\mathrm{Rot}(z,\phi)^{-1}\boldsymbol{T}=\mathrm{Rot}(y,\theta)\mathrm{Rot}(x,\psi)$$

$$\begin{bmatrix}f_{11}(n) & f_{11}(o) & f_{11}(a) & f_{11}(p)\\ f_{12}(n) & f_{12}(o) & f_{12}(a) & f_{12}(p)\\ f_{13}(n) & f_{13}(o) & f_{13}(a) & f_{13}(p)\\ 0 & 0 & 0 & 1\end{bmatrix}=\begin{bmatrix}c\theta & s\theta s\psi & s\theta c\psi & 0\\ 0 & c\psi & -s\psi & 0\\ -s\theta & c\theta s\psi & c\theta c\psi & 0\\ 0 & 0 & 0 & 1\end{bmatrix} \tag{2-20}$$

式中，f_{11}，f_{12} 和 f_{13} 的定义同前。令 $f_{12}(n)$ 与式(2-20)右式的对应元素相等，即：$-s\phi n_x + c\phi n_y = 0$，从而得

$$\phi=\arctan(n_y,n_x),\quad \phi=\phi+180° \tag{2-21}$$

又令式(2-20)中左右式中的(3,1)及(1,1)元素分别相等，有：$-s\theta=n_z$，$c\theta=c\phi n_x+s\phi n_y$。从而

$$\theta=\arctan(-n_z,c\phi n_x+s\phi n_y) \tag{2-22}$$

令式(2-20)中(2,3)和(2,2)对应元素分别相等，有：$-s\psi=-s\phi a_x+c\phi a_y$，$c\psi=-s\phi o_x+c\phi o_y$。据此可得

$$\psi = \arctan(s\phi a_x - c\phi a_y, -s\phi o_x + c\phi o_y) \tag{2-23}$$

综上分析,可得 RPY 变换各角如下:

$$\begin{cases} \phi = \arctan(n_y, n_x), \quad \phi = \phi + 180^\circ \\ \theta = \arctan(-n_z, c\phi n_x + s\phi n_y) \\ \psi = \arctan(s\phi a_x - c\phi a_y, -s\phi o_x + c\phi o_y) \end{cases} \tag{2-24}$$

3. 用通用旋转变换表示运动姿态

除了上述 $\boldsymbol{T}$ 矩阵表示外,也可以应用通用旋转矩阵,把机器人末端的方向规定为绕从原点出发的某轴 f 旋转 θ 角,即 $\mathrm{Rot}(f,\theta)$。取旋转轴为

$$\boldsymbol{f} = f_x\boldsymbol{i} + f_y\boldsymbol{j} + f_z\boldsymbol{k} \tag{2-25}$$

经过推导,可以得到通用旋转后的姿态:

$$\boldsymbol{R} = \mathrm{Rot}(f,\theta) = \begin{bmatrix} f_x f_x v\theta + c\theta & f_x f_y v\theta - f_z s\theta & f_x f_z v\theta + f_y s\theta \\ f_x f_y v\theta + f_z s\theta & f_y f_y v\theta + c\theta & f_y f_z v\theta - f_x s\theta \\ f_x f_z v\theta - f_y s\theta & f_y f_z v\theta + f_x s\theta & f_z f_z v\theta + c\theta \end{bmatrix} \tag{2-26}$$

式中,$v\theta = 1 - \cos\theta$,$\sin\theta = \sqrt{1-\cos\theta^2}$。

给出任一旋转变换,能够根据式(2-26)求得进行等效旋转 θ 的转轴,根据刚体旋转的欧拉定理表明刚体的任意次旋转都可以化简为刚体绕着固定轴的一次旋转,令 $\boldsymbol{R} = \mathrm{Rot}(\boldsymbol{f},\theta)$,即:

$$\begin{bmatrix} n_x & o_x & a_x \\ n_y & o_y & a_y \\ n_z & o_z & a_z \end{bmatrix} = \begin{bmatrix} f_x f_x v\theta + c\theta & f_x f_y v\theta - f_z s\theta & f_x f_z v\theta + f_y s\theta \\ f_x f_y v\theta + f_z s\theta & f_y f_y v\theta + c\theta & f_z f_y v\theta - f_x s\theta \\ f_x f_z v\theta - f_y s\theta & f_y f_z v\theta + f_x s\theta & f_z f_z v\theta + c\theta \end{bmatrix} \tag{2-27}$$

式中,$s\theta = \sin\theta$,$c\theta = \cos\theta$,$v\theta = 1 - \cos\theta$。把上式两边的对角线项相加,并化简得

$$n_x + o_y + a_z = (f_x^2 + f_y^2 + f_z^2)v\theta + 3c\theta = 1 + 2c\theta$$

可得

$$c\theta = \frac{1}{2}(n_x + o_y + a_z - 1) \tag{2-28}$$

把式(2-27)中的非对角线项成对相减,可得

$$\begin{aligned} o_z - a_y &= 2f_x\sin\theta \\ a_x - n_z &= 2f_y\sin\theta \\ n_y - o_x &= 2f_z\sin\theta \end{aligned} \tag{2-29}$$

将上式各行平方后相加

$$(o_z - a_y)^2 + (a_x - n_z)^2 + (n_y - o_x)^2 = 4s^2\theta \tag{2-30}$$

可得

$$s\theta = \pm\frac{1}{2}\sqrt{(o_z - a_y)^2 + (a_x - n_z)^2 + (n_y - o_x)^2} \tag{2-31}$$

对于旋转变换,令 $\theta \in [0,180]$,此时 $s\theta$ 取正号,可得旋转变换 $\boldsymbol{R}$ 的等效旋转矢量:

$$\tan\theta = \frac{\sqrt{(o_z - a_y)^2 + (a_x - n_z)^2 + (n_y - o_x)^2}}{n_x + o_y + a_z - 1} \tag{2-32}$$

$$\left.\begin{aligned} f_x &= (o_z - a_y)/2\sin\theta \\ f_y &= (a_x - n_z)/2\sin\theta \\ f_z &= (n_y - o_x)/2\sin\theta \end{aligned}\right\} \tag{2-33}$$

2.2.2 变换的不同坐标系

机器人的运动位姿变换除了应用已经讨论过的笛卡尔坐标外，还可以采用柱面坐标和球面坐标表示。

1. 柱面坐标表示运动位置

首先用柱面坐标表示机器人手臂的位置，即表示其平移变换。这对应于沿 x 轴平移 r，再绕 z 轴旋转 α 角，最后沿 z 轴平移 z，如图 2-5(a)所示。

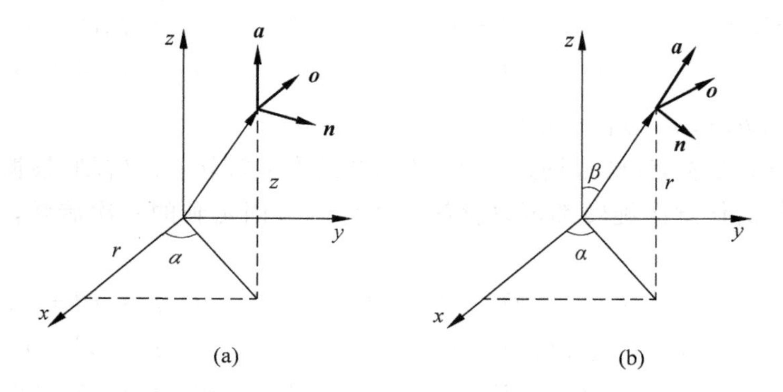

图 2-5 用柱面坐标和球面坐标表示位置示意图

即有

$$\mathrm{Cyl}(z,a,r) = \mathrm{Trans}(0,0,z)\mathrm{Rot}(z,a)\mathrm{Trans}(r,0,0) \tag{2-34}$$

式中，Cyl 表示柱面坐标组合变换，计算上式并化简得

$$\mathrm{Cyl}(z,a,r) = \begin{bmatrix} 1 & 0 & 0 & 0 \\ 0 & 1 & 0 & 0 \\ 0 & 0 & 1 & z \\ 0 & 0 & 0 & 1 \end{bmatrix} \begin{bmatrix} ca & -sa & 0 & 0 \\ sa & ca & 0 & 0 \\ 0 & 0 & 1 & 0 \\ 0 & 0 & 0 & 1 \end{bmatrix} \begin{bmatrix} 1 & 0 & 0 & r \\ 0 & 1 & 0 & 0 \\ 0 & 0 & 1 & 0 \\ 0 & 0 & 0 & 1 \end{bmatrix}$$

$$= \begin{bmatrix} ca & -sa & 0 & rca \\ sa & ca & 0 & rsa \\ 0 & 0 & 1 & z \\ 0 & 0 & 0 & 1 \end{bmatrix} \tag{2-35}$$

2. 球面坐标表示运动位置

球面坐标表示机器人运动位置矢量的方法对应于沿 z 轴平移 r，再绕 y 轴旋转 β 角，最后绕 z 轴旋转 α 角，如图 2-5(b)所示，即为

$$\mathrm{Sph}(\alpha,\beta,r) = \mathrm{Rot}(z,\alpha)\mathrm{Rot}(y,\beta)\mathrm{Trans}(0,0,r) \tag{2-36}$$

式中，Sph 表示球面坐标组合变换。对上式进行计算，结果如下：

$$\mathrm{Sph}(\alpha,\beta,r)=\begin{bmatrix} c\alpha & -s\alpha & 0 & 0\\ s\alpha & c\alpha & 0 & 0\\ 0 & 0 & 1 & 0\\ 0 & 0 & 0 & 1\end{bmatrix}\begin{bmatrix} c\beta & 0 & s\beta & 0\\ 0 & 1 & 0 & 0\\ -s\beta & 0 & c\beta & 0\\ 0 & 0 & 0 & 1\end{bmatrix}\begin{bmatrix} 1 & 0 & 0 & 0\\ 0 & 1 & 0 & 0\\ 0 & 0 & 1 & r\\ 0 & 0 & 0 & 1\end{bmatrix}$$

$$=\begin{bmatrix} c\alpha c\beta & -s\alpha & c\alpha s\beta & rc\alpha s\beta\\ s\alpha c\beta & c\alpha & s\alpha s\beta & rs\alpha s\beta\\ -s\beta & 0 & c\beta & rc\beta\\ 0 & 0 & 0 & 1\end{bmatrix} \tag{2-37}$$

2.2.3 A 矩阵和 T 矩阵

如前所述，把表示相邻两连杆相对空间关系的矩阵称为 **A** 矩阵，也叫做连杆变换矩阵，并把两个或两个以上 **A** 矩阵的乘积叫做 **T** 矩阵。例如，$\boldsymbol{A}_3$ 和 $\boldsymbol{A}_4$ 的乘积为${}^2\boldsymbol{T}_4=\boldsymbol{A}_3\boldsymbol{A}_4$，它表示连杆 4 对连杆 2 的相对位置和姿态。同理，$\boldsymbol{T}_6$ 即${}^0\boldsymbol{T}_6$，表示连杆 6 相对于基系的位姿。

Denavit 和 Hartenberg 于 1955 年提出了一种为关节链中每一个杆件建立坐标系的矩阵方法，即 DH 参数法。它是工业机器人运动学模型常用的一种建立方法，具体过程如下。

1. 广义连杆

相邻坐标系间及其相应连杆可以用齐次变换矩阵表示。求解操作手所需要的变换矩阵，需要对每个连杆进行广义连杆描述。在求得相应的广义变换矩阵之后，可对其加以修正，以适合每个具体的连杆。

机器人是由一系列连接在一起的连杆（杆件）构成的。需要用两个参数来描述一个连杆，即公共法线距离 a_i 和垂直于 a_i 所在平面内两轴的夹角 α_i；需要另外两个参数来表示相邻两杆的关系，即两连杆的相对位置 d_i 和两连杆法线的夹角 θ_i，如图 2-6 所示。

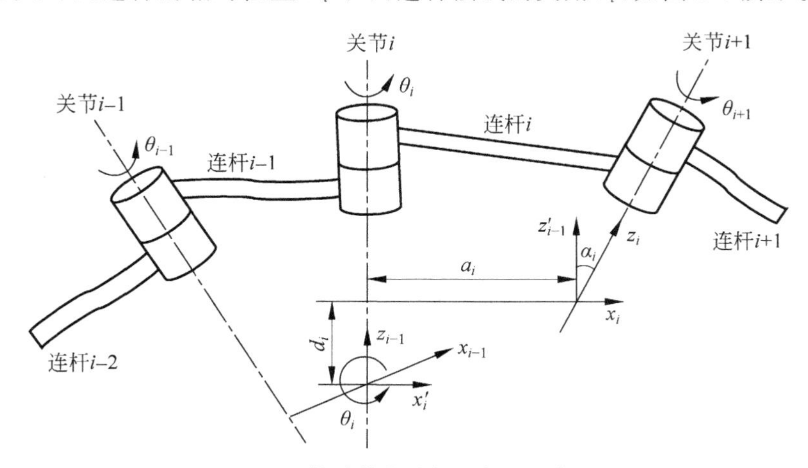

图 2-6 转动关节连杆四参数示意图

除第一个和最后一个连杆外，每个连杆两端的轴线各有一条法线，分别为前、后相邻连杆的公共法线。这两法线间的距离即为 d_i。称 a_i 为连杆长度，α_i 为连杆扭角，d_i 为两连杆距离，θ_i 为两连杆夹角。

机器人上坐标系的配置取决于机器人连杆连接的类型。有两种连接：转动关节和棱柱联轴节。对于转动关节，θ_i 为关节变量。连杆 i 的坐标系原点位于关节 i 和 $i+1$ 的公共法线与关节 $i+1$ 轴线的交点上。如果两相邻连杆的轴线相交于一点，那么原点就在这一交点上。如果两轴线互相平行，那么就选择原点使对下一连杆(其坐标原点已确定)的距离 d_{i+1} 为零。连杆 i 的 x 轴与关节 $i+1$ 的轴线在一直线上，而 x 轴则在连杆 i 和 $i+1$ 的公共法线上，其方向从 i 指向 $i+1$，见图 2-6。当两关节轴线相交时，x 轴的方向与两矢量的交积 $z_{i-1}\times z_i$ 平行或反向平行，x 轴的方向总是沿着公共法线从转轴 i 指向 $i+1$。当两轴 x_{i-1} 和 x_i 平行且同向时，第 i 个转动关节的 θ_i 为零。

考虑棱柱联轴节(平动关节)的情况。图 2-7 表示出其特征参数 θ，d 和 α。这时，距离 d_i 为联轴节(关节)变量，而联轴节轴线的方向即为此联轴节移动的方向。对于棱柱联轴节来说，其长度 a_i 没有意义，令其为零。联轴节的坐标系原点与下一个规定的连杆原点重合。棱柱式连杆的 z 轴在关节 $i+1$ 的轴线上。x_i 轴平行或反向平行于棱柱联轴节方向矢量与 z_i 矢量的交积。当 $d_i=0$ 时，定义该联轴节的位置为零。

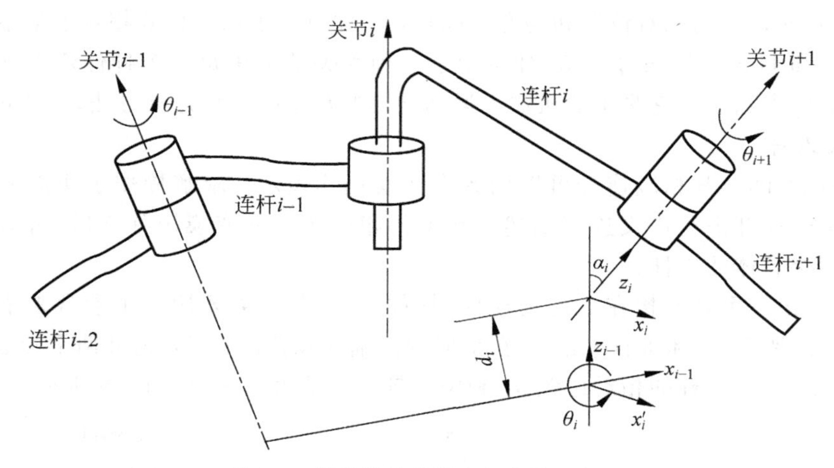

图 2-7　棱柱联轴节的连杆参数示意图

当机器人处于零位置时，能够规定转动关节的正旋转方向或棱柱联轴节的正位移方向，并确定 z 轴的正方向。底座连杆(连杆 0)的原点与连杆 1 的原点重合。如果需要规定一个不同的参考坐标系，那么该参考系与基系间的关系可以用一定的齐次变换来描述。在机器人的端部，最后的位移 d_6 或旋转角度 θ_6 是相对于 z_5 而言的。选择连杆 6 的坐标系原点，使之与连杆 5 的坐标系原点重合。如果所用工具(或端部执行装置)的原点和轴线与连杆 6 的坐标系不一致，那么此工具与连杆 6 的相对关系可由一个确定的齐次变换表示。

2. 广义变换矩阵

在对全部连杆规定坐标系之后，就能够按照下列顺序由两个旋转和两个平移来建立相邻两连杆 $i-1$ 与 i 之间的相对关系，见图 2-6 与图 2-7。

(1) 绕 z_{i-1} 轴旋转 θ_i 角，使 x_{i-1} 轴转到与 x_i 同一平面内。

(2) 沿 z_{i-1} 轴平移一距离 d_i，把 x_{i-1} 移到与 x_i 同一直线上。

(3) 沿 x_i 轴平移一距离 a_{i-1}，把坐标系$\{i-1\}$与坐标系$\{i\}$重合。

(4) 绕 x_i 轴旋转 α_{i-1} 角，使 z_{i-1} 转到与 z_i 同一直线上。

这种关系可由表示连杆 i 对连杆 $(i-1)$ 相对位置的4个齐次变换来描述，并叫做 $\boldsymbol{A}_i$ 矩阵。此关系式为

$$\boldsymbol{A}_i = \text{Rot}(z, \theta_i)\text{Trans}(0,0,d_i)\text{Trans}(a_{i-1},0,0)\text{Rot}(x,\alpha_{i-1}) \tag{2-38}$$

展开上式可得

$$\boldsymbol{A}_i = \begin{bmatrix} c\theta_i & -s\theta_i c\alpha_{i-1} & s\theta_i s\alpha_{i-1} & \alpha_{i-1}c\theta_i \\ s\theta_i & c\theta_i c\alpha_{i-1} & -c\theta_i s\alpha_{i-1} & \alpha_{i-1}s\theta_i \\ 0 & s\alpha_{i-1} & c\alpha_{i-1} & d_i \\ 0 & 0 & 0 & 1 \end{bmatrix} \tag{2-39}$$

对于棱柱联轴节，$\boldsymbol{A}$ 矩阵为

$$\boldsymbol{A}_i = \begin{bmatrix} c\theta_i & -s\theta_i c\alpha_{i-1} & s\theta_i s\alpha_{i-1} & 0 \\ s\theta_i & c\theta_i c\alpha_{i-1} & -c\theta_i s\alpha_{i-1} & 0 \\ 0 & s\alpha_{i-1} & c\alpha_{i-1} & d_i \\ 0 & 0 & 0 & 1 \end{bmatrix} \tag{2-40}$$

当机器人各连杆的坐标系被规定之后，就能够列出各连杆的常量参数。对于跟在旋转关节 i 后的连杆，这些参数为 d_i，a_{i-1} 和 α_{i-1}。对于沿在棱柱联轴节 i 后的连杆来说，这些参数为 θ_i 和 a_{i-1}。然后，α 角的正弦值和余弦值也可计算出来。这样，$\boldsymbol{A}$ 矩阵就成为关节变量 θ 的函数或变量 d 的函数，从而就能够确定6个 $\boldsymbol{A}_i$ 变换矩阵的值。

3. 用 $\boldsymbol{A}$ 矩阵表示 $\boldsymbol{T}$ 矩阵

机器人的末端装置即为连杆6的坐标系，它与连杆 $(i-1)$ 坐标系的关系可由 ${}^{i-1}\boldsymbol{T}_6$ 表示：

$${}^{i-1}\boldsymbol{T}_6 = \boldsymbol{A}_i\boldsymbol{A}_{i+1}\cdots\boldsymbol{A}_6 \tag{2-41}$$

可得连杆变换通式为

$${}^{i-1}\boldsymbol{T}_i = \begin{bmatrix} c\theta_i & -s\theta_i & 0 & \alpha_{i-1} \\ s\theta_i c\alpha_{i-1} & c\theta_i c\alpha_{i-1} & -s\alpha_{i-1} & -d_i s\alpha_{i-1} \\ s\theta_i s\alpha_{i-1} & c\theta_i s\alpha_{i-1} & c\alpha_{i-1} & d_i c\alpha_{i-1} \\ 0 & 0 & 0 & 1 \end{bmatrix} \tag{2-42}$$

而由式(2-3)，机器人端部对基座的关系 $\boldsymbol{T}_6$ 为

$$\boldsymbol{T}_6 = \boldsymbol{A}_1\boldsymbol{A}_2\boldsymbol{A}_3\boldsymbol{A}_4\boldsymbol{A}_5\boldsymbol{A}_6 \tag{2-43}$$

如果机器人与参考坐标系的相对关系是由变换 $\boldsymbol{Z}$ 来表示的，而且机器人与其端部工具的关系由变换 $\boldsymbol{E}$ 表示，那么此工具端部对参考坐标系的位置和方向可由变换 $\boldsymbol{X}$ 表示如下：

$$\boldsymbol{X} = \boldsymbol{Z}\boldsymbol{T}_6\boldsymbol{E} \tag{2-44}$$

此操作手的有向变换图如图2-8所示。

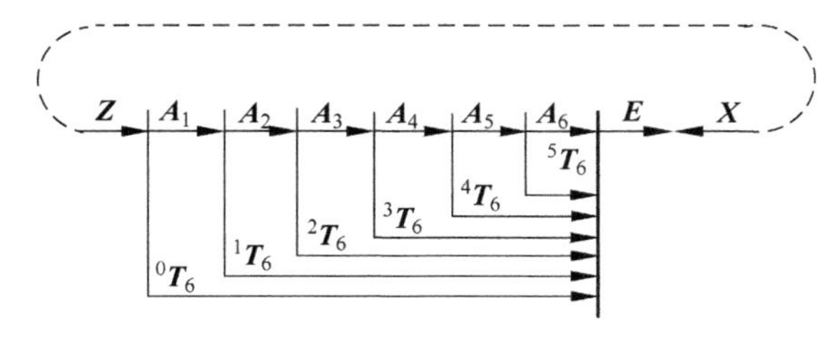

图 2-8　机器人位姿变换图

从图2-8可求得

$$\boldsymbol{T}_6 = \boldsymbol{Z}^{-1}\boldsymbol{X}\boldsymbol{E}^{-1} \tag{2-45}$$

2.3 机器人运动学

下面分别以典型的哈尔滨工业大学设计的30kg串联工业机器人和一种并联机器人为例来阐述机器人的运动学分析和求解。

2.3.1 串联式机器人

1. 机器人正运动学

30kg焊接工业机器人属于关节式机器人，6个关节都是转动关节。前3个关节确定手腕参考点的位置，后3个关节确定手腕的方位。和大多数工业机器人一样，后3个关节轴线交于一点。该点选作手腕的参考点，也选作连杆坐标系4、5、6的原点。各连杆坐标系如图2-9所示。

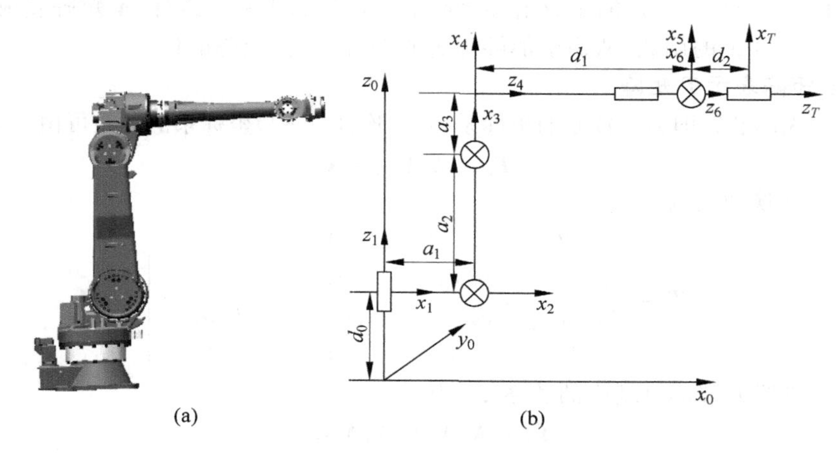

图2-9 焊接机器人的坐标系布置图

(a) 弧焊机器人结构图；(b) 弧焊机器人结构示意图

其中，(x_0, y_0, z_0)为基础坐标系，建立在平台的底部安装本体上，$(x_i, y_i, z_i)_{i=1,2,\cdots,6}$为各关节坐标系，分别建立在各个关节处，$(x_T, y_T, z_T)$为工具坐标系，建立在机器人的末端法兰盘上。机器人相应的连杆参数列于表2-1中。

应当注意的是，在图2-9中的机器人运动简图中，各关节坐标系应严格按照DH方法的建立原则，要充分考虑各坐标各轴的方向，否则DH参数不能得到。同时对于式(2-38)的矩阵相乘顺序应严格按照DH方法，根据DH方法，机器人各关节之间的坐标变换是相对于动坐标系实现的，因此式(2-38)采用右乘的方法得到。

根据图2-9所示的机器人运动模型，可得到该工业机器人的DH参数，如表2-1所示。

表 2-1　机器人 DH 参数表

连杆	变量/(°)	d/mm	a/mm	α/(°)	运动范围/(°)
1	θ_1	d_0	a_1	−90	−180～180
2	$\theta_2(-90)$	0	a_2	0	−90～135
3	θ_3	0	a_3	−90	−210～80
4	θ_4	d_1	0	90	−360～360
5	θ_5	0	0	−90	−115～115
6	θ_6	d_2	0	0	−360～360

已知各个关节的转动角度，求取机器人工具端 O_T 的姿态和位置，即为机器人的正解。用坐标变换来描述从坐标系 0～$\boldsymbol{T}$ 的变换。从图 2-9 可知，从坐标系 1 到坐标系 0 的变换矩阵为 ${}^0\boldsymbol{T}_1$。以此类推 ${}^1\boldsymbol{T}_2$、${}^2\boldsymbol{T}_3$、${}^3\boldsymbol{T}_4$、${}^4\boldsymbol{T}_5$ 和 ${}^5\boldsymbol{T}_6$。

$$
{}^0\boldsymbol{T}_1=\begin{bmatrix}\cos\theta_1 & 0 & -\sin\theta_1 & a_1\cos\theta_1\\ \sin\theta_1 & 0 & \cos\theta_1 & a_1\sin\theta_1\\ 0 & -1 & 0 & d_0\\ 0 & 0 & 0 & 1\end{bmatrix},\quad {}^1\boldsymbol{T}_2=\begin{bmatrix}\sin\theta_2 & \cos\theta_2 & 0 & a_2\sin\theta_2\\ -\cos\theta_2 & \sin\theta_2 & 0 & -a_2\cos\theta_2\\ 0 & 0 & 1 & 0\\ 0 & 0 & 0 & 1\end{bmatrix},
$$

$$
{}^2\boldsymbol{T}_3=\begin{bmatrix}\cos\theta_3 & 0 & -\sin\theta_3 & a_3\cos\theta_3\\ \sin\theta_3 & 0 & \cos\theta_3 & a_3\sin\theta_3\\ 0 & -1 & 0 & 0\\ 0 & 0 & 0 & 1\end{bmatrix},\quad {}^3\boldsymbol{T}_4=\begin{bmatrix}\cos\theta_4 & 0 & \sin\theta_4 & 0\\ \sin\theta_4 & 0 & -\cos\theta_4 & 0\\ 0 & 1 & 0 & d_1\\ 0 & 0 & 0 & 1\end{bmatrix},
$$

$$
{}^4\boldsymbol{T}_5=\begin{bmatrix}\cos\theta_5 & 0 & -\sin\theta_5 & 0\\ \sin\theta_5 & 0 & \cos\theta_5 & 0\\ 0 & -1 & 0 & 0\\ 0 & 0 & 0 & 1\end{bmatrix},\quad {}^5\boldsymbol{T}_6=\begin{bmatrix}\cos\theta_6 & -\sin\theta_6 & 0 & 0\\ \sin\theta_6 & \cos\theta_6 & 0 & 0\\ 0 & 0 & 1 & d_2\\ 0 & 0 & 0 & 1\end{bmatrix}
$$

工业机器人的运动模型是由以上 6 个坐标变换矩阵相乘得到的，这样可得到机器人的运动学模型：

$$
\boldsymbol{T}={}^0\boldsymbol{T}_1{}^1\boldsymbol{T}_2{}^2\boldsymbol{T}_3{}^3\boldsymbol{T}_4{}^4\boldsymbol{T}_5{}^5\boldsymbol{T}_6=\begin{bmatrix}n_x & o_x & a_x & p_x\\ n_y & o_y & a_y & p_y\\ n_z & o_z & a_z & p_z\\ 0 & 0 & 0 & 1\end{bmatrix} \tag{2-46}
$$

2. 机器人逆运动学

绝大多数机器人的程序设计语言，是用某个笛卡尔坐标系来指定其机器人末端位置的。这一指定可用于求解机器人手最后一个连杆的位置和姿态矩阵 $\boldsymbol{T}_6$。不过，在机器人能够被驱动至这个姿态之前，必须知道与这个位置有关的机器人所有关节的位置。

求解运动方程，即求得机器人各关节角度，这对机器人的控制至关重要。根据 $\boldsymbol{T}$ 可以知道机器人的运动位置和姿态，需要获得各关节的坐标值，以便进行这一移动。求解各关节的坐标，常采用几何法和解析法相结合的求解策略。本节采用几何法和解析法相结合进行求解。根据表 2-1 可知各机器人转动范围为：$\theta_1\in(-180,180)$，$\theta_2\in(-90,135)$，$\theta_3\in(-210,80)$，$\theta_4\in(-360,360)$，$\theta_5\in(-115,115)$，$\theta_6\in(-360,360)$。

设腕部的第5坐标系在基础坐标系中的位置为x_p, y_p, z_p，则x_p, y_p, z_p可以通过$\boldsymbol{T}$系和变换${}^5\boldsymbol{T}_6$得到，可以求得腕部关节处${}^0\boldsymbol{T}_5$的位姿矩阵。${}^0\boldsymbol{T}_5 = {}^0\boldsymbol{T}_6({}^5\boldsymbol{T}_6)^{-1}$，利用这个关系可以得到$x_p, y_p, z_p$。

第1步：求第一个关节角

参见图2-10，从几何关系可以看到腰部旋转角度为

$$\theta_1 = \arctan(y_p, x_p) \tag{2-47}$$

还有一个解为

$$\theta_1 = \pi + \arctan(y_p, x_p) \tag{2-48}$$

考虑到第一个关节的转动范围为±180°，所以它存在两个解。

第2步：求解第二个关节角

在得到第一个关节角后，仅考虑第一关节一种解的情况，参见图2-11，腕部在第2坐标系的位置为

$$\begin{bmatrix} {}^2x_p \\ {}^2y_p \\ {}^2z_p \\ 1 \end{bmatrix} = {}^2\boldsymbol{T}_0 \begin{bmatrix} x_p \\ y_p \\ z_p \\ 1 \end{bmatrix} \tag{2-49}$$

式中，${}^2\boldsymbol{T}_0 = ({}^0\boldsymbol{T}_2)^{-1}$。

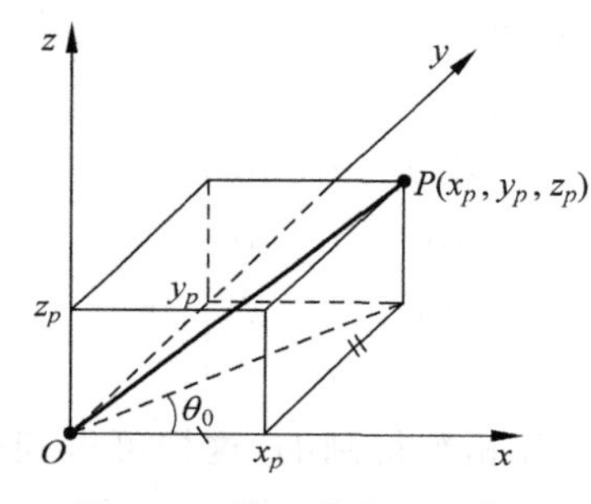

图2-10 第一关节角计算图

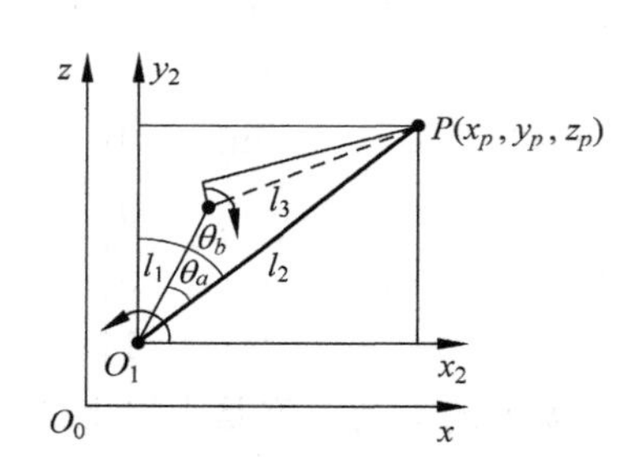

图2-11 第二关节角计算图

从图2-11可以看出：

$$\theta_a = \pm\arccos\left(\frac{l_1^2 + l_2^2 - l_3^2}{2l_1 l_2}\right) \tag{2-50}$$

式中，l_1和l_3可由机器人的机械结构尺寸得到，$l_2 = \sqrt{{}^2x_p^2 + {}^2y_p^2 + {}^2z_p^2}$。

另一个角度为

$$\theta_b = \arctan({}^2y_p, {}^2x_p) \tag{2-51}$$

于是第二个关节角为

$$\theta_2 = \theta_b - \theta_a \tag{2-52}$$

显然这个值有两个解，另一个解参见图2-13。第二个关节的转动范围为−90°～+135°。

第3步：第三个关节角求解

参见图2-12，先求初始角度：

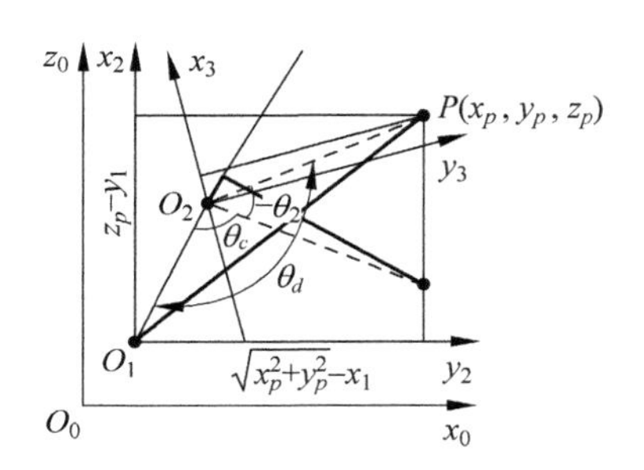

图 2-12　第三关节角计算

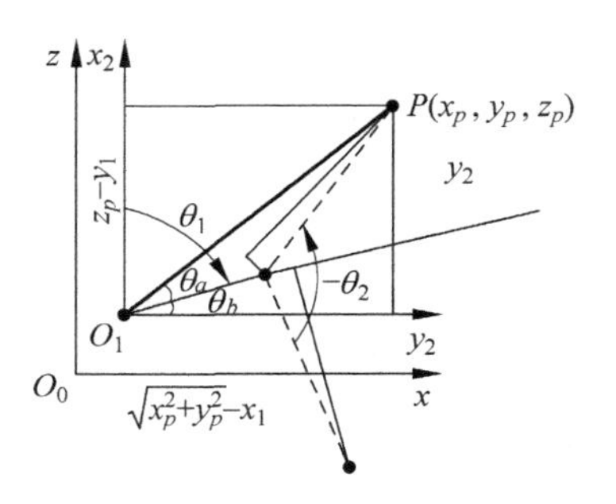

图 2-13　第二关节角多值情况

$$\theta_c = \pi - \arctan\left(\frac{d_1}{a_3}\right) \tag{2-53}$$

$$\theta_d = \arccos\left(\frac{l_1^2 + l_3^2 - l_2^2}{2l_1 l_3}\right) \tag{2-54}$$

从而得到角度

$$\theta_3 = -(\theta_d - \theta_c) \tag{2-55}$$

另一个解为

$$\theta_3 = -(2\pi - (\theta_d + \theta_c)) \tag{2-56}$$

第 4 步：第四、五、六关节角求解

关于其余旋转角度的解，则比较简单，根据式(2-46)，可得

$$^4\boldsymbol{T} = (^2\boldsymbol{T}_3)^{-1}(^1\boldsymbol{T}_2)^{-1}(^0\boldsymbol{T}_1)^{-1}\boldsymbol{T} = {}^3\boldsymbol{T}_4{}^4\boldsymbol{T}_5{}^5\boldsymbol{T}_6 \tag{2-57}$$

而这个变换矩阵计算结果为

$$^4\boldsymbol{T} = \begin{bmatrix} c\theta_4 c\theta_5 c\theta_6 - s\theta_4 s\theta_6 & -c\theta_4 c\theta_5 s\theta_6 - s\theta_4 c\theta_6 & -c\theta_4 s\theta_5 & 0 \\ s\theta_4 c\theta_5 c\theta_6 + c\theta_4 s\theta_6 & -s\theta_4 c\theta_5 s\theta_6 + c\theta_4 c\theta_6 & -s\theta_4 s\theta_5 & 0 \\ s\theta_5 c\theta_6 & -s\theta_5 s\theta_6 & c\theta_5 & 0 \\ 0 & 0 & 0 & 1 \end{bmatrix} \tag{2-58}$$

同时假设：

$$^4\boldsymbol{T} = (^2\boldsymbol{T}_3)^{-1}(^1\boldsymbol{T}_2)^{-1}(^0\boldsymbol{T}_1)^{-1}\boldsymbol{T} = \begin{bmatrix} n_x & o_x & a_x & 0 \\ n_y & o_y & a_y & 0 \\ n_z & o_z & a_z & 0 \\ 0 & 0 & 0 & 1 \end{bmatrix} \tag{2-59}$$

根据式(2-59)矩阵中对应元素相等的原则，考虑到 $\theta_5 = \pm\arccos a_z$ 的取值范围。当 $\theta_5 \neq 0$ 时：

$$\theta_4 = \arctan\left(-\frac{a_y}{\sin\theta_5}, -\frac{a_x}{\sin\theta_5}\right)$$

$$\theta_6 = \arctan\left(-\frac{o_z}{\sin\theta_5}, \frac{n_z}{\sin\theta_5}\right)$$

当 $\theta_5 = 0$ 时，取 $\theta_4 = 0$，$\theta_6 = \arctan(-o_x, n_x)$ 或 $\theta_6 = \arctan(-n_y, -o_y)$。其中，第四、五和第六的关节角度范围为±360°，±115°，±360°。

弧焊机器人的运动反解可能存在 8 种解。但是，由于结构的限制，例如各关节变量不能全在全部 360°范围内运动，有些解不能实现。在机器人存在多种解的情况下，应选取其最满意的一组解，例如：选择一组与机器人当前位置最接近的解，或者考虑避障要求等，以满足机器人的工作要求。

2.3.2 并联式机器人

1. 机器人正运动学

并联机器人由动平台、定平台、主动臂和从动臂等部件构成。本节以一种典型的三自由度 Delta 并联机器人为例，对其正运动学求解。并联工业机器人的机构如图 2-14 所示，它由固定不动的基座、三根相同的主动杆、三个相同的平行四边形从动支链和动平台组成。主动杆与从动支链以及从动支链与动平台之间都由转动副连接，从动支链四杆之间由胡克铰链接。每一个主动杆都由固定在基座上的电机驱动，驱动电机均匀分布在动平台上。三个平行四边形闭环机构使动平台在移动过程中始终与定平台保持平行，消除了动平台的旋转，使动平台只能沿 x，y，z 轴方向平动。

图 2-14 Delta 并联机器人结构图

图 2-15 为 Delta 并联机器人的运动学结构图。基础坐标系处于静平台中心，X 轴指向 A_1，1 号坐标系位于 A_1 点，指向与基础坐标系一致，旋转 $\alpha_1(0°)$。2 号坐标系位于 A_2 点，指向与基础坐标系旋转 $\alpha_2(120°)$。3 号坐标系位于 A_3 点，指向与基础坐标系旋转 $\alpha_3(240°)$。其中，R 和 r 分别为动平台和静平台的半径，L 和 l 为机器人的主动臂和从动臂杆件尺寸。

正运动学是根据给定的关节角度(θ_1、θ_2、θ_3)求解动平台中心 D 的位置。Delta 并联机器人的动平台做平移运动，可以将 $A_1B_1C_1$、$A_2B_2C_2$ 和 $A_3B_3C_3$ 平移，使 C_1、C_2 和 C_3 与动平台中心 D 重合。由于机器人的各对应杆件尺寸相同，很明显，这样的平移并不影响机器人的正运动学。因此，原问题转化成已知球面的三点求球心的问题。

对于简化后的问题，可以采用一般的解析几何的方法求解，具体计算如下：

(1) 将支链 $A_1B_1C_1$、$A_2B_2C_2$ 和 $A_3B_3C_3$ 平移，简化后得几何问题如图 2-15 所示，得到平移后的肘关节在基础坐标系中的位置：

$$
\begin{aligned}
P^{B'i} &= \mathrm{Rot}(z,\alpha_i)\mathrm{Trans}(R-r,0,0)P_{A'i}^{B'i} \\
&= \begin{bmatrix} \cos\alpha_i & -\sin\alpha_i & 0 & (R-r)\cos\alpha_i \\ \sin\alpha_i & \cos\alpha_i & 0 & (R-r)\sin\alpha_i \\ 0 & 0 & 1 & 0 \\ 0 & 0 & 0 & 1 \end{bmatrix} \begin{bmatrix} L\cos\theta_i \\ 0 \\ L\sin\theta_i \\ 1 \end{bmatrix}, \quad i=1,2,3
\end{aligned}
\tag{2-60}
$$

式中，$P^{B'i}$ 和 $P_{A'i}^{B'i}$ 分别为 B'_i 点在基础坐标系和 A'_i 坐标系的位置。

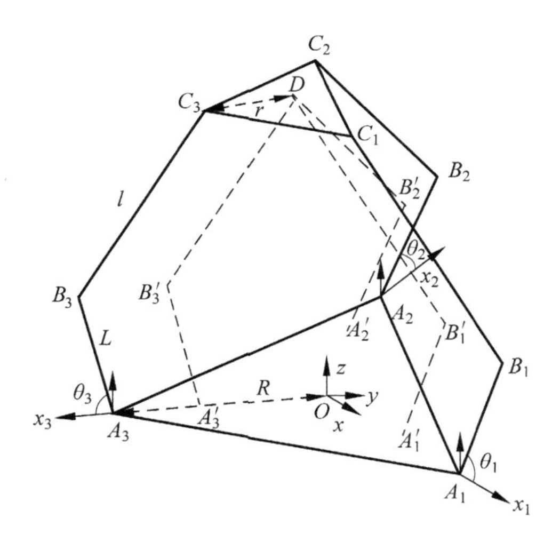

图 2-15　Delta 并联机器人运动学结构图

(2) 动平台位置数据计算。

已知并联机器人球面上的 B_1'、B_2'和 B_3'三个点以及球半径 l，则球心位置满足以下约束方程：

$$[x_d-(R-r+L\cos\theta_i)\cos\alpha_i]^2+[y_d-(R-r+L\cos\theta_i)\sin\alpha_i]^2+[z_d-L\sin\theta_i]^2=l^2 \tag{2-61}$$

这样可以得到下面三个非线性方程组：

$$(x_d-a_1)^2+(y_d-b_1)^2+(z_d-c_1)^2=l^2 \tag{2-62}$$

$$(x_d-a_2)^2+(y_d-b_2)^2+(z_d-c_2)^2=l^2 \tag{2-63}$$

$$(x_d-a_3)^2+(y_d-b_3)^2+(z_d-c_3)^2=l^2 \tag{2-64}$$

其中

$$a_i=(R-r+L\cos\theta_i)\cos\alpha_i \tag{2-65}$$

$$b_i=(R-r+L\cos\theta_i)\sin\alpha_i \tag{2-66}$$

$$c_i=L\sin\theta_i \tag{2-67}$$

三个未知数，三个非线性方程组可得到球心坐标(x_d,y_d,z_d)，也就是机器人动平台的中心位置。

$$x_d=\frac{-\gamma_1\beta_2+\gamma_2\beta_1}{\delta_1\beta_2-\delta_2\beta_1}z+\frac{\sigma_1\beta_2-\sigma_2\beta_1}{\delta_1\beta_2-\delta_2\beta_1} \tag{2-68}$$

$$y_d=\frac{-\delta_1\gamma_2+\delta_2\gamma_1}{\delta_1\beta_2-\delta_2\beta_1}z+\frac{\delta_1\sigma_2-\delta_2\sigma_1}{\delta_1\beta_2-\delta_2\beta_1} \tag{2-69}$$

其中，$\delta_1=2(a_2-a_1)$，$\delta_2=2(a_3-a_1)$，$\beta_1=2(b_2-b_1)$，$\beta_2=2(b_3-b_1)$，$\gamma_1=2(c_2-c_1)$，$\gamma_2=2(c_3-c_1)$。

$$\sigma_1=a_2^2+b_2^2+c_2^2-a_1^2-b_1^2-c_1^2 \tag{2-70}$$

$$\sigma_2=a_3^2+b_3^2+c_3^2-a_1^2-b_1^2-c_1^2 \tag{2-71}$$

将式(2-68)和式(2-69)代入到式(2-62)中，可得：

$$z_d = \frac{-\tau_1 \pm \sqrt{\tau_1^2 - \tau_0 \tau_2}}{\tau_0} \tag{2-72}$$

τ_0、τ_1 和 τ_2 分别为 a_1、b_1、c_1、δ_1、δ_2、β_1、β_2、γ_1、γ_2、σ_1 和 σ_2 的系数关系，可自行推导。根据图 2-16 可见，动平台的位置在机器人坐标系的上方，所以 z_d 取正值。从而可得到机器人的运动学正解。

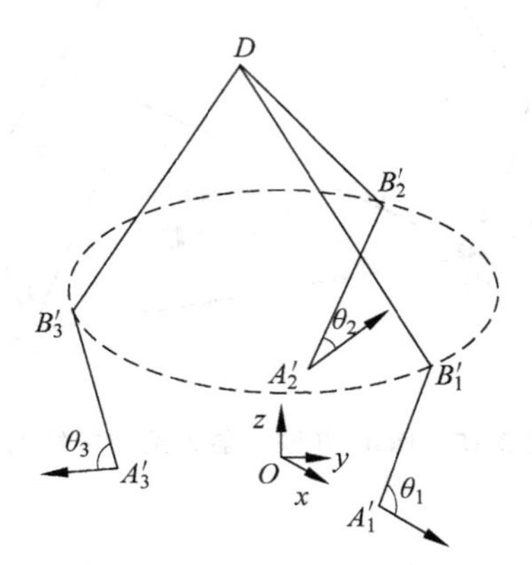

图 2-16 动平台中心位置

2. 机器人逆运动学

Delta 并联机器人的运动学逆解相对比较容易，如图 2-17 所示。已知 $D(x,y,z)$ 点后可求得动平台的各 C 点的基础坐标系位置：

$$P_{Ci} = \begin{bmatrix} \cos\alpha_i & -\sin\alpha_i & 0 & x \\ \sin\alpha_i & \cos\alpha_i & 0 & y \\ 0 & 0 & 1 & z \\ 0 & 0 & 0 & 1 \end{bmatrix} \begin{bmatrix} r \\ 0 \\ 0 \\ 1 \end{bmatrix} = \begin{bmatrix} r\cos\alpha_i + x \\ r\sin\alpha_i + y \\ z \\ 1 \end{bmatrix}, \quad i = 1,2,3 \tag{2-73}$$

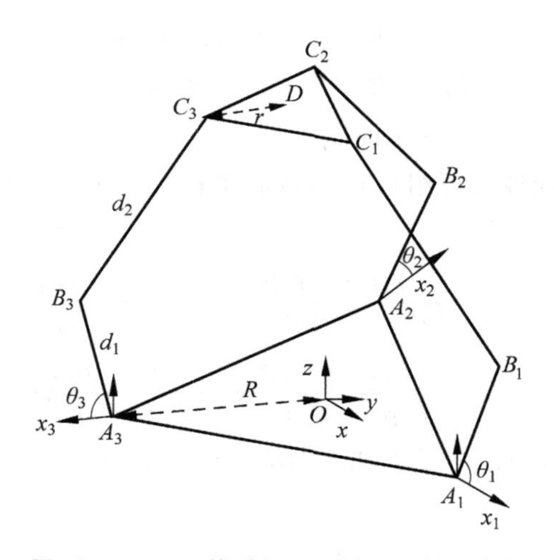

图 2-17 Delta 并联机器人逆运动学结构图

可求得各 B 点的基础坐标系位置：

$$P_{Bi}=\begin{bmatrix}\cos\alpha_i & -\sin\alpha_i & 0 & R\cos\alpha_i\\ \sin\alpha_i & \cos\alpha_i & 0 & R\sin\alpha_i\\ 0 & 0 & 1 & 0\\ 0 & 0 & 0 & 1\end{bmatrix}\begin{bmatrix}L\cos\theta_i\\ 0\\ L\sin\theta_i\\ 1\end{bmatrix}=\begin{bmatrix}(R+L\cos\theta_i)\cos\alpha_i\\ (R+L\cos\theta_i)\sin\alpha_i\\ L\sin\theta_i\\ 1\end{bmatrix},\quad i=1,2,3 \tag{2-74}$$

因为从动臂长度固定，所以

$$\| B_iC_i \| = l,\quad i=1,2,3$$

从而可得到并联机构的约束方程：

$$[(R+L\cos\theta_i-r)\cos\alpha_i-x]^2+[(R+L\cos\theta_i-r)\sin\alpha_i-y]^2+ [L\sin\theta_i-z]^2=l^2,\quad i=1,2,3 \tag{2-75}$$

这样根据方程(2-75)可以简化为

$$M_i\cos\theta_i+N_i\sin\theta_i+U_i=0,\quad i=1,2,3 \tag{2-76}$$

如果定义：$t_i=\tan\dfrac{\theta_i}{2}$，$i=1,2,3$，则有

$\sin\dfrac{\theta_i}{2}=\dfrac{t_i}{\sqrt{t_i^2+1}}$，$\cos\dfrac{\theta_i}{2}=\dfrac{1}{\sqrt{t_i^2+1}}$，$\sin\theta_i=\dfrac{2t_i}{t_i^2+1}$，$\sin\theta_i=\dfrac{1-t_i^2}{t_i^2+1}$，从而式(2-76)可写为

$$M_i(1-t_i^2)+2t_iN_i+(t_i^2+1)U_i=0,\quad i=1,2,3 \tag{2-77}$$

可得

$$t_i=\frac{-N_i\pm\sqrt{N_i^2+M_i^2-U_i^2}}{U_i-M_i},\quad i=1,2,3 \tag{2-78}$$

故

$$\theta_i=2\arctan t_i,\quad i=1,2,3 \tag{2-79}$$

同样，Delta 并联机器人存在 8 组逆解，由于机器人的结构限制，逆解一般是唯一解，即取各关节最小的一组解。

2.3.3　机器人工作空间

通常来说，机器人的工作空间是指由末端执行器经历所有可能的运动后末端遍历的全部体积，它是衡量机器人工作能力的一个重要的运动学指标，受限于机器人的几何结构和各个关节的运动范围。机器人的工作空间分为可达工作空间、灵活工作空间以及次工作空间。可达工作空间指末端能够到达的所有点集合；灵活工作空间指在可达工作空间内，末端能够以任意姿态到达的所有点集合；次工作空间指在可达工作空间去掉灵活工作空间所剩余部分。

机器人工作空间分析是对机械臂进行任务操作的重要环节，工作空间取决于机器人的关节构型、关节尺寸和关节运动范围等因素。对工作空间的确定主要采用以下 3 种方法：几何绘图法直观，易于工程应用，但是对于多自由度机器人并不适合；解析法虽然能够对工作空间的边界进行解析分析，但是表达式过于复杂，不适于工程实际应用；数值法

应用简单，并可以分析任意形式的机器人结构，而且随着计算机软硬件的发展，其速度和准确性都有了极大的改善。

本节采用随机概率法——蒙特卡罗方法来计算图 2-9 所示的焊接工业机器人的工作空间。蒙特卡罗方法是采用随机抽样来求解数学问题的一种数值方法，其基本思想是：为了求解数学或工程技术问题，首先建立一个概率模型或随机过程，使它的参数等于问题的解；然后通过对模型或过程的观察或抽样试验来计算所求参数的统计特征；最后给出所求解问题的近似值。其计算过程如图 2-18 所示。

这样，可得到机器人的工作空间，如图 2-19 所示。

这样，根据上述工业机器人的位置数值可以分析得到其工作空间的边界条件。

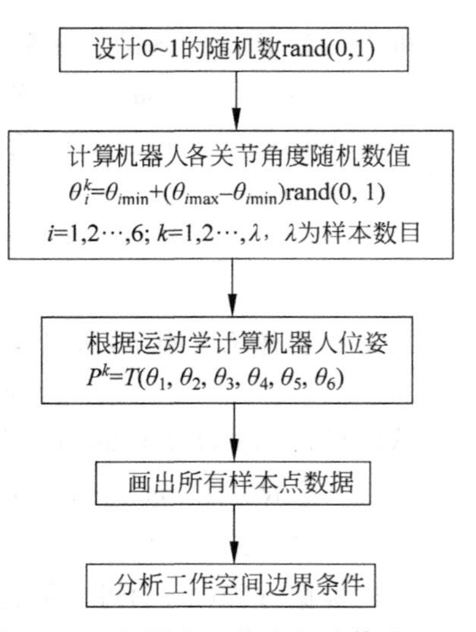

图 2-18 机器人工作空间计算流程图

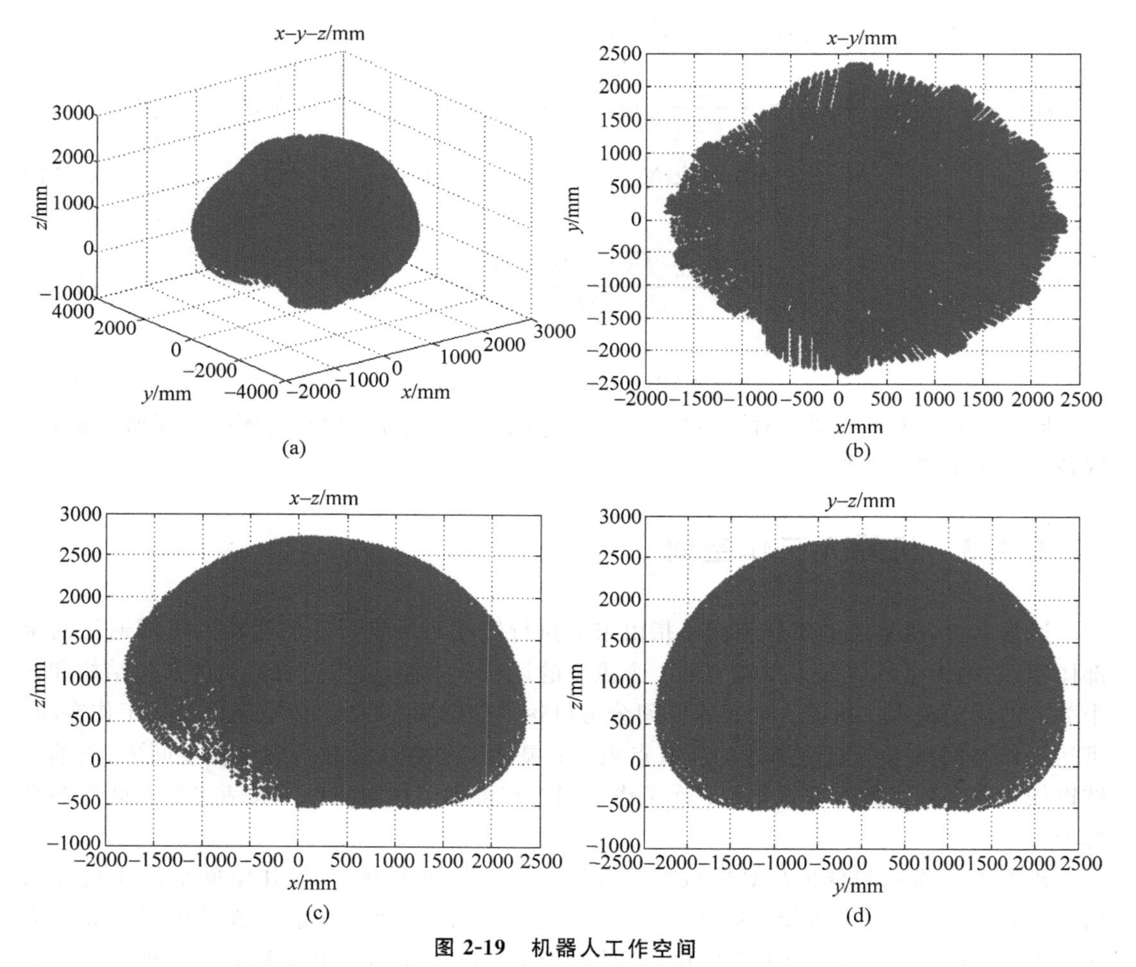

图 2-19 机器人工作空间

(a) 机器人工作空间三维视图；(b) 机器人工作空间 x-y 平面视图；

(c) 机器人工作空间 x-z 平面视图；(d) 机器人工作空间 y-z 平面视图

2.3.4 机器人雅可比矩阵

工业机器人运动学反映了机器人的几何运动关系，未涉及机器人运动的力、速度和加速度等动态过程。在机器人运动学基础之上，本节将研究机器人操作空间运动速度与关节空间速度之间的映射关系，即雅可比矩阵。

1. 机器人雅可比矩阵定义

数学上雅可比矩阵是一个多元函数的偏导矩阵，设机器人有6个数学函数，每个函数有6个变量，即：

$$\left.\begin{aligned}
x_1 &= f_1(q_1,q_2,q_3,q_4,q_5,q_6)\\
x_2 &= f_2(q_1,q_2,q_3,q_4,q_5,q_6)\\
x_3 &= f_3(q_1,q_2,q_3,q_4,q_5,q_6)\\
x_4 &= f_4(q_1,q_2,q_3,q_4,q_5,q_6)\\
x_5 &= f_5(q_1,q_2,q_3,q_4,q_5,q_6)\\
x_6 &= f_6(q_1,q_2,q_3,q_4,q_5,q_6)
\end{aligned}\right\} \tag{2-80}$$

将式(2-80)简记为

$$\boldsymbol{X} = \boldsymbol{F}(\boldsymbol{q}) \tag{2-81}$$

将其微分，得

$$\begin{aligned}
\mathrm{d}x_1 &= \frac{\partial f_1}{\partial q_1}\mathrm{d}q_1 + \frac{\partial f_1}{\partial q_2}\mathrm{d}q_2 + \frac{\partial f_1}{\partial q_3}\mathrm{d}q_3 + \frac{\partial f_1}{\partial q_4}\mathrm{d}q_4 + \frac{\partial f_1}{\partial q_5}\mathrm{d}q_5 + \frac{\partial f_1}{\partial q_6}\mathrm{d}q_6\\
\mathrm{d}x_2 &= \frac{\partial f_2}{\partial q_1}\mathrm{d}q_1 + \frac{\partial f_2}{\partial q_2}\mathrm{d}q_2 + \frac{\partial f_2}{\partial q_3}\mathrm{d}q_3 + \frac{\partial f_2}{\partial q_4}\mathrm{d}q_4 + \frac{\partial f_2}{\partial q_5}\mathrm{d}q_5 + \frac{\partial f_2}{\partial q_6}\mathrm{d}q_6\\
&\vdots\\
\mathrm{d}x_6 &= \frac{\partial f_6}{\partial q_1}\mathrm{d}q_1 + \frac{\partial f_6}{\partial q_2}\mathrm{d}q_2 + \frac{\partial f_6}{\partial q_3}\mathrm{d}q_3 + \frac{\partial f_6}{\partial q_4}\mathrm{d}q_4 + \frac{\partial f_6}{\partial q_5}\mathrm{d}q_5 + \frac{\partial f_6}{\partial q_6}\mathrm{d}q_6
\end{aligned} \tag{2-82}$$

简记为

$$\mathrm{d}\boldsymbol{X} = \frac{\partial \boldsymbol{F}}{\partial \boldsymbol{X}}\mathrm{d}\boldsymbol{q} \tag{2-83}$$

式中，$\frac{\partial \boldsymbol{F}}{\partial \boldsymbol{X}}$即为雅可比矩阵。

如果取 $\boldsymbol{X}=[\boldsymbol{V},\boldsymbol{\omega}]^{\mathrm{T}}$ 为机器人末端运动的线速度和角速度，$\boldsymbol{q}=[\dot{\theta}_1,\dot{\theta}_2,\cdots,\dot{\theta}_n]^{\mathrm{T}}$ 为机器人各关节的运动角速度，那么可得

$$\dot{\boldsymbol{X}} = \boldsymbol{J}\dot{\boldsymbol{q}} \tag{2-84}$$

式中，$\boldsymbol{J}$ 为机器人的雅可比矩阵，它为机器人操作速度与关节速度的线性变换，可以视为从关节空间向操作空间运动速度的传动比。

同理，可得到机器人的逆雅可比矩阵关系：

$$\dot{\boldsymbol{q}} = \boldsymbol{J}^{-1}\dot{\boldsymbol{X}} \tag{2-85}$$

逆雅可比矩阵反映的是机器人关节运动速度和机器人末端速度的映射关系。

2. 机器人雅可比矩阵求解举例

本节以平面二自由度关节机器人为例说明雅可比矩阵的求解过程(图 2-20)。

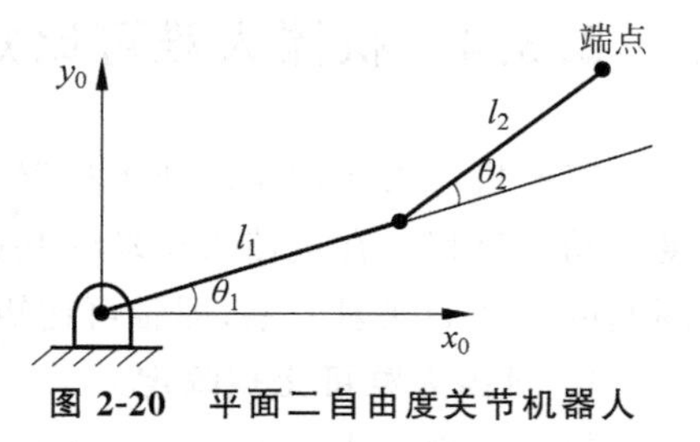

图 2-20 平面二自由度关节机器人

设机器人末端位置为(x,y)，那么可得到(x,y)与(θ_1,θ_2)的关系式：

$$\begin{cases} x = l_1\cos\theta_1 + l_2\cos(\theta_1+\theta_2) \\ y = l_1\sin\theta_1 + l_2\sin(\theta_1+\theta_2) \end{cases} \tag{2-86}$$

将其微分，得

$$\begin{cases} \dot{x} = \dfrac{\partial x}{\partial \theta_1}\dot{\theta}_1 + \dfrac{\partial x}{\partial \theta_2}\dot{\theta}_2 \\ \dot{y} = \dfrac{\partial y}{\partial \theta_1}\dot{\theta}_1 + \dfrac{\partial y}{\partial \theta_2}\dot{\theta}_2 \end{cases} \tag{2-87}$$

将其写成矩阵形式：

$$\begin{bmatrix} \dot{x} \\ \dot{y} \end{bmatrix} = \begin{bmatrix} \dfrac{\partial x}{\partial \theta_1} & \dfrac{\partial x}{\partial \theta_2} \\ \dfrac{\partial y}{\partial \theta_1} & \dfrac{\partial y}{\partial \theta_2} \end{bmatrix} \begin{bmatrix} \dot{\theta}_1 \\ \dot{\theta}_2 \end{bmatrix} \tag{2-88}$$

这样可得到机器人的雅可比矩阵

$$\boldsymbol{J} = \begin{bmatrix} \dfrac{\partial x}{\partial \theta_1} & \dfrac{\partial x}{\partial \theta_2} \\ \dfrac{\partial y}{\partial \theta_1} & \dfrac{\partial y}{\partial \theta_2} \end{bmatrix} \tag{2-89}$$

根据式(2-89)可得

$$\boldsymbol{J} = \begin{bmatrix} -l_1\sin\theta_1 - l_2\sin(\theta_1+\theta_2) & -l_2\sin(\theta_1+\theta_2) \\ l_1\cos\theta_1 + l_2\cos(\theta_1+\theta_2) & l_2\cos(\theta_1+\theta_2) \end{bmatrix} \tag{2-90}$$

3. 机器人雅可比矩阵分析

经过以上分析可以看出，机器人的末端运动速度和机器人各关节运动速度是由雅可比矩阵决定的。这样，可以根据机器人的关节速度计算机器人的运动速度。同时在机器人的运动规划时，可以规划其末端运动速度，通过雅可比逆矩阵得到其关节空间的运动速度，进行机器人的关节运动速度规划。

在机器人进行速度规划时，应计算出路径每一时刻的关节速度，但是当速度雅可比矩阵不是满秩时，雅可比逆矩阵不可求解，出现奇异解，此时相应操作空间点为奇异点，无法计算关节速度，机器人处于退化位置。

机器人的奇异位形分为以下两类：

(1) 边界奇异位形。当机器人臂部全部展开或全部折回时，机器人末端处于其工作空间边界上或者边界附近，出现雅可比逆矩阵奇异，机器人运动受到物理结构约束。

(2) 内部奇异位形。当机器人两个或两个关节轴线重合时，机器人各关节运动相互抵消，不产生操作运动。

由此可见，当机器人处于奇异位形时会产生退化现象，丧失一个或更多的自由度。这意味着在工作空间的某个方向上，不管怎样选择机器人的关节运动速度，机器人末端也不可能实现移动。

4. 机器人力雅可比矩阵

如果取 $\boldsymbol{F}$ 为工业机器人末端的操作力，$\boldsymbol{\tau}$ 为机器人各关节的驱动力，根据虚位移原理可得

$$\boldsymbol{F}^{\mathrm{T}}\delta\boldsymbol{p}=\boldsymbol{\tau}^{\mathrm{T}}\delta\boldsymbol{q} \tag{2-91}$$

式中，$\delta\boldsymbol{p}$ 为机器人末端的微小位移向量；$\delta\boldsymbol{q}$ 为机器人各关节的微小位移，根据雅可比公式，可得

$$\delta\boldsymbol{p}=\boldsymbol{J}\delta\boldsymbol{q} \tag{2-92}$$

所以

$$\begin{aligned}&\boldsymbol{F}^{\mathrm{T}}\boldsymbol{J}\delta\boldsymbol{q}=\boldsymbol{\tau}^{\mathrm{T}}\delta\boldsymbol{q}\\ \Rightarrow\ &\boldsymbol{\tau}=\boldsymbol{J}^{\mathrm{T}}\boldsymbol{F}\end{aligned} \tag{2-93}$$

$\boldsymbol{J}^{\mathrm{T}}$ 即为力雅可比矩阵，也是速度雅可比矩阵的转置，反映的是在静态平衡状态下，机器人末端操作力与机器人各关节力矩的映射关系。

2.4 基于运动学的机器人轨迹规划

机器人的运动轨迹规划控制过程如图 2-21 所示。

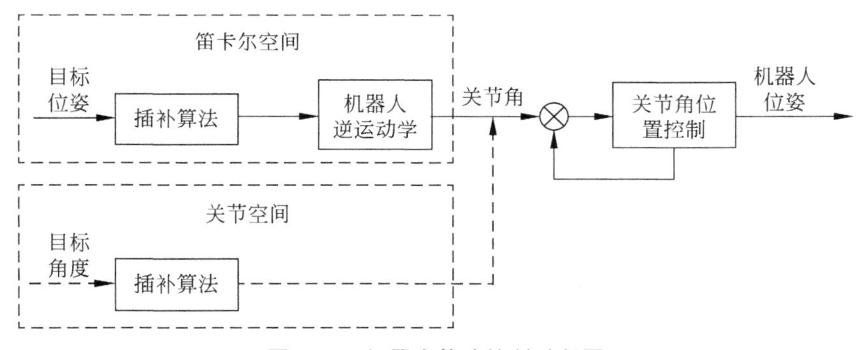

图 2-21 机器人轨迹控制过程图

笛卡尔空间轨迹规划基于机器人的当前位姿和末端目标位姿，确定机器人插补算法，然后根据机器械人运动学计算机器械人各插补点的各轴关节角度，最后驱动机器人各关节运动。机器人关节空间则不需要运动学。其中，常用的插补算法包括空间直线、空间圆弧、样条插补等。

机器人在笛卡尔空间进行运动轨迹规划的基础是机器人的运动学和插补算法。通过关节点到点、空间直线、圆弧插补及机器人运动学逆解对机器人末端操作器进行运动轨迹规划和控制，而空间复杂的曲线都可以通过直线和圆弧插补来分段进行拟合。

2.4.1 机器人梯形速度曲线规划

梯形速度是进行机器人的运动规划的一种常用策略，可以保证机器人的起始、停止速度

为零，从而可有效减少机器人运动的振动。利用梯形速度曲线对运动轨迹进行规划时，其轨迹、轨迹速度和加速度的曲线如图 2-22 所示。可以通过设置运动的时间长度来保证规划出的轨迹曲线满足轨迹速度的约束。取加速时间为 t_c，则可得到加速度：

$$\ddot{\theta}_d = \frac{\theta_d - \theta_0}{(t_f - t_0 - t_c)t_c} \tag{2-94}$$

且满足 $\mathrm{sgn}(\ddot{\theta}_d) = \mathrm{sgn}(\theta_d - \theta_0)$，这样，最大速度 $\dot{\theta}_m$ 也可以获得。

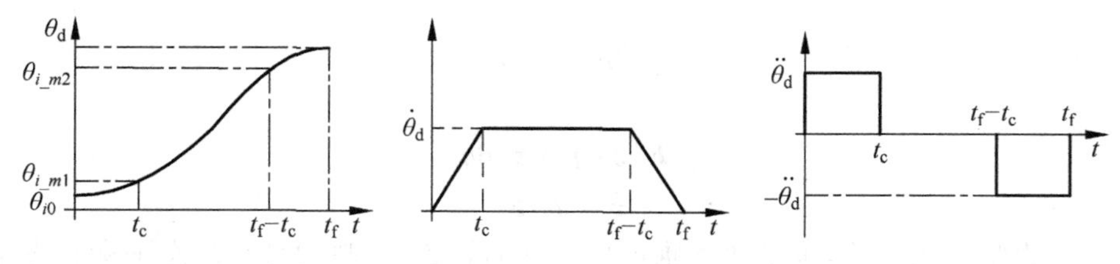

图 2-22　梯形速度曲线图

则对应的轨迹曲线为

$$\theta_d(t) = \begin{cases} a_0 + a_2(t - t_0)^2, & t_0 \leqslant t \leqslant t_c + t_0 \\ a_0 + a_1\left(t - t_0 - \dfrac{t_c}{2}\right), & t_c + t_0 < t \leqslant t_f - t_c \\ a_3 - a_2(t_f - t)^2, & t_f - t_c < t \leqslant t_f \end{cases} \tag{2-95}$$

式中，t_0 和 t_f 是机器人开始和结束运动的时刻，系数 a_0, a_1, a_2, a_3 分别为

$$a_0 = \theta_0, \quad a_1 = \ddot{\theta}_d t_c, \quad a_2 = \frac{1}{2}\ddot{\theta}_d, \quad a_3 = \theta_d \tag{2-96}$$

这里，θ_0 和 θ_d 为关节的初始位置和期望位置，$\ddot{\theta}_d$ 为梯形速度曲线的加速度，t_c 为加速阶段的时间。

2.4.2　机器人姿态规划算法

机器人的姿态插补是辅助位置插补进行的，机器人的姿态表示主要有余弦矩阵法、欧拉角法和四元数法。直接用余弦矩阵进行插值并不合适，因为姿态矩阵共有 9 个元素，计算量较大且过程较繁琐。相比之下，欧拉角法只需要 3 个变量就可进行姿态表达和插值，然而 3 个角是有机统一的整体，分开插值往往会导致姿态变化不平滑，且欧拉角的致命问题是存在万向节锁死的现象。

基于单位四元数法，根据纯四元数所在的三维超平面与三维空间的三维向量一一对应的定理，将三维旋转问题作为四维旋转的特例引入到四元数空间中，从而利用四元数便捷的旋转运算法则实现对三维旋转问题的插值，在插值过程中引入了梯形速度规划生成的时间算子。

取机器人起点姿态为 $\boldsymbol{R}_0^{3\times3}$，终点姿态为 $\boldsymbol{R}_e^{3\times3}$，$\boldsymbol{R}^{3\times3}$ 为起点到终点的变换矩阵：

$$\boldsymbol{R}_e = \boldsymbol{R}_0\boldsymbol{R}$$

$$\boldsymbol{R} = \boldsymbol{R}_0^{-1}\boldsymbol{R}_e$$

假设旋转变换：

$$R=\begin{bmatrix} n_x & o_x & a_x \\ n_y & o_y & a_y \\ n_z & o_z & a_z \end{bmatrix}$$

根据刚体旋转的欧拉定理表明刚体的任意次旋转都可以化简为刚体绕着固定轴的一次旋转(通用变换)，令 $\boldsymbol{R}=\mathrm{Rot}(\boldsymbol{f},\boldsymbol{\theta})$，即：

$$\begin{bmatrix} n_x & o_x & a_x \\ n_y & o_y & a_y \\ n_z & o_z & a_z \end{bmatrix}=\begin{bmatrix} f_xf_xv\theta+c\theta & f_xf_yv\theta-f_zs\theta & f_xf_zv\theta+f_ys\theta \\ f_xf_yv\theta+f_zs\theta & f_yf_yv\theta+c\theta & f_zf_yv\theta-f_xs\theta \\ f_xf_zv\theta-f_ys\theta & f_yf_zv\theta+f_xs\theta & f_zf_zv\theta+c\theta \end{bmatrix} \tag{2-97}$$

式中，$s\theta=\sin\theta$，$c\theta=\cos\theta$，$v\theta=1-\cos\theta$。对于旋转变换，令 $\theta\in[0,180]$，此时 $s\theta$ 取正号，可得矩阵 $\boldsymbol{R}$ 的等效旋转向量：

$$\tan\theta=\frac{\sqrt{(o_z-a_y)^2+(a_x-n_z)^2+(n_y-o_x)^2}}{n_x+o_y+a_z-1}$$

$$f_x=(o_z-a_y)/2\sin\theta$$

$$f_y=(a_x-n_z)/2\sin\theta$$

$$f_z=(n_y-o_x)/2\sin\theta$$

将其转化为单位四元数形式为

$$\boldsymbol{q}=q_0+q_1\boldsymbol{i}+q_2\boldsymbol{j}+q_3\boldsymbol{k} \tag{2-98}$$

式中，$q_0=\cos\left(\frac{\theta}{2}\right)$，$q_1=\frac{f_x}{\|\vec{f}\|}\sin\left(\frac{\theta}{2}\right)$，$q_2=\frac{f_y}{\|\vec{f}\|}\sin\left(\frac{\theta}{2}\right)$，$q_3=\frac{f_z}{\|\vec{f}\|}\sin\left(\frac{\theta}{2}\right)$。则姿态插补矩阵为

$$\boldsymbol{R}_t=\boldsymbol{R}_0\boldsymbol{R}=\boldsymbol{R}_0\begin{bmatrix} q_0^2+q_1^2-q_2^2-q_3^2 & 2(q_1q_2-q_0q_3) & 2(q_1q_3+q_0q_2) \\ 2(q_1q_2+q_0q_3) & q_0^2-q_1^2+q_2^2-q_3^2 & 2(q_2q_3-q_0q_1) \\ 2(q_1q_3-q_0q_2) & 2(q_2q_3+q_0q_1) & q_0^2-q_1^2-q_2^2+q_3^2 \end{bmatrix} \tag{2-99}$$

因此对机器人姿态的插值便等价于对 θ 的插值，并且插值变量仅有 θ 一个，从而可保证机器人姿态插补的连续性。

2.4.3 机器人关节空间内B样条插补算法

三次样条插值是指关节空间之间多节点满足2阶导数连续的插值函数，这里取机器人关节起点位置为 θ_0，终点位置为 θ_{tf}，运行时间为 $[t_0,t_f]$，取插值函数为

$$\begin{cases} \theta(t)=a_0+a_1t+a_2t^2+a_3t^3 \\ \dot{\theta}(t)=a_1+2a_2t+3a_3t^2 \\ \ddot{\theta}(t)=2a_2+6a_3t \end{cases} \tag{2-100}$$

满足：(1) $\theta(t_0)=\theta_0$，$\theta(t_f)=\theta_{tf}$；

(2) 起点和终点速度为0。

根据以上边界约束条件，可得到插值函数的各参数：

$$a_0=\theta_0-\frac{t_0^2(3t_f-t_0)(\theta_f-\theta_0)}{(t_0-t_f)^3},\quad a_1=\frac{6t_ft_0(\theta_f-\theta_0)}{(t_0-t_f)^3},$$

$$a_2=-3\frac{(t_f+t_0)(\theta_f-\theta_0)}{(t_0-t_f)^3},\quad a_3=2\frac{\theta_f-\theta_0}{(t_0-t_f)^3}$$

B 样条插补算法如图 2-23 所示。

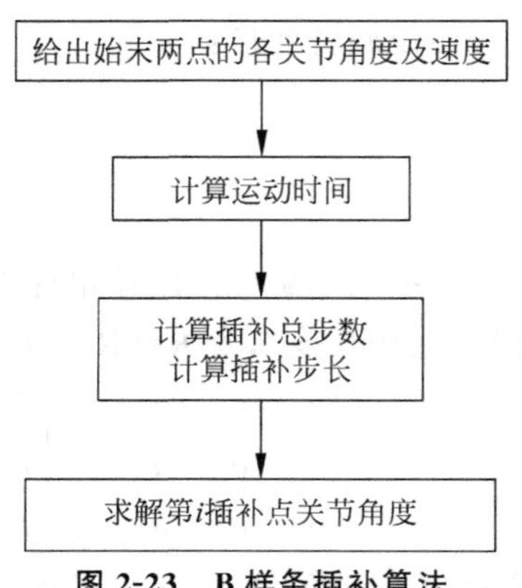

图 2-23　B 样条插补算法

本节以 2.3 节的工业机器人为例进行设计分析。取机器人当前位置为[0,0,0,0,0,0](°)，运动目标位置为[5,10,15,20,25,30](°)，运动速度为 1(°)/s，则机器人各关节运动曲线如图 2-24 所示。可以发现机器人各关节运动起点和末点速度为零，轨迹保持连续。

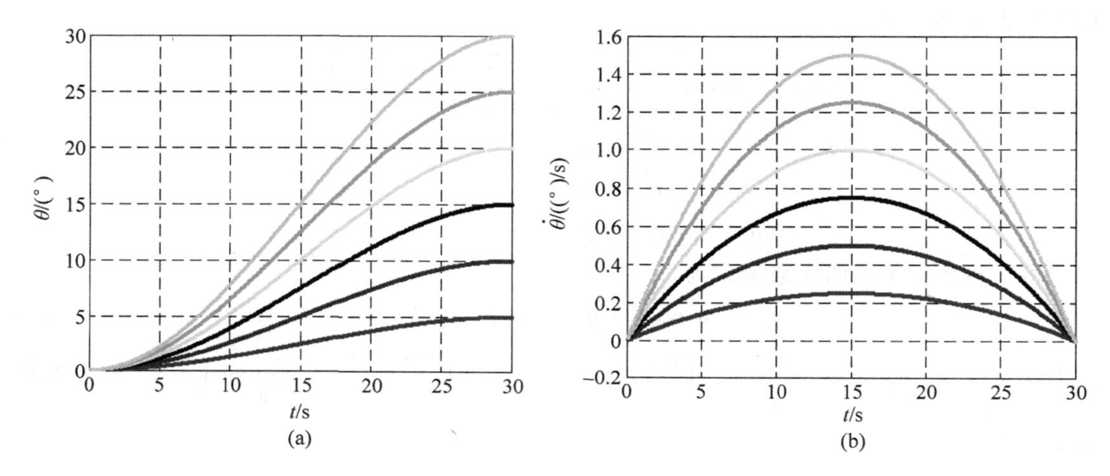

图 2-24　B 样条规划运动轨迹曲线

(a) 各关节角度运动轨迹；(b) 各关节运动速度

2.4.4　机器人空间直线插补算法

机器人的空间直线插补实现的是机器人末端操作器连续运动轨迹为直线，该直线插补主要是进行位置插补和姿态插补，它是机器人运动轨迹规划最简单和最重要的一种插补算法。空间直线插补的实现思路是通过起始点和终止点的位置和机器人的姿态，计算直线运动轨迹中间各插补点的位置和机器人的姿态。机器人插补算法流程图如图 2-25 所示。

详细算法：空间直线与机器人坐标系的空间位置示意图如图 2-26 所示，其中(x_1,y_1,z_1)为空间直线坐标系，(x_0,y_0,z_0)为机器人坐标系，它们之间的转换矩阵为 $\boldsymbol{A}$。p_1、p_2 分别为空间直线两点在机器人坐标系中的位置，p_{l1}，p_{l2} 分别为空间直线两点在空间直线坐标系中的位置。

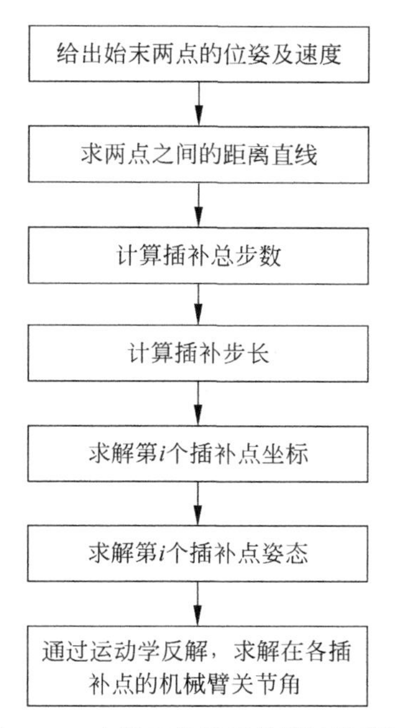

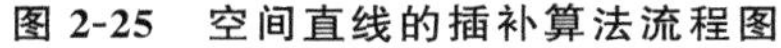
图 2-25　空间直线的插补算法流程图

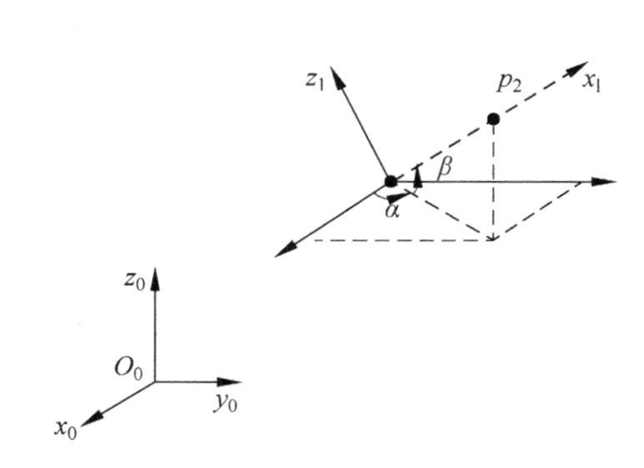

图 2-26　空间直线示意图

根据图 2-26 可得到(x_0,y_0,z_0)和(x_1,y_1,z_1)坐标系的转换矩阵 $\boldsymbol{A}$：

$$\boldsymbol{A}=\mathrm{Tran}(x_1,y_1,z_1)\mathrm{Rot}(z,\alpha)\mathrm{Rot}(y,-\beta)=\begin{bmatrix}\cos\alpha\cos\beta & -\sin\alpha & -\cos\alpha\sin\beta & x_1\\ \sin\alpha\cos\beta & \cos\alpha & -\sin\alpha\sin\beta & y_1\\ \sin\beta & 0 & \cos\beta & z_1\\ 0 & 0 & 0 & 1\end{bmatrix}\tag{2-101}$$

以 x_1 为空间直线运动变量$(x_{1t},0,0)$，从而可得到 x_1 在机器人坐标系下的运动轨迹(p_x,p_y,p_z)：

$$\begin{bmatrix}p_x\\ p_y\\ p_z\end{bmatrix}=\boldsymbol{A}\begin{bmatrix}x_{1t}\\ 0\\ 0\end{bmatrix}=\begin{bmatrix}x_{1t}\cos\alpha\cos\beta+x_1\\ x_{1t}\sin\alpha\cos\beta+y_1\\ x_{1t}\sin\beta+z_1\end{bmatrix}\tag{2-102}$$

机器人运动轨迹取为：$p_1=(939.4,-133.07,1160.669,19.073,-30.469,167.957)$，$p_2=(1019.4,267.07,760.669,49.073,-10.469,177.957)$，机器人运动曲线如图 2-27 所示。其中姿态插补采用 2.4.2 节的方法，并且姿态角采用梯形速度法进行插补。从仿真曲线可以看出，机器人的运动轨迹为直线，并且设计的姿态通用变换角为连续，其速度为梯形，从而保证了机器人姿态变化连续。

2.4.5　机器人空间圆弧插补算法

机器人的空间圆弧插补是通过空间不在同一直线的三点位置及在这三点的机器人末端操作器的姿态，通过插补算法计算出运动轨迹中间各插补点的位置以及在这些位置点机器

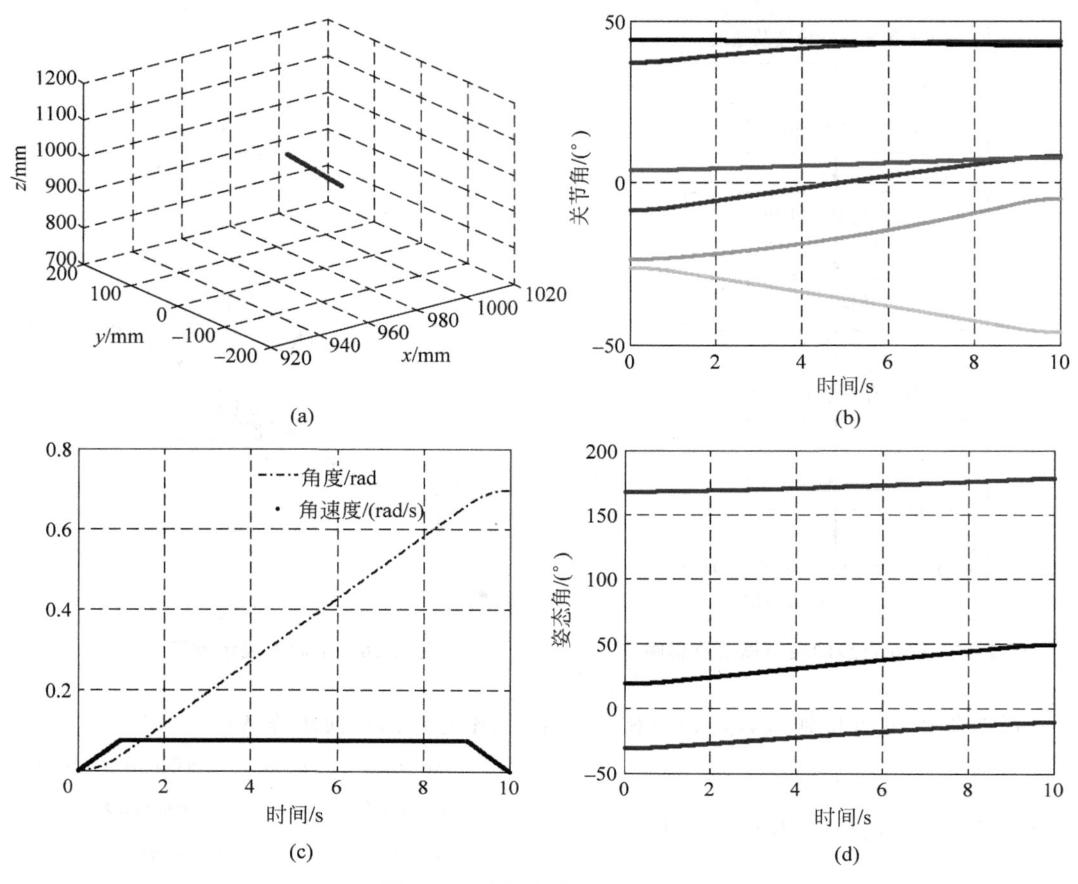

图 2-27　空间直线运动示意图

(a) 空间直线轨迹；(b) 机器人各关节运动轨迹；(c) 姿态通用变换角及其速度曲线；
(d) 机器人姿态运动轨迹

人所需要达到的姿态。空间圆弧位置插补算法采用的是归一化的方法，首先将空间圆弧插补转换成平面圆弧插补；然后通过平面圆弧插补算法求出各插补点的位置；最后通过坐标系变换计算出各插补点在空间基坐标系下的位置。空间圆弧插补算法如图 2-28 所示。

详细算法：空间圆弧与机器人坐标系的空间位置示意图如图 2-29 所示，其中(x_r，y_r，z_r)为空间圆坐标系，(x_0，y_0，z_0)为机器人坐标系，它们之间的转换矩阵为 $\boldsymbol{A}$。p_1，p_2 和 p_3 分别为空间三点在机器人坐标系中的位置，p_{r1}、p_{r2} 和 p_{r3} 分别为空间三点在空间圆坐标系中的位置。

转换矩阵 $\boldsymbol{A}$ 由旋转矩阵 $\boldsymbol{R}$ 和平移矩阵 $\boldsymbol{T}$ 构成，其中平移矩阵 $\boldsymbol{T}$ 可由图 2-29 得到：

$$\boldsymbol{T}=[R_x \quad R_y \quad R_z]^{\mathrm{T}}$$

这里，旋转矩阵 $\boldsymbol{R}$ 采用等效轴角度变换表示法进行求取，由机器人坐标系变换可知，两个坐标系之间可以由绕一个欧拉轴旋转一定角度得到。取等效旋转轴 K 垂直于 z_0 和 z_r 轴，从而 z_0 和 z_r 轴之间夹角为等效旋转角度 θ。

(1) 求解空间圆弧参数，得到圆心坐标[R_x　R_y　R_z]及空间圆半径 r。

(2) 计算圆弧平面法向量并归一化处理：

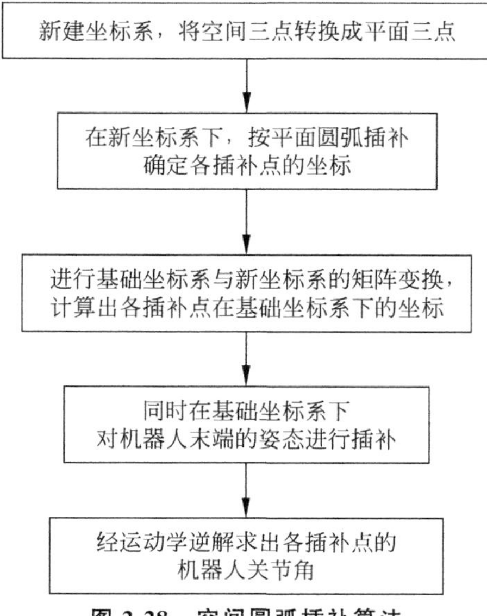

图 2-28 空间圆弧插补算法

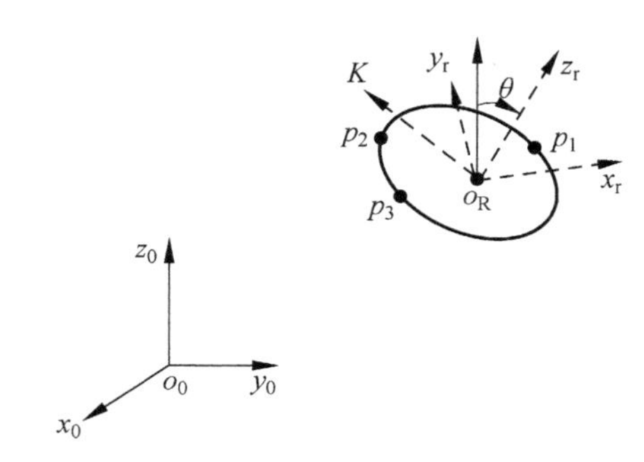

图 2-29 空间圆弧示意图

$$\boldsymbol{z}_{\mathrm{r}}=[v_x \quad v_y \quad v_z]$$

(3) 取 z_0 轴向量为$[0 \quad 0 \quad 1]^{\mathrm{T}}$，则 $K(k_x,k_y,k_z)$为

$$\boldsymbol{K}=z_0\times z_{\mathrm{r}}=[-v_y \quad v_x \quad 0]^{\mathrm{T}} \tag{2-103}$$

进一步可得到其标准形式：

$$\boldsymbol{K}=\left[-\frac{v_y}{\sqrt{v_x^2+v_y^2}} \quad \frac{v_x}{\sqrt{v_x^2+v_y^2}} \quad 0\right]^{\mathrm{T}} \tag{2-104}$$

很明显，$\cos\theta=v_z$。因此可得旋转矩阵 $\boldsymbol{R}$：

$$\boldsymbol{R}=\mathrm{Rot}(K,\theta)=\begin{bmatrix} k_xk_xv\theta+c\theta & k_xk_yv\theta-k_zs\theta & k_xk_zv\theta+k_ys\theta \\ k_xk_yv\theta+k_zs\theta & k_yk_yv\theta+c\theta & k_yk_zv\theta-k_xs\theta \\ k_xk_zv\theta-k_ys\theta & k_yk_zv\theta+k_xs\theta & k_zk_zv\theta+c\theta \end{bmatrix} \tag{2-105}$$

式中，$v\theta=1-\cos\theta$，$\sin\theta=\sqrt{1-\cos\theta^2}$。从而可得到位姿变换矩阵 $\boldsymbol{A}$：

$$\boldsymbol{A}=\begin{bmatrix} \boldsymbol{R} & \boldsymbol{T} \\ 0 & 1 \end{bmatrix} \tag{2-106}$$

(4) 计算空间圆弧 3 点在圆平面坐标系的坐标：

$$\begin{cases} p_{\mathrm{r1}}=\boldsymbol{A}^{-1}p_1 \\ p_{\mathrm{r2}}=\boldsymbol{A}^{-1}p_2 \\ p_{\mathrm{r3}}=\boldsymbol{A}^{-1}p_3 \end{cases} \tag{2-107}$$

(5) 计算空间圆弧坐标系下的运动范围 φ，三点的角度值 α_1、α_2 和 α_3。

(6) 根据梯形速度法设计空间圆弧坐标系中圆心角的运动轨迹：

$$\begin{cases} x_{\mathrm{r}}=r\cos\varphi \\ y_{\mathrm{r}}=r\sin\varphi \end{cases} \tag{2-108}$$

（7）计算机器人坐标系下的运动轨迹：

$$p = \mathbf{A}p_{\mathrm{r}} \tag{2-109}$$

工业机器人运动轨迹取 $p_1=(934.4,-133.07,1160.669,19.073,-30.469,167.957)$，$p_2=(879.4,-133.07,1160.669,19.073,-30.469,167.957)$，$p_3=(879.4,-73.07,1260.669,29.073,-20.469,177.957)$，则空间圆弧运动曲线如图 2-30 所示。从仿真曲线可以看出，机器人的运动轨迹为圆弧，并且设计的空间圆心角运动和姿态通用变换角为连续，其速度为梯形，机器人姿态变化连续。

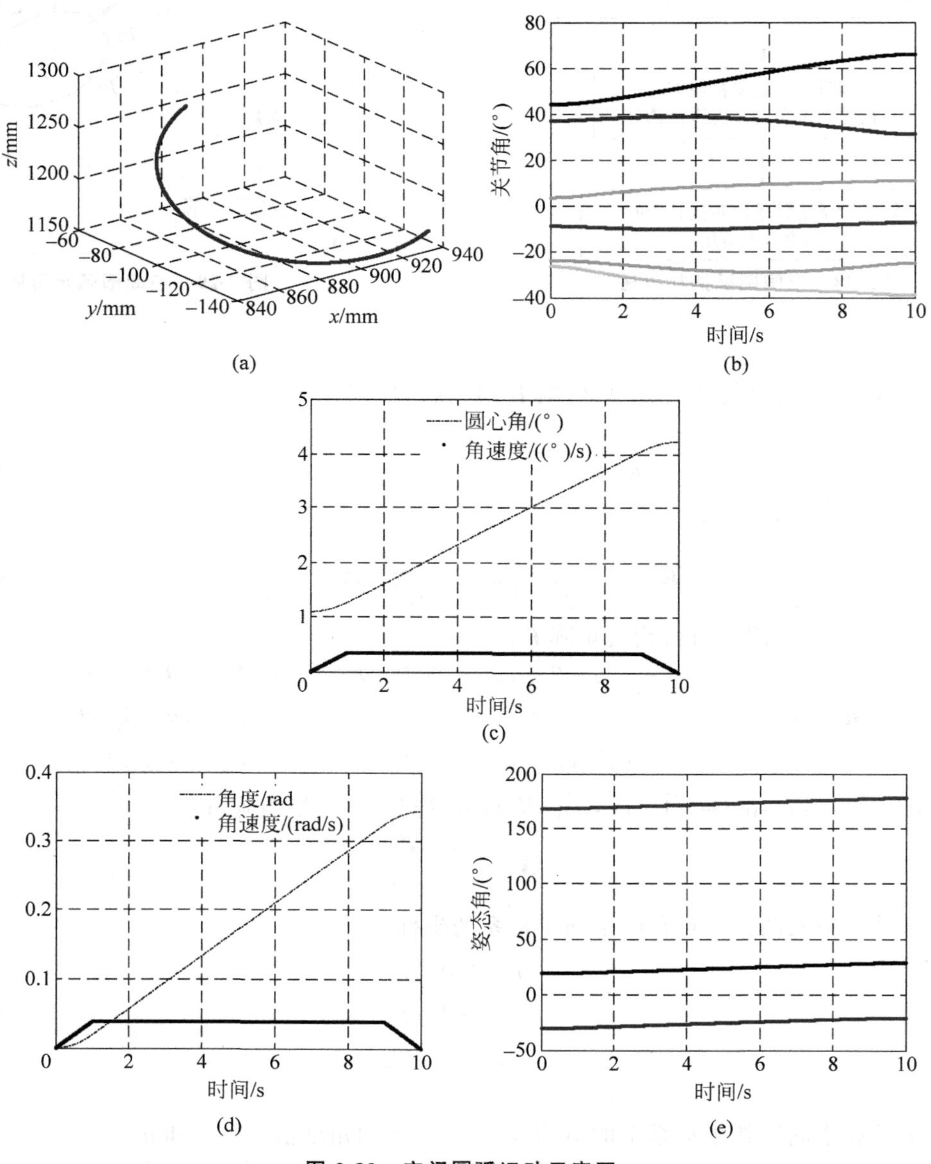

图 2-30　空间圆弧运动示意图

(a) 空间圆运动轨迹；(b) 机器人各关节运动轨迹；(c) 空间圆心角运动轨迹、速度曲线；(d) 姿态角变换角度和速度曲线；(e) 机器人姿态运动轨迹

2.5　机器人系统动力学

工业机器人是一个多刚体系统，也是一个复杂的动力学系统。机器人的动态性能不仅与运动学因素相关，亦与机器人的结构形式、质量分布、执行机构和传动装置等动力学因素相关。机器人动力学主要研究机器人运动与受力之间的关系，解决动力学正问题和逆问题两类问题。即：

（1）已知机器人各关节的驱动力矩，求取各关节位置、速度和加速度，得到机器人运动轨迹，也就是动力学正问题。

（2）已知机器人的关节位置、速度和加速度，求取相应的关节力矩，用以实现机器人的动态控制，也就是动力学逆问题。

研究机器人动力学的方法主要有牛顿-欧拉法、拉格朗日法、高斯法和凯恩法等。本节主要介绍常用的拉格朗日法，该方法不仅能以最简单的形式求得复杂系统的动力学方程，而且所求得的方程具有显式结构，物理意义比较明确。

2.5.1　拉格朗日方程

在机器人的动力学研究中，目前主要应用拉格朗日方程建立机器人的动力学模型。这类方程可直接表示为系统控制输入的函数，若采用齐次坐标，通过递推的拉格朗日方程也可建立比较方便而有效的动力学方程。

对于任何机械系统，拉格朗日函数 L（拉格朗日算子）定义为系统总动能 E_{k} 与总势能 E_{p} 之差，即：

$$L = E_{\mathrm{k}} - E_{\mathrm{p}} \tag{2-110}$$

由于系统的动能 E_{k} 是广义关节变量 $\boldsymbol{q}_i$ 和 $\dot{\boldsymbol{q}}_i$ 的函数，系统势能是 $\boldsymbol{q}_i$ 的函数，因此拉格朗日函数 L 也是 $\boldsymbol{q}_i$ 和 $\dot{\boldsymbol{q}}_i$ 的函数。机器人系统的拉格朗日方程为

$$\boldsymbol{F}_i = \frac{\mathrm{d}}{\mathrm{d}t}\frac{\partial \boldsymbol{L}}{\partial \dot{\boldsymbol{q}}} - \frac{\partial \boldsymbol{L}}{\partial \boldsymbol{q}}, \quad i = 1,2,\cdots,n \tag{2-111}$$

式中，L 为拉格朗日函数；n 为机器人连杆数目；$\boldsymbol{q}_i$ 为系统选定的广义坐标，单位为 m 或者 rad，单位的具体选择需要根据 $\boldsymbol{q}_i$ 的坐标形式（直线坐标或转角坐标）确定；$\dot{\boldsymbol{q}}_i$ 为广义速度，单位为 m/s 或者 rad/s，同样需要根据 $\boldsymbol{q}_i$ 的坐标形式确定；$\boldsymbol{F}_i$ 是系统作用在第 i 个关节上的广义力或力矩，单位为 N 或 N·m，需要根据作用在关节上的驱动力形式确定。

用拉格朗日法建立系统的动力学模型的步骤如下：

（1）选取坐标系，选定独立的广义关节变量 $\boldsymbol{q}_i$。

（2）选定相应的广义力 $\boldsymbol{F}_i$。

（3）求出各构件的动能和势能，构造拉格朗日函数。

（4）代入拉格朗日方程得到机器人系统的动力学方程。

2.5.2 平面二连杆机器人动力学建模

本节以图 2-31 所示的平面二自由度机器人为例，说明机器人动力学方程的推导步骤。

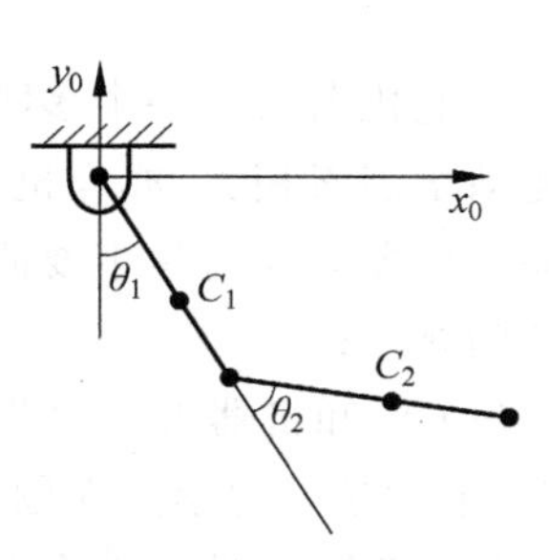

图 2-31 平面二自由度关节机器人动力学模型示意图

1. 选取广义关节变量及广义力

选取图 2-31 所示的笛卡尔坐标系，θ_1 和 θ_2 分别为连杆 1 和连杆 2 的关节变量，τ_1 和 τ_2 分别为关节 1 和关节 2 的驱动力矩，m_1 和 m_2 分别为连杆 1 和连杆 2 的质量，杆长分别为 l_1 和 l_2，质心分别为 C_1 和 C_2，离关节中心的距离分别为 d_1 和 d_2。

因此，杆 1 质心 C_1 的位置坐标为

$$x_1 = d_1 \sin\theta_1, \quad y_1 = -d_1 \cos\theta_1$$

杆 1 质心速度的平方为

$$\dot{x}_1^2 + \dot{y}_1^2 = (d_1 \dot{\theta}_1)^2$$

杆 2 质心 C_2 的位置坐标为

$$\begin{cases} x_2 = l_1 \sin\theta_1 + d_2 \sin(\theta_1 + \theta_2) \\ y_2 = -l_1 \cos\theta_1 - d_2 \cos(\theta_1 + \theta_2) \end{cases}$$

杆 2 质心速度的平方为

$$\dot{x}_2^2 + \dot{y}_2^2 = l_1^2 \dot{\theta}_1^2 + d_2^2 (\dot{\theta}_1 + \dot{\theta}_2)^2 + 2 l_1 d_2 (\dot{\theta}_1^2 + \dot{\theta}_1 \dot{\theta}_2) \cos\theta_2$$

2. 求系统动能

系统总动能为

$$E_{\mathrm{k}} = E_{\mathrm{k1}} + E_{\mathrm{k2}}$$

杆件 1 动能为

$$E_{\mathrm{k1}} = \frac{1}{2} m_1 d_1^2 \dot{\theta}_1^2$$

杆件 2 动能为

$$E_{\mathrm{k2}} = \frac{1}{2} m_2 l_1^2 \dot{\theta}_1^2 + \frac{1}{2} m_2 d_2^2 (\dot{\theta}_1 + \dot{\theta}_2)^2 + m_2 l_1 d_2 (\dot{\theta}_1^2 + \dot{\theta}_1 \dot{\theta}_2) \cos\theta_2$$

3. 求系统势能

系统总势能为

$$E_{\mathrm{p}} = E_{\mathrm{p1}} + E_{\mathrm{p2}}$$

杆件 1 势能为

$$E_{\mathrm{p1}} = -m_1 g d_1 \cos\theta_1$$

杆件 2 势能为

$$E_{\mathrm{p2}} = -m_2 g l_1 \cos\theta_1 - m_2 g d_2 \cos(\theta_1 + \theta_2)$$

4. 建立拉格朗日函数

$$\begin{aligned}\boldsymbol{L}&=\boldsymbol{E}_{\mathrm{k}}-\boldsymbol{E}_{\mathrm{p}}\\&=\frac{1}{2}(m_1d_1^2+m_2l_1^2)\dot{\theta}_1^2+\frac{1}{2}m_2d_2^2(\dot{\theta}_1+\dot{\theta}_2)^2+m_2l_1d_2(\dot{\theta}_1^2+\dot{\theta}_1\dot{\theta}_2)\cos\theta_2+\\&\quad(m_1d_1+m_2l_1)g\cos\theta_1+m_2gd_2\cos(\theta_1+\theta_2)\end{aligned}$$

5. 建立系统动力学方程

根据拉格朗日方程(2-111)，可计算各关节的驱动力矩，得到系统的动力学方程。

(1) 计算关节1上的力矩 τ_1

$$\begin{aligned}\tau_1&=\frac{\mathrm{d}}{\mathrm{d}t}\frac{\partial L}{\partial\dot{\theta}_1}-\frac{\partial L}{\partial\theta_1}\\&=D_{11}\ddot{\theta}_1+D_{12}\ddot{\theta}_2+D_{112}\dot{\theta}_1\dot{\theta}_2+D_{122}\dot{\theta}_2^2+D_1\end{aligned}$$

式中

$$\begin{aligned}D_{11}&=m_1d_1^2+m_2d_2^2+m_2l_1^2+2m_2l_1d_2\cos\theta_2\\D_{12}&=m_2d_2^2+m_2l_1d_2\cos\theta_2\\D_{112}&=-2m_2l_1d_2\sin\theta_2\\D_{122}&=-m_2l_1d_2\sin\theta_2\\D_1&=(m_1d_1+m_2l_1)g\sin\theta_1+m_2d_2g\sin(\theta_1+\theta_2)\end{aligned}$$

(2) 计算关节2上的力矩 τ_2

$$\begin{aligned}\tau_2&=\frac{\mathrm{d}}{\mathrm{d}t}\frac{\partial L}{\partial\dot{\theta}_2}-\frac{\partial L}{\partial\theta_2}\\&=D_{21}\ddot{\theta}_1+D_{22}\ddot{\theta}_2+D_{212}\dot{\theta}_1\dot{\theta}_2+D_{211}\dot{\theta}_1^2+D_2\end{aligned}$$

式中

$$\begin{aligned}D_{21}&=m_2d_2^2+m_2l_1d_2\cos\theta_2\\D_{22}&=m_2d_2^2\\D_{212}&=0\\D_{211}&=m_2l_1d_2\sin\theta_2\\D_2&=m_2d_2g\sin(\theta_1+\theta_2)\end{aligned}$$

将系统的动力学方程写成矩阵形式，可得

$$\boldsymbol{\tau}=\boldsymbol{D}(\boldsymbol{q})\ddot{\boldsymbol{q}}+\boldsymbol{H}(\boldsymbol{q},\dot{\boldsymbol{q}})+\boldsymbol{G}(\boldsymbol{q})\tag{2-112}$$

式中

$$\boldsymbol{\tau}=\begin{bmatrix}\tau_1\\\tau_2\end{bmatrix},\quad\boldsymbol{q}=\begin{bmatrix}\theta_1\\\theta_2\end{bmatrix},\quad\dot{\boldsymbol{q}}=\begin{bmatrix}\dot{\theta}_1\\\dot{\theta}_2\end{bmatrix},\quad\ddot{\boldsymbol{q}}=\begin{bmatrix}\ddot{\theta}_1\\\ddot{\theta}_2\end{bmatrix}$$

式(2-112)即是机器人动力学方程的一般形式，它反映了关节力矩和与关节变量、速度和加速度之间的函数关系。对于 n 个关节的机器人，$\boldsymbol{D}(q)$ 是 $n\times n$ 的正定对称矩阵，称为系统的惯性矩阵，$\boldsymbol{H}(\boldsymbol{q},\dot{\boldsymbol{q}})$ 是 $n\times 1$ 的离心力和科氏力矢量，$\boldsymbol{G}(q)$ 是 $n\times 1$ 的重力矢量，与机器人的位形有关。

2.6 小 结

本章对工业机器人的数学基础进行了介绍，详细说明了机器人的位姿描述及各种坐标系描述的运动关系。建立了典型工业机器人的运动学模型，以串联型焊接机器人和并联型Delta机器人为例对机器人运动学求解进行了阐述，在此基础之上介绍了工业机器人的工作空间和典型轨迹规划算法。同时本章对机器人的速度和力雅可比矩阵和机器人动力学进行了介绍，为机器人的运动控制算法设计奠定了理论基础。

习 题

1. 请绘图说明工业机器人的坐标系系统，并叙述其定义和特点。
2. 推导X-Y-Z欧拉变换正解及反解的公式。
3. 请用框图说明工业机器人的工作空间分析过程。
4. SCARA机器人结构如习题4图所示，采用DH方法建立其运动学模型。

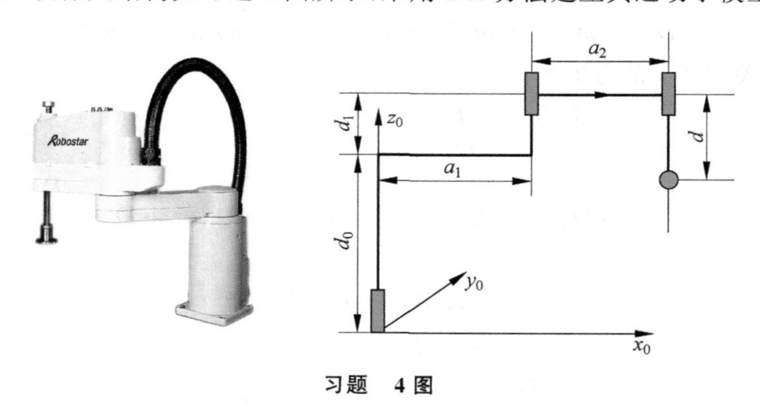

习题 4图

5. 一种机器人结构图如习题5图所示，请在右边的结构简图上建立相应的关节坐标系，并采用DH方法，建立其运动学模型。

6. 推导工业机器人力雅可比矩阵公式，分析速度和力雅可比矩阵的关系。

7. 一种工业机器人当前位置为[10,20,30,40,50,60](°)，运动目标位置为[−10,−20,−30,−40,−50,−60](°)，运动速度为2(°)/s，请用梯形速度法进行关节运动规划，并用MATLAB编程实现。

8. 简述利用拉格朗日法建立工业机器人系统的动力学模型的步骤。

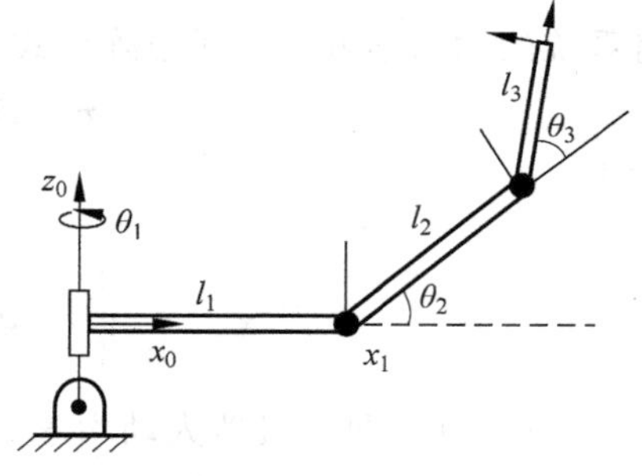

习题 5图

参考文献

[1] 蔡自兴.机器人学[M].北京：清华大学出版社，2000.
[2] 葛连正，陈健，李瑞峰.移动机器人的仿人双臂运动学研究[J].华中科技大学学报，2011，39：1-4.
[3] 刘玉炯.面向高速运动的Delta机器人非线性控制研究[D].哈尔滨：哈尔滨工业大学，2015.
[4] 刘蕾，柳贺，等.六自由度机器人圆弧平滑运动轨迹规划[J].机械制造，2014，10：4-5.

第 3 章 工业机器人机械系统

工业机器人的机械系统结构是指其机体结构和机械传动系统，也是机器人的支撑基础和执行机构。本章主要介绍工业机器人本体主要组成部分的特点和结构形式，包括机器人的系统构成、执行系统、关节形式、传动机构等，同时对工业机器人的结构设计过程、零部件加工以及机械系统维护等方面进行说明。

本体是工业机器人的重要组成部分，所有的计算、分析、控制和编程最终要通过本体的运动和动作完成特定的任务。同时，机器人本体各部分的基本结构、材料的选择将直接影响机器人整体性能。为此，本章亦对工业机器人的机构优化、系统性能指标及其检测方法进行介绍。

3.1 工业机器人的系统构成

组成工业机器人的连杆和关节按功能可以分成两类：一类是组成手臂的长连杆，也称臂杆，其产生主运动，是机器人的位置机构；另一类是组成手腕的短连杆，它实际上是一组位于臂杆端部的关节组，是机器人的姿态机构，确定了手部执行器在空间的方向。

3.1.1 工业机器人系统构成

工业机器人一般包括 5 部分：执行系统、驱动系统、控制系统、传感系统和输入输出系统，如图 3-1 所示。

1. 执行系统

执行系统是工业机器人完成握取工具（或工件）实现所需各种运动的机构部件，是机器人完成工作任务的实体，通常由杆件和关节构成。基于工业机器人的功能，执行机构包括手部、腕部、臂部、腰部和基座等，如图 3-2 所示。

2. 驱动系统

工业机器人驱动系统是向执行系统的各个运动部件提供动力的装置。按照采用的动力源不同，驱动系统分为液压式、气压式、电气式。液压驱动的特点是驱动力大，运动平稳，但泄漏是不可忽视的，同时也是难以解决的问题；气压驱动的特点是气源方便，维修简单，易于获得高速，但驱动力小，速度不易控制，噪声大，冲击大；电气驱动的特点是电源方便，信号传递运算容易，响应快。

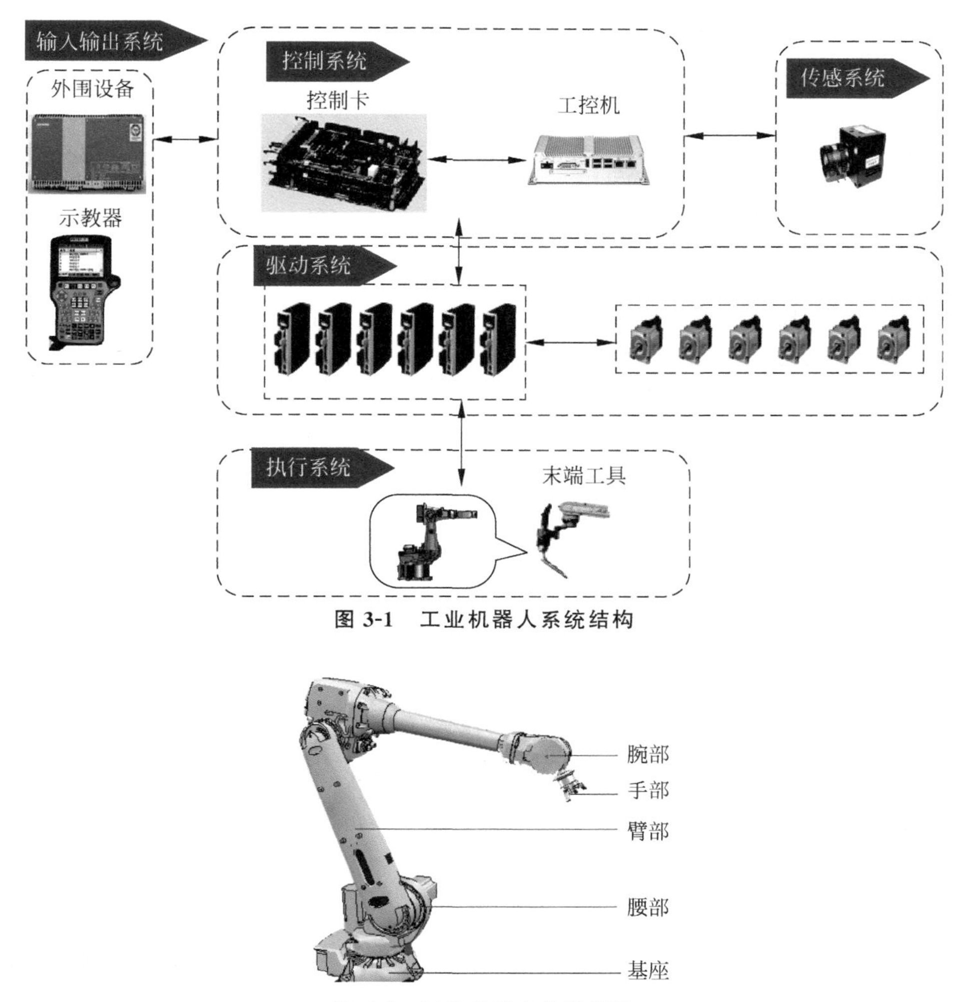

图 3-1 工业机器人系统结构

图 3-2 工业机器人执行系统

3. 控制系统

控制系统是工业机器人的指挥决策系统，它控制驱动系统，让执行机构按照规定的要求进行工作。按照运动轨迹，可以分为点位控制和轨迹控制。一般由计算机或高性能芯片(DSP、FPGA、ARM 等)完成。

4. 传感系统

为了使工业机器人正常工作，必须与周围环境保持密切联系，除了关节伺服驱动系统的位置传感器(称作内部传感器)外，还要配备视觉、力觉、触觉、接近觉等多种类型的传感器(称作外部传感器)以及传感信号的采集处理系统。

5. 输入输出系统

为了与周边系统及相应操作进行联系与应答，还应有各种通信接口和人机通信装置。工业机器人提供一内部 PLC，它可以与外部设备相连，完成与外部设备间的逻辑与实时控制。一般还有一个以上的串行通信、USB 接口和网络接口等，以完成数据存储、远程控制及离线编程、多机器人协调等工作。

3.1.2 工业机器人执行系统

工业机器人执行机构包括手部、腕部、臂部、腰部和基座，本节分别对上述部分进行详细阐述。

1. 手部

手部是工业机器人直接与工件或工具接触，用来完成握持工件或工具的部件。有些工业机器人直接将工具(如焊枪、喷枪、容器)装在手部位置，而不再设置手部。根据被抓取工件、工具等的形状、尺寸、重量和表面粗糙度等不同特性，在工业生产中可使用多种形式的手部机构，最常见的是钳爪式、磁吸式和气吸式。

另外，手部与手腕相连处应该可拆卸，手部与手腕有机械接口，也可能有电、气、液接头。工业机器人作业对象不同时，可以方便地拆卸和更换手部。

1) 钳爪式手部机构

该机构是最常见的手部形式之一，手部可以安装两个、三个或者多个手爪(图 3-3)，抓取工件的方式有外卡式和内撑式两种。

图 3-3 钳爪式手爪

钳爪式手部机构设计要点如下：

(1) 足够的夹紧力。工业机器人的手部机构靠钳爪夹紧工件进行位置操作，考虑工件本身的重量以及运动过程中产生的惯性力合振动等因素，钳爪必须具有足够大的夹紧力，一般要求夹紧力为工件重量 2～3 倍的冗余。

(2) 足够的夹持运动行程。钳爪为了抓取和松开工件，手爪必须具有足够大的张开角度和运动行程，而且夹持工件的中心位置要精确(即定位误差小)。

(3) 工件定位的可靠性。为了使钳爪和被夹持工件保持精确的相对位置，必须根据被夹持工件的形状选用相应的钳爪形状，例如圆柱形工件采用 V 形钳口的手爪，以便自动定心。

(4) 具有足够的强度和刚度。钳爪在运动过程中要受到夹持工件的反作用力、惯性力和振动等影响，因此必须对手爪进行相应的强度、刚度校合计算。

(5) 对夹持对象的适应性。手爪设计必须适应工件的形状、抓取部位的尺寸、夹持工件的材料特性，避免工件损伤等要求。另外还要适应工作位置的状况，如工作空间要求。

（6）具有一定的通用性。工业机器人在进行智能化作业时，必须要对夹具进行位置和姿态安装位置标定，并且安装过程复杂，应尽量避免反复拆卸。因此钳爪设计时，应考虑产品零件的更换，能够适应不同形状和尺寸要求。

2）磁吸式手部机构

该机构是在手腕部安装电磁铁，通过磁场吸力夹持工件，一般采用电磁吸盘（图 3-4）。电磁吸盘只能吸住铁磁性材料，不能用于有色金属或非金属材料工件。常应用于对工件剩磁无要求和非高温的工件搬运和夹持操作。

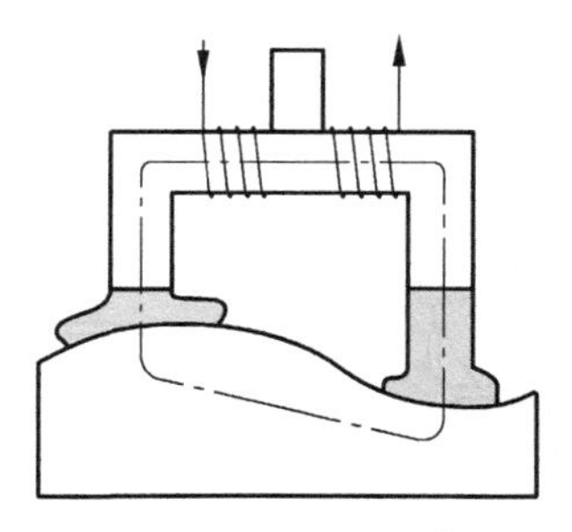

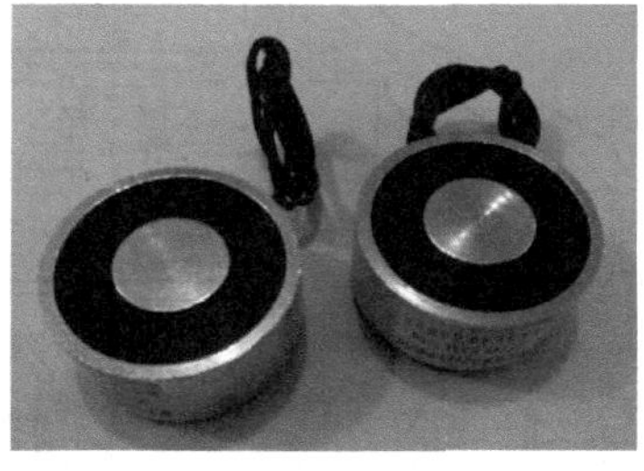

图 3-4　电磁式手爪

磁吸式手部机构设计要点如下：

（1）足够的电磁吸引力。电磁吸力应根据工件重量确定，电磁吸盘的形状、尺寸及线圈必须根据吸力设计，吸力可以通过施加电压进行微调。

（2）夹持对象的适应性。应根据被吸附工件的形状、抓取部位的尺寸设计电磁吸盘，并且保证吸附面与工件的被吸附面形状保持一致。

3）气吸式手部机构

气吸式手部是利用橡胶皮腕或软性塑料腕中形成真空或负压吸附工件。特别适应于薄铁皮、矽钢片、板材、纸张、玻璃器皿等零件的抓取。根据不同需求，手部可采用单吸盘、双吸盘、多吸盘或者特殊形状（图 3-5）。

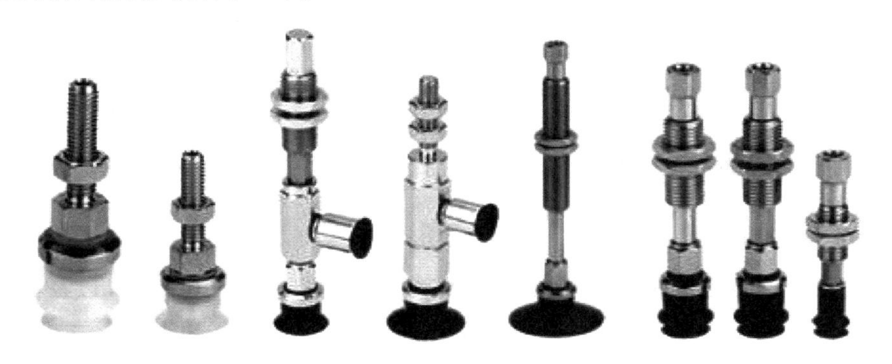

图 3-5　气吸式手爪

气吸式手部机构设计要点如下：

（1）足够的吸力。吸力大小与设计的吸盘直径大小、吸盘内的真空度（负压大小）以及吸盘的吸附面积大小有关。同时还与工件被吸附表面的形状和表面平整度有关，设计时要充分考虑上述因素，以保证足够的吸力。

（2）夹持对象的适应性。应根据被抓取工件的形状、抓取部位的尺寸等要求设计吸盘，由于气吸式手爪多吸附薄片状工件，故可用耐油橡胶压制不同尺寸的盘状吸头。

2. 腕部

腕部用来连接工业机器人的手部与臂部、确定手部工作位置并扩大臂部动作范围的部件。有些专用机器人没有手腕部件，而是直接将手部安装在手臂部件的端部。典型 6 轴串联式工业机器人的腕部结构如图 3-6 所示。

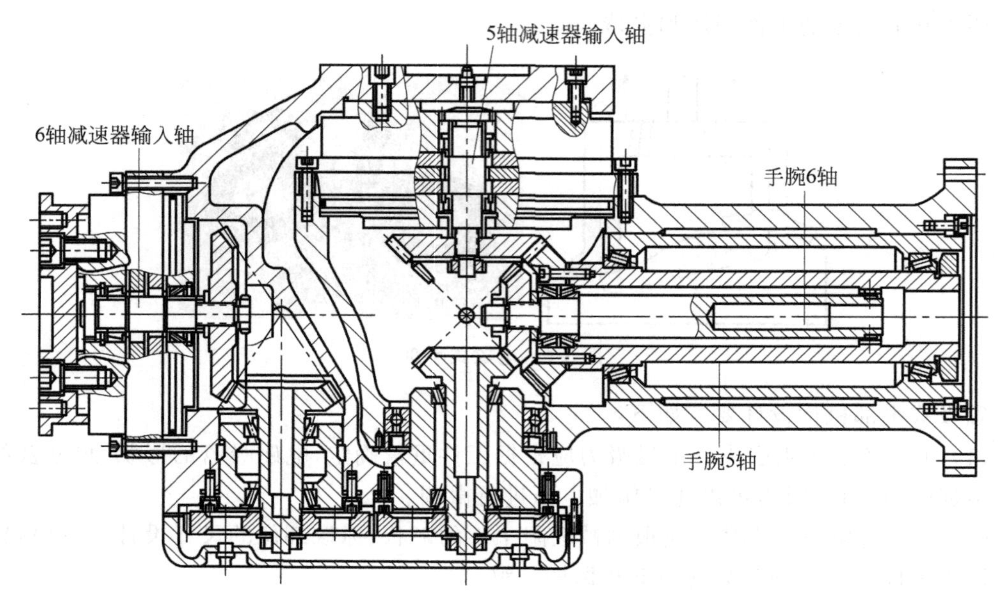

图 3-6 工业机器人腕部结构图

工业机器人的腕部常用来调整工业机器人的姿态，即具有滚动、俯仰和偏航角度的调整功能。腕部实际所具有的自由度数目应根据工业机器人的工作性能要求来设计。设计腕部时应注意以下几点：

（1）结构尽量紧凑，重量尽量轻，结构强度高。对于自由度数目较多以及驱动力要求较大的腕部，结构设计更为复杂，因为腕部的每一个自由度都要相应配置驱动和执行件，在腕部较小的空间内同时配置几套元件，困难较大。必须考虑腕部的结构强度，保证工业机器人的末端运动精度。从现有的结构看，用油（气）缸直接驱动的腕部，一般只有两个自由度，用机械传动的腕部可具有三个自由度。

（2）转动灵活，密封性好。

（3）注意腕部与手部、臂部的连接，各个自由度的位置检测、管线布置以及润滑、维修、安装和调整等问题。

（4）要适应工作环境的需要，特别是在高温作业和腐蚀性介质中工作的工业机器人，要注意工业机器人本体的安全性防护。

3. 臂部

臂部是工业机器人用来支撑腕部和手部，实现较大运动范围的部件。它不仅承受被抓取工件的重量，而且承受末端操作器、手腕和手臂自身重量。臂部的结构、工作范围、灵活性、臂力和定位精度都直接影响机器人的工作性能。典型 6 轴串联式工业机器人的臂部结构如图 3-7 所示。

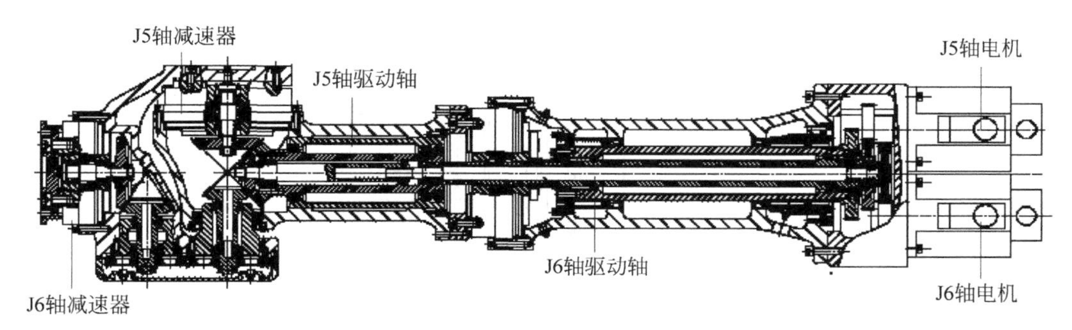

图 3-7 工业机器人臂部结构

臂部的结构形式必须根据工业机器人的运动形式、载荷重量、动作自由度、运动精度等因素进行设计。同时,设计时需要考虑手臂的受力情况、油(气)缸及导向装置的布局、内部管路等因素。因此设计臂部时一般要注意以下要求:

(1) 刚度大。为防止臂部在运动过程中产生过大的变形,臂部的截面形状选择要合理。尽量采用工字形、空心管结构。

(2) 导向性好。为防止手臂运动中沿运动轴发生转动,应设置导向装置,或设计方形、花键等形式的臂杆。

(3) 偏重力矩小。所谓偏重力矩就是指臂部的重量对其支撑回转轴所产生的静力矩,为提高工业机器人的运动速度,要尽量减小臂部运动部分的重量,以减小偏重力矩和整个手臂对回转轴的转动惯量。

(4) 运动平稳、定位精度高。臂部运动速度越高、重量越大,惯性力引起的定位冲击越大,运动不平稳降低了工业机器人的定位精度。因此应尽量减小臂部运动部分重量,使结构紧凑、重量轻,同时要采取必要的轨迹规划或者一定形式的缓冲措施。

4. 腰部

腰部是连接臂部和基座,并安装驱动装置及其他装置的部件。机身结构在满足结构强度的前提下应尽量减小尺寸,降低重量,同时考虑外观要求。典型 6 轴串联式工业机器人的腰部结构如图 3-8 所示。

工业机器人腰部要承担机器人本体的小臂、腕部和末端负载,所受力及力矩最大,要求其具有较高的结构强度。材料为球墨铸铁,采用筋板式结构。由于其结构复杂,焊接不能保证其精度和强度。为满足日后批量生产的要求,所以采用铸造方式,然后对各基准面进行精密加工。

5. 基座

基座是整个工业机器人的支撑部分,有固定式和移动式两种。其中,移动式机构是工业机器人用来扩大活动范围的机构,有的采用专门的行走装置,有的采用轨道、滚轮机构。典型 6 轴串联式工业机器人的基座结构如图 3-8 所示,底座和回转座材料为球墨铸铁,采用铸造技术,有利于批量生产。

综上所述,工业机器人本体基本结构的特点主要可归纳为以下 4 点:

(1) 一般可以简化成各连杆首尾相接、末端无约束的开式连杆系,连杆系末端自由且无支撑,这决定了机器人的结构刚度不高,并随连杆系在空间位姿的变化而变化。

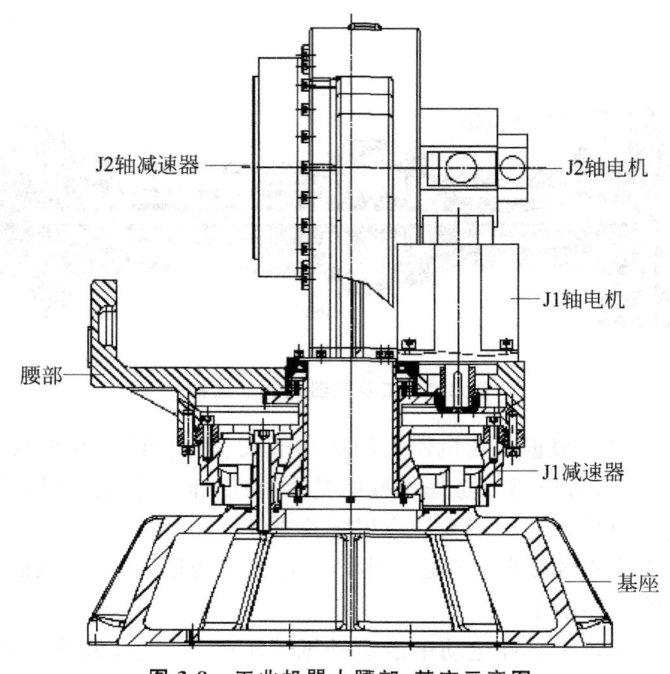

图 3-8 工业机器人腰部、基座示意图

(2) 开式连杆系中的每根连杆都具有独立的驱动器，属于主动连杆系，连杆的运动各自独立，不同连杆的运动之间没有依从关系，运动灵活。

(3) 连杆驱动扭矩的瞬态过程在时域中的变化非常复杂，且和执行器反馈信号有关。连杆的驱动属于伺服控制型，因而对机械传动系统的刚度、间隙和运动精度都有较高的要求。

(4) 连杆系的受力状态、刚度条件和动态性能都随位姿的变化而变化，因此，极容易发生振动或出现其他不稳定现象。

综合以上特点可见，合理的机器人本体结构应当使其机械系统的工作负载与自重的比值尽可能大，结构的静、动态刚度尽可能高，并尽量提高系统的固有频率和改善系统的动态性能。臂杆质量小有利于改善机器人操作的动态性能。

结构静、动态刚度高有利于提高手臂端点的定位精度和对编程轨迹的跟踪精度，这在离线编程时是至关重要的。刚度高还可降低对控制系统的要求和系统造价。机器人具有较好的刚度还可以增加机械系统设计的灵活性，比如在选择传感器安装位置时，刚度高的结构允许传感器放在离执行器较远的位置上，减少了设计方面的限制。

3.2 机器人关节及自由度

3.2.1 自由度

所谓自由度，是表示机器人运动灵活性的尺度，意味着独立的单独运动的数量。手臂由杆件和连接它们的关节构成，在日本工业标准(Japanese Industrial Standards，JIS) 中，将杆件的连接部分称为 Joint,将平移的 Joint 称为移动关节,将旋转的 Joint 称为旋转关节。一个关节可以有一个或多个自由度(Degree of Freedom,DOF)。工业机器人自由度越多,其动作越灵活,适应性越强,但结构相应越复杂。通用的工业机器人一般需要 3～6 个自由度,当具有 6 个自由度时可以实现空间任意位置和姿态。

由驱动器产生主动动作的自由度称为主动自由度,无法产生驱动力的自由度称为被动自由度。分别将这些自由度所对应的关节称为主动关节和被动关节。在表 3-1 中给出了有代表性的单自由度关节的符号和运动方向。

表 3-1 单自由度关节列表

名　　称	符　　号	举　　例
移动		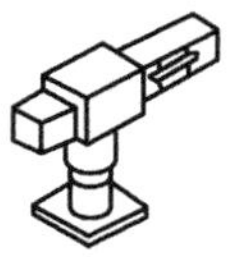
旋转	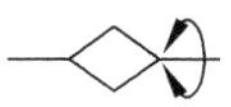	

在三维空间中的无约束物体可以作平行于 x 轴、y 轴、z 轴各个轴的平移运动,还有围绕各轴的旋转运动,因此它具有与位置有关的 3 个自由度和与姿态有关的 3 个自由度,共计 6 个自由度。为了能任意操纵物体的位置和姿态,机器人手臂至少须有 6 个自由度。人的手臂有 7 个自由度,其中肩关节有 3 个,肘关节有 2 个,手关节有 2 个。从功能的观点来看,也可以认为肩关节有 3 个,肘关节有 1 个,手关节有 3 个,它比 6 个自由度还多,把这种比 6 个自由度还多的自由度称为冗余自由度。

决定机器人自由度构成的依据是它为完成给定目标作业所必需的动作。例如,若仅限于二维平面内的作业,有 3 个自由度就够了。如果在一类障碍物较多的典型环境中,例如用机器人在狭窄环境里实施维修作业,那么也许将需要 7 个或 7 个以上的自由度。

3.2.2 关节及自由度的构成

关节及其自由度的构成方法将极大地影响工业机器人的运动范围和可操作性等性能指标。例如,机器人如果是球形关节构造,由于它具有向任意方向动作的 3 个自由度机构,它能方便地决定适应作业的姿态。然而,由于驱动器的可动范围的限制,它很难完全实现与人的手腕等同的功能,所以,机器人通常是串联杆件型的。

如果采用串联连接的方法,即使是相同的 3 个自由度,由于自由度的组合方法有多种,结果各自的功能也各不同。例如,3 个自由度手腕机构的具体构成方法就有多种。因此,有必要根据目标作业的要求等若干个准则来决定有效的关节构成方式。

3.2.3 机器人关节形式

传动机构用来把驱动器的运动传递到关节和动作部位，这涉及关节形式的确定、传动方式以及传动部件的定位和消隙等多个方面的内容。

机器人中连接运动部分的机构称为关节。关节有转动型和移动型，分别称为转动关节和移动关节。

1. 转动关节

转动关节就是在机器人中被简称为关节的连接部分，它既连接各机构，又传递各机构间的回转运动(或摆动)，用于基座与臂部、臂部之间、臂部和手部等连接部位(图 3-9)。关节由回转轴、轴承、固定座和驱动机构组成。关节一般有以下几种形式：

(1) 驱动机构和回转轴同轴式。这种形式直接驱动回转轴，有较高的定位精度。但是，为减轻重量，要选择小型减速器并增加臂部的刚性。它适用于水平多关节型机器人。

(2) 驱动机构与回转轴正交式。重量大的减速机构安放在基座上，通过臂部的齿轮、链条传递运动。这种形式适用于要求臂部结构紧凑的场合。

(3) 外部驱动机构驱动臂部的形式。这种形式适合于传递大扭矩的回转运动，采用的传动机构有滚珠丝杠、液压缸和气缸。

(4) 驱动电机安装在关节内部的形式。这种方式称为直接驱动方式。

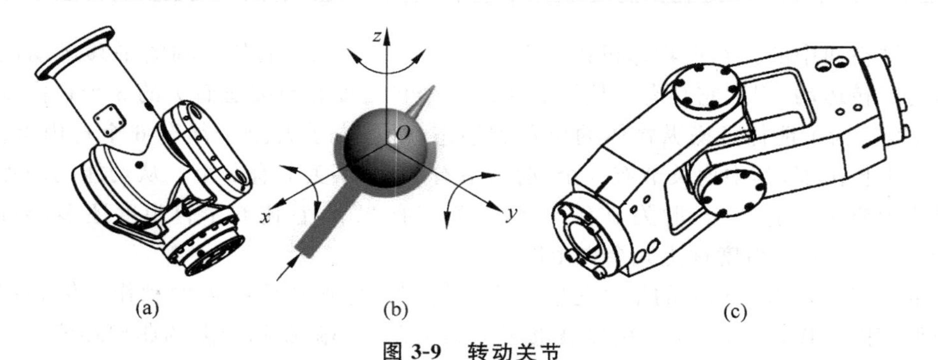

图 3-9 转动关节

(a) 转动；(b) 球面关节；(c) 胡克铰

2. 移动关节

机器人移动关节由直线运动机构和在整个运动范围内起直线导向作用的直线导轨部分组成。导轨部分分为滑动导轨、滚动导轨、静压导轨和磁性悬浮导轨等形式。

一般来说，要求机器人导轨间隙小或能消除间隙。在垂直于运动方向上要求刚度高、摩擦系数小且不随速度变化，并且有高阻尼、小尺寸和小惯量。通常，由于机器人在速度和精度方面的要求很高，故一般采用结构紧凑且价格低廉的滚动导轨。

直线导轨又称线轨、滑轨、线性导轨、线性滑轨，用于直线往复运动场合，拥有比直线轴承更高的额定负载，同时可以承担一定的扭矩，可在高负载的情况下实现高精度的直线运动。

直线导轨的作用是用来支撑和引导运动部件，按给定的方向做往复直线运动。按摩擦性质,直线运动导轨可以分为滑动摩擦导轨、滚动摩擦导轨、弹性摩擦导轨、流体摩擦导轨等种类,如图3-10所示。

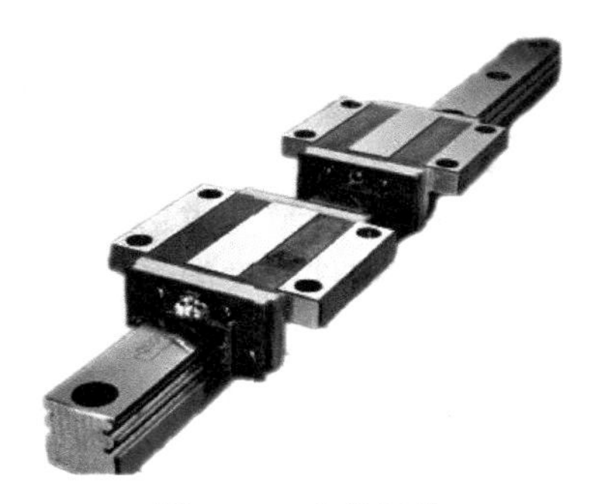

图3-10　直线导轨

直线导轨应用中要注意以下几点:

(1)导向精度:构建运动轨迹的准确水平。

(2)精度坚持性:工作中保持原有的几何精度能力,即耐磨性及其尺寸的稳定性。

(3)运动灵敏度和定位精度。

(4)运动稳定性。

(5)稳定性与抗振性。

(6)刚度:导轨抗变形的能力。

3.3　工业机器人本体材料选择

选择机器人本体材料应从机器人的性能要求出发,满足机器人的设计和制作要求。机器人本体用来支撑、连接和固定机器人的各部分,同时也包括机器人的运动部分,既有一般机械结构特性相同的地方,也要考虑机器人运动的特殊性。机器人本体所用的材料即是结构材料。但另外,机器人本体又不单是固定结构件,比如,机器人手臂是运动的,机器人整体也是运动的。所以机器人运动部分的材料质量应该尽量小,以减少部件的惯量。

精密机器人对于机器人的刚度有一定的要求,即对材料的刚度有要求。刚度设计时要考虑静刚度和动刚度,要考虑材料对振动的影响。从材料角度看,控制振动涉及减轻重量和抑制振动两方面,其本质就是材料内部的能量损耗和刚度问题,它与材料的抗振性紧密相关。家用和服务机器人的外观造型和使用场合等因素造成其身体材料与工业机器人有不同,一般会选择容易造型、质量较小、外观富有美感的机器人本体材料,如玻璃钢、工程塑料等复合材料。

总之,正确选用结构件材料不仅可降低机器人的成本价格,更重要的是可适应机器人的高速化、高载荷化及高精度化,满足其静力学及动力学特性要求。随着材料工业的发展,新材料的出现给机器人的发展提供了广阔的空间。

与一般机械设备相比,机器人结构的动力学特性十分重要,这是材料选择的出发点。材料选择的基本要求是:

（1）强度高。机器人臂是直接受力的构件，高强度材料不仅能满足机器人臂的强度条件，而且可以减少臂杆的截面尺寸，减轻重量。

（2）弹性模量大。由材料力学的知识可知，构件刚度（或变形量）与材料的弹性模量 E、G 有关。弹性模量越大，变形量越小，刚度越大。不同材料弹性模立的差异比较大，而同一种材料的改性对弹性模量却没有太多改变。比如，普通结构钢的强度极限为 420MPa，高合金结构钢的强度极限为 2000～2300MPa，但是二者的弹性模量 E 却没有多大变化，均为 2.1×10^5MPa。因此，还应寻找其他提高构件刚度的途径。

（3）重量轻。机器人手臂构件中产生的变形很大程度上是由惯性力引起的，与构件的质量有关。也就是说，为了提高构件刚度选用弹性模量 E 大而密度 ρ 也大的材料是不合理的。因此，提出了选用高弹性模量、低密度材料的要求。

（4）阻尼大。选择机器人的材料时不仅要求刚度大、重量轻，而且希望材料的阻尼尽可能大。机器人臂经过运动后，要求能平稳地停下来。可是在终止运动的瞬时构件会产生惯性力和惯性力矩，构件自身又具有弹性，因而会产生残余振动。从提高定位精度和传动平稳性来考虑，希望能采用大阻尼材料或增加构件阻尼的措施来吸收能量。

（5）材料经济性。材料价格是机器人成本价格的重要组成部分。有些新材料如硼纤维增强铝合金、石墨纤维增强镁合金等用来作为机器人臂的材料是很理想的，但价格昂贵。

3.4 机器人传动机构

机器人在运动时，各个部位都需要能源和动力，因此设计和选择良好的传动部件是非常重要的。本节主要介绍关节常用的传动机构以及传动部件的定位和消隙问题。

机器人可分成固定式和行走式两种，一般的工业机器人多为固定式，或者底座加一有限移动自由度。但是，随着海洋科学、原子能科学及宇宙空间事业的发展，可以预见，具有智能的可移动机器人是今后机器人的发展方向。比如，美国研制的“探索者”轮式机器人已成功用于火星探测。

3.4.1 机器人齿轮传动机构

传动机构用来把驱动器的运动传递到关节和动作部位。工业机器人中常用的传动机构有齿轮传动、螺旋传动、带传动及链传动、流体传动和连杆机构与凸轮传动。其中，机器人中常用的齿轮传动机构是行星齿轮传动机构和谐波传动机构。

电机是高转速、小力矩的驱动机构，而机器人通常却要求低转速、大力矩，因此，常用行星齿轮传动机构和谐波传动机构减速器来完成速度和力矩的变换与调节。输出力矩有限的原动机要在短时间内加速负载，要求其齿轮传动机构的速比 i_n 为最优，i_n 可由式(3-1)求出。

$$i_n=\sqrt{\frac{I_a}{I_m}} \tag{3-1}$$

式中，I_a 为工作臂的惯性矩；I_m 为电机的惯性矩。

1. 行星齿轮传动机构

图 3-11 所示为行星齿轮传动结构简图。行星齿轮传动尺寸小，惯量低；一级传动比大，结构紧凑，载荷分布在若干个行星齿轮上，内齿轮也具有较高的承载能力。

图 3-11 行星齿轮传动

2. RV 减速器

RV 传动是在摆线针轮传动基础上发展起来的一种新型传动(图 3-12)，它具有体积小、重量轻、传动比范围大、传动效率高等一系列优点，比单纯的摆线针轮行星传动具有更小的体积和更大的过载能力，且输出轴刚度大，因而在国内外受到广泛重视，在日本机器人的传动机构中，已在很大程度上逐渐取代单纯的摆线针轮行星传动和谐波传动。

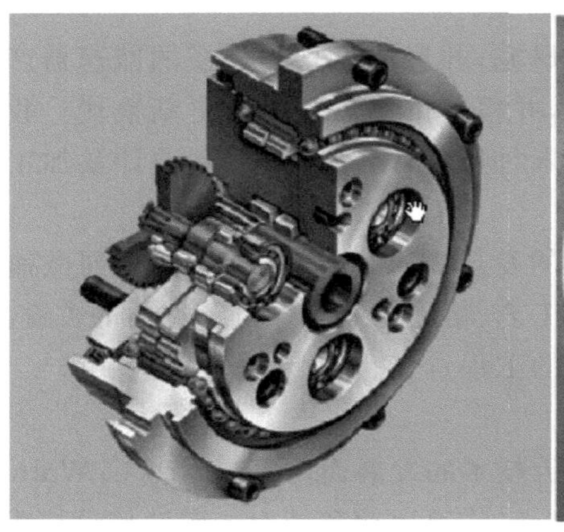

图 3-12 RV 减速器

与现有的普通行星传动形式相比，该减速器采用共用曲柄轴和中心圆盘支撑的结构形式组成封闭式行星传动，这样不仅克服了原有摆线针轮传动的一些缺点，而且较谐波减速器又具有高得多的疲劳强度、刚度和寿命，加之回差和传动精度稳定，不会随着使用时间的增长而显著降低，并具有传动比大、刚度大、运动精度高、传动效率高、回差小、承载平稳等优点，因而特别适用于工业机器人及其他精密伺服传动系统。

1）RV减速器传动原理及机构特点

图3-13是RV减速器传动简图。它由渐开线圆柱齿轮行星减速机构和摆线针行星减速机构两部分组成。渐开线行星齿轮2与曲柄轴3连成一体，作为摆线针轮传动部分的输入。如果渐开线中心齿轮1顺时针方向旋转，那么渐开线行星齿轮在公转的同时还有逆时针方向自转，并通过曲柄轴带动摆线轮作偏心运动。此时，摆线轮在其轴线公转的同时，还将方向自转，即顺时针转动。同时还通过曲柄轴推动钢架结构的输出机构顺时针方向转动。

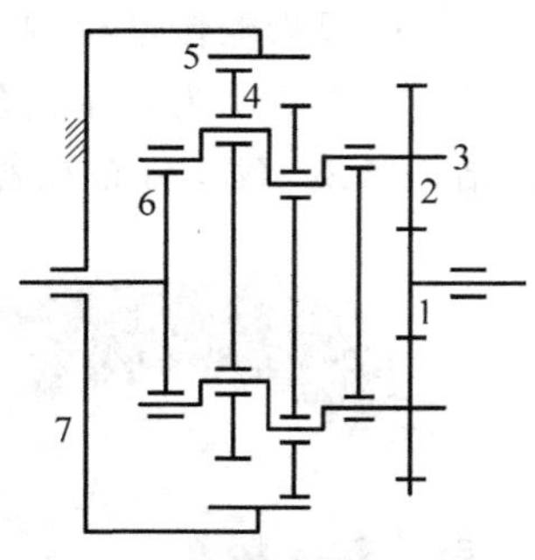

图3-13 RV减速器传动简图

1—中心齿轮；2—行星齿轮；3—曲柄轴；4—摆线轮；5—针齿；6—输出轴；7—针齿壳

2）RV减速器传动特点

RV减速器的主要性能参数包括扭转刚度、空程误差、角传动精度、机械传动效率。RV减速器传动作为一种新型传动，从结构上看，其基本特点可以概括如下：

（1）如果传动机构置于行星架的支撑主轴承内，那么这种传动的轴向尺寸可大大缩小。

（2）采用二级减速机构，处于低速级的摆线针轮行星传动更加平稳，同时由于转臂轴承个数增多且内外环相对转速下降，其寿命也可大大提高。

（3）只要设计合理，就可以获得很高的运动精度和很小的回差。

（4）RV传动的输出机构是采用两端支撑的尽可能大的刚性圆盘输出结构，比一般摆线减速器的输出机构具有更大的刚度，且抗冲击性能也有很大提高。

（5）传动比范围大。因为即使摆线齿数不变，只改变渐开线齿数就可以得到很多的速度比。其传动比$i=31\sim171$。

（6）传动效率高，其传动效率$\eta=0.85\sim0.92$。

目前国外对RV减速器已有较为系统的研究，并形成了相当规模的减速器产业。如日本帝人公司的RV减速机已经成为定型产品，并根据市场需求不断更新换代。我国关于该类减速器的研究工作起步于20世纪80年代末，但是由于尚未掌握其设计及加工的核心关键技术，至今仍处于单件样机研制阶段。

围绕工业机器人对高精度高效率减速器的发展需求，系统开展RV系列减速器关键技术的研究，攻克该减速器在数字化设计、制造工艺、精度与效率保持等方面的关键技术问题，对推动我国工业机器人产业的发展有着重要的工程意义。

3. 谐波传动机构

谐波传动是随着20世纪50年代末期航天技术的发展而由美国学者C. Walton Musser发明的。谐波传动是利用弹性元件可控的变形来传递运动和动力。谐波传动技术的出现被认为是机械传动中的重大突破，并推动了机械传动技术的重大创新。谐波传动在运动学上是一种具有柔性齿圈的行星传动，谐波发生器是在椭圆形凸轮的外周嵌入薄壁轴承制成的部件。轴承内圈固定在凸轮上，外圈依靠钢球发生弹性变形，一般与输入轴相连。

柔轮是杯状薄壁金属弹性体，杯口外圆切有齿，底部称为柔轮底，用来与输出轴相连。刚轮内圆有很多齿，齿数比柔轮多两个，一般固定在壳体上。

谐波发生器通常由凸轮或偏心安装的轴承构成。刚轮为刚性齿轮，柔轮为能产生弹性变形的齿轮。当谐波发生器连续旋转时，产生的机械力使柔轮变形，变形曲线为一条基本对称的谐波曲线。发生器波数表示谐波发生器转一周时，柔轮某一点变形的循环次数。其工作原理是：当谐波发生器在柔轮内旋转时，迫使柔轮发生变形，同时进入或退出刚轮的齿间。在谐波发生器的短轴方向，刚轮与柔轮的齿间处于啮入或啮出的过程，伴随着发生器的连续转动，齿间的啮合状态依次发生变化，即产生"啮入→啮合→啮出→脱开→啮入"的变化过程。这种错齿运动把输入运动变为输出的减速运动。

图3-14所示是谐波传动的结构简图。由于谐波发生器4的转动使柔轮6上的柔轮齿圈7与刚轮1(圆形花键轮)上的刚轮内齿圈2相啮合。输入轴为3，如果刚轮1固定，则轴5为输出轴；如果轴5固定，则刚轮1的轴为输出轴。

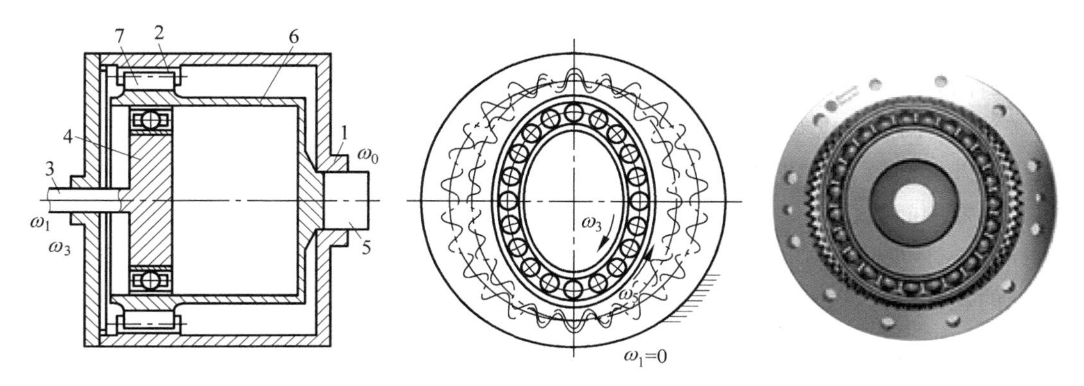

图3-14 谐波传动

1—刚轮；2—刚轮内齿圈；3—输入轴；4—谐波发生器；5—轴；6—柔轮；7—柔轮齿圈

谐波传动速比的计算与行星传动相同。如果刚轮(圆形花键轮)1不转动($\omega_1=0$)，谐波发生器(ω_3)为输入，柔轮轴(ω_5)为输出，速比为

$$i_{35}=\frac{\omega_3}{\omega_5}=-\frac{Z_7}{Z_2-Z_7} \tag{3-2}$$

式中，负号表示柔轮向谐波发生器旋转方向的反向旋转。

如果柔轮6静止不转动($\omega_5=0$)，谐波发生器(ω_3)为输入，则刚轮(圆形花键轮)1的轴(ω_1)为输出，速比为

$$i_{31}=\frac{\omega_3}{\omega_1}=+\frac{Z_2}{Z_2-Z_7} \tag{3-3}$$

式中，正号表示刚轮与发生器同方向旋转；ω 代表输入、输出轴的角速度；Z_2 为刚轮内齿圈2的齿数；Z_7 为柔轮齿圈7的齿数。谐波传动的速比 $i_{min}=60$，$i_{max}=300$，传动效率高达80%～90%，如果在柔轮和刚轮之间能够多齿啮合，例如任何时刻有10%～30%的齿同时啮合，那么可以大大提高谐波传动的承载能力。

谐波减速机具有以下优点：

(1) 结构简单，体积小，重量轻。谐波齿轮传动的主要构件只有3个：波发生器、柔轮、刚轮。它与传动比相当的普通减速器比较，其零件减少50%，体积和重量均减少1/3左右或更多。

(2) 传动比范围大。单级谐波减速器传动比可在50～300之间，优选在75～250之间；双级谐波减速器传动比可在3000～60000之间；复波谐波减速器传动比可在200～140000之间。

(3) 同时啮合的齿数多。双波谐波减速器同时啮合的齿数可达30%,甚至更多些。而在普通齿轮传动中,同时啮合的齿数只有2%~7%,对于直齿圆柱渐开线齿轮,同时啮合的齿数只有1~2对。

(4) 承载能力大。谐波齿轮传动同时啮合齿数多,即承受载荷的齿数多,在材料和速比相同的情况下,受载能力要大大超过其他传动。其传递的功率范围可为几瓦至几十千瓦。

(5) 运动精度高。由于多齿啮合,一般情况下,谐波齿轮与相同精度的普通齿轮相比,其运动精度能提高4倍左右。

(6) 运动平稳,无冲击,噪声小。齿的啮入、啮出是随着柔轮的变形,逐渐进入和逐渐退出刚轮齿间,啮合过程中齿面接触,滑移速度小,且无突变。

(7) 齿侧间隙可以调整。谐波齿轮传动在多齿啮合中,柔轮和刚轮齿之间主要取决于波发生器外形的最大尺寸,及两齿轮的齿形尺寸,因此可以使传动的回差很小,某些情况甚至可以是零侧间隙。

(8) 传动效率高。与相同速比的其他传动相比,谐波传动由于运动部件数量少,而且啮合齿面的速度很低,因此效率很高,随速比的不同(60~250),效率在65%~96%(谐波复波传动效率较低),齿面的磨损很小。

(9) 同轴性好。谐波齿轮减速器的高速轴、低速轴位于同一轴线上。

(10) 可实现向密闭空间传递运动及动力。采用密封柔轮谐波传动减速装置,可以驱动工作在高真空、有腐蚀性及其他有害介质空间的机构。

(11) 方便地实现差速传动。由于谐波齿轮传动的3个基本构件中,可以任意两个主动,第三个从动,那么如果让波发生器和刚轮主动,柔轮从动,就可以构成一个差动传动机构,从而方便地实现快慢速工作状况。

谐波传动的主要缺点如下:

(1) 柔轮易于疲劳破坏。

(2) 扭转刚度低,过大的扭矩会引起柔轮的变形。

(3) 以2、4、6倍输入轴速度的啮合频率产生振动。

总之,谐波传动与行星传动相比具有较小的传动间隙和较轻的重量,但是刚度比行星减速器差。

谐波传动装置在机器人技术比较先进的国家已得到了广泛的应用,仅就日本来说,机器人驱动装置的60%都采用了谐波传动。美国送到月球上的机器人,其各个关节部位都采用谐波传动装置,其中一只上臂就用了30个谐波传动机构。苏联送入月球的移动式机器人"登月者",其成对安装的8个轮子均是用密闭谐波传动机构单独驱动的。

3.4.2 机器人丝杠传动机构

丝杠传动有滑动式、滚珠式和静压式等。机器人传动用的丝杠具备结构紧凑、间隙小和传动效率高等特点。

滑动式丝杠螺母机构是连续的面接触，传动中不会产生冲击，传动平稳，无噪声，并且能自锁。因丝杠的螺旋升角较小，所以用较小的驱动力矩可获得较大的牵引力。但是，丝杠螺母螺旋面之间的摩擦为滑动摩擦，故传动效率低。滚珠丝杠传动效率高，而且传动精度和定位精度均很高，传动时灵敏度和平稳性亦很好。由于磨损小，滚珠丝杠的使用寿命比较长，但成本较高。图 3-15 所示为滚珠丝杠的基本组成：导向槽 4 连接螺母的第一圈和最后一圈，使其形成滚动体可以连续循环的导槽。滚珠丝杠在工业机器人上的应用比滚柱丝杠多，因为后者结构尺寸大(径向和轴向)，传动效率低。

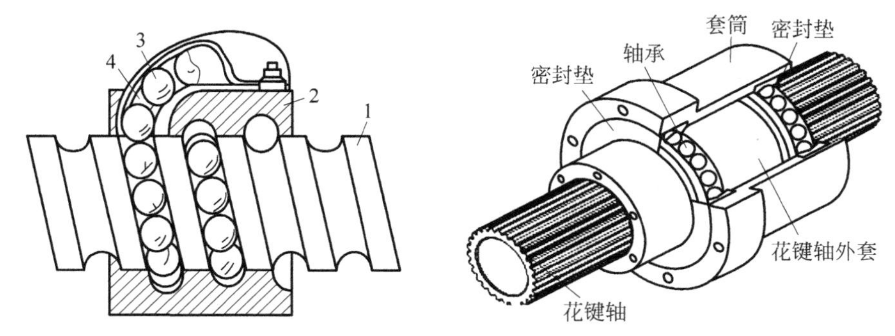

图 3-15　滚珠丝杠的基本组成

1—丝杠；2—螺母；3—液珠；4—导向槽

图 3-16 所示为采用丝杠螺母传动的手臂升降机构。由电机 1 带动蜗杆 2 使蜗轮 5 回转，依靠蜗轮内孔的螺纹带动丝杠 4 作升降运动。为了防止丝杠的转动，在丝杠上端铣有花键与固定在箱体 6 上的花键套 7 组成导向装置。

3.4.3　机器人带传动与链传动机构

带传动和链传动用于传递平行轴之间的回转运动，或把回转运动转换成直线运动。特别是当机械上的主动轴和从动轴相距较远时，常常采用带传动或链传动。机器人中的带传动和链传动分别通过带轮或链轮传递回转运动，有时还用来驱动平行轴之间的小齿轮。

其中，带传动是机械传动学科的一个重要分支，主要用于传递运动和动力。它是机械传动中重要的传动形式，也是机电设备的核心连接部件，种类异常繁多，用途极为广泛。其最大特点是可以自由变速，远近传动、结构简单、更换方便。带传动根据其传动原理可分为摩擦型和啮合型两大类。摩擦型带传动包括平带传动、V 带传动、多楔带传动以及双面 V 带传动、圆形带传动等。啮合型带传动即同步带传动。链传动具有传动效率高、承载能力强、可实现远距离传动等诸多优点，广泛应用于农业、采矿、冶金、起重、运输、石油、化工、汽车、纺织以及印刷包装等各种机械的动力传动中。

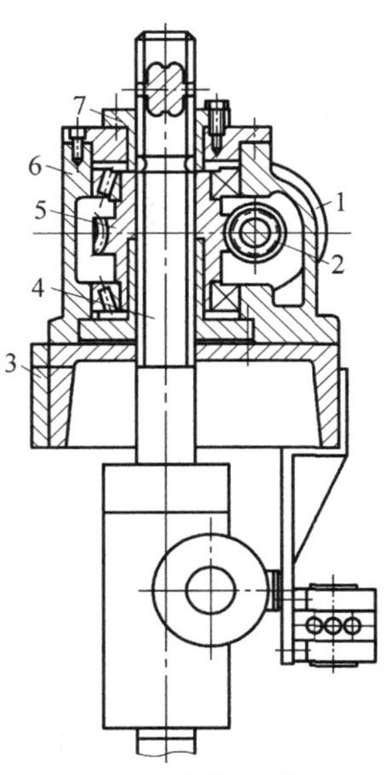

图 3-16　丝杠螺母传动的手臂升降机构

1—电机；2—蜗杆；3—臂架；4—丝杠；5—蜗轮；6—箱体；7—花键套

1. 同步带传动

同步带传动是由一根内周表面设有等间距齿的封闭环形胶带和具有相应齿的带轮组成。运转时，带的凸齿与带轮齿槽相啮合来传递运动和动力（图 3-17(a)）。同步带传动属于低惯性传动，适合于在电机和高速比减速器之间使用。同步带上安装滑座可完成与齿轮齿条机构同样的功能。由于同步带传动惯性小，且有一定的刚度，所以适合于高速运动的轻型滑座。

如图 3-17(b)所示，同步带的传动面上有与带轮啮合的梯形齿。同步带传动时无滑动，初始张力小，被动轴的轴承不易过载。因无滑动，它除了用做动力传动外还适用于定位。同步带采用氯丁橡胶作为基材，并在中间加入玻璃纤维等伸缩刚性大的材料，齿面上覆盖耐磨性好的尼龙布。用于传递轻载荷的齿形带用聚氨基甲酸酯制造。按同步带齿形，同步带分为梯形齿和圆弧形齿两种。

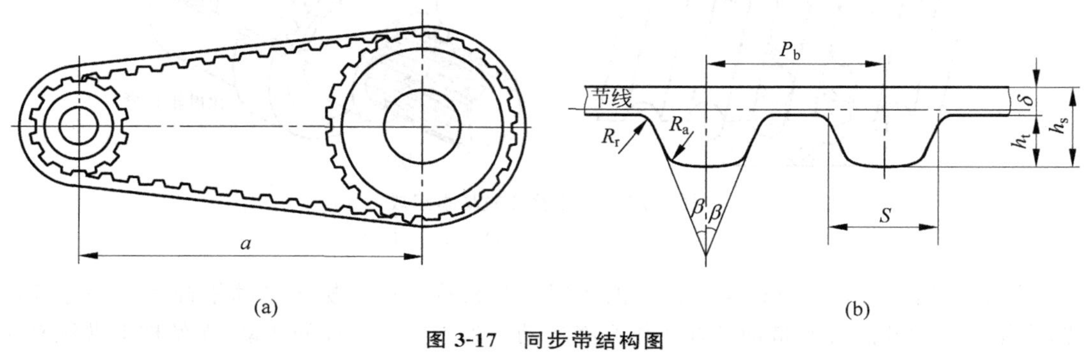

图 3-17 同步带结构图

(a) 同步带传动；(b) 同步带标准尺寸

在图 3-17 中，a 为同步带传动齿轮距离，R_r 为带齿的齿根圆角半径，R_a 为齿顶圆角半径，β 为齿形角，P_b 为带的节距，S 为齿根宽度，h_t 为带的齿高，h_s 为同步带带高。

2. 滚子链传动

滚子链传动属于比较完善的传动机构，由于噪声小、效率高，因此得到了广泛的应用。但是，高速运动时滚子与链轮之间的碰撞会产生较大的噪声和振动，只有在低速时才能得到满意的效果，即滚子链传动适合于低惯性负载的关节传动。链轮齿数少，摩擦力会增加，要得到平稳运动，链轮的齿数应大于 17，并尽量采用奇数齿。滚子链传动如图 3-18 所示。

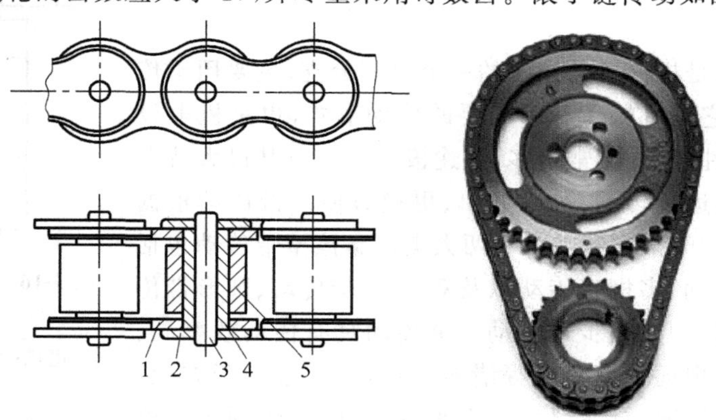

图 3-18 滚子链传动

1—内链板；2—外链板；3—销轴；4—套筒；5—滚子

3.4.4 机器人绳传动与钢带传动机构

1. 绳传动

近年来,绳传动已经发展演变成了一种新型的传动机制。绳驱动技术主要通过将电机和减速装置全部安装在基座上,通过绳索牵引下一关节的运动从而达到远距离动力传输的目的。绳驱动技术已经完全可以达到接触传动的形式,如齿轮传动、蜗轮蜗杆传动、齿轮齿条传动等,这一技术的应用可以有效地提高远距离传输的效率,已经应用在拟人机器人的设计中(图 3-19)。

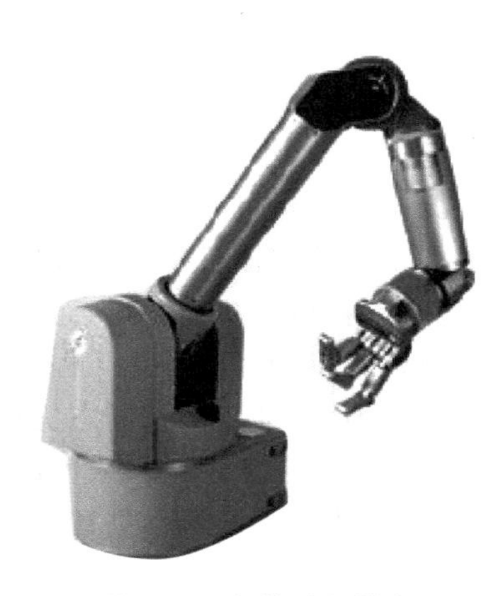

图 3-19 绳传动机器人

绳传动广泛应用于机器人的手爪开合传动,特别适合有限行程的运动传递。绳传动的主要优点是:钢丝绳强度大,各方向上的柔软性好、尺寸小,预载后有可能消除传动间隙。绳传动的主要缺点是:不加预载时存在传动间隙,因为绳索的蠕变和索夹的松弛使传动不稳定,多层缠绕后,在内层绳索及支撑中损耗能量,效率低,易积尘垢。

2. 钢带传动

钢带传动的优点是传动比精确,传动件质量小,惯量小,传动参数稳定,柔性好,不需润滑,强度高等。图 3-20 所示为钢带传动,钢带末端紧固在驱动轮和被驱动轮上,因此,摩擦力不是传动的重要因素。钢带传动适合于有限行程的传动。图 3-20(a)所示适合于等传动比,图 3-20(c)所示适合于变化的传动比,图 3-20(b)和(d)所示为一种直线传动,而图 3-20(a)和(c)所示为一种回转传动。

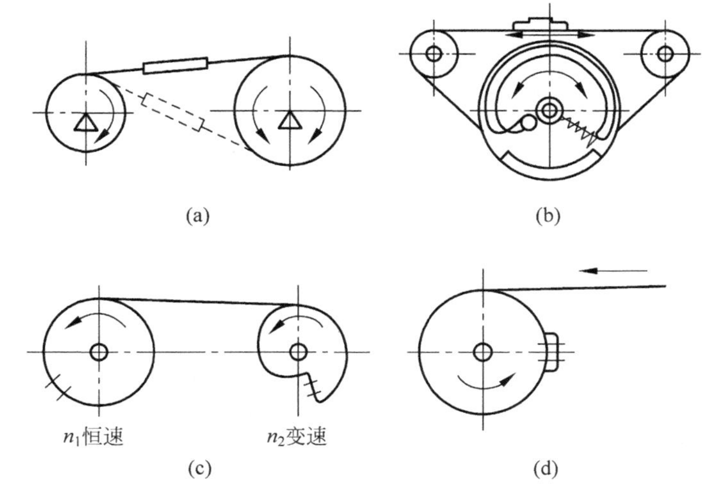

图 3-20 钢带传动示意图

(a) 等传动比回转传动;(b) 等传动比直线传动;(c) 变传动比回转传动;(d) 变传动比直线传动

3.5 机器人机构优化

日益加快的工业生产节奏和不断提高的作业质量要求(如定位精度、运动平稳度等),对工业机器人的速度和动态性能提出了更为苛刻的要求。目前,高性能工业机器人的设计已从传统的静态、刚性体设计,发展到了动态、柔性体设计阶段。

为提升机器人的性能,人们在设计阶段应该采用现代先进的分析和设计方法对机器人的主要部件和整体机构进行分析与优化。因此,工业机器人在设计过程中需要采用"建模→仿真→分析→优化"方法,从而不断完善机器人的机械结构和控制系统性能。

机器人机构优化作为工程机构优化设计领域的一方面,其整体发展过程和工程结构优化过程类似,逐渐从机构静态优化设计过程发展到机构动态优化设计过程。机器人机构优化的目的就是在考虑机器人整体工作空间约束、质量约束等基础上满足关键部件强度、刚度的要求,对机器人的机构进行合理优化,以提高机器人的综合性能。

3.5.1 机器人机构优化形式

目前,就工业机器人的机构优化形式而言,主要有3种优化形式,即尺寸优化、形状优化和拓扑优化,这3种优化方式分别针对不同的优化变量,详细内容见表3-2。

表3-2 机器人机构优化形式

形　　式	优化变量
尺寸优化	不改变原来的结构类型、材料属性、拓扑形状等,结构优化变量选为机器人的杆件长度尺寸、横截面面积、杆件惯量等
形状优化	机器人杆件的边界几何形状或者杆件的内部几何形状等
拓扑优化	形状优化的更高层次,即改变拓扑结构,改变机器人部件的材料

通过表3-2内容可知,3种优化形式的复杂程度不断提高,尺寸优化是机器人结构优化的最低阶层次,因此在这一层次的优化研究比较多,相关理论也比较成熟。当前,这一优化层次的研究重点主要有高级的优化算法与实际问题的结合。例如可综合考虑机器人的任务范畴,将驱动关节力矩的最小化和机器人的可操作性指标最大化作为优化目标,优化变量选为机器人的杆件长度和截面尺寸,考虑机器人的运动学、动力学、变形和结构约束,采用优化算法,对机器人的杆件截面进行优化。

在机器人形状优化和拓扑优化领域,主要是结合相关CAE分析软件,如ANSYS,对机器人关键部件进行优化设计。ANSYS拓扑优化的原理就是将机器人部件的质量分布作为优化变量,优化目标是使整体的刚度值达到最大。通常,连续体拓扑优化方法主要有均匀法、密度法和渐进结构优化法。ANSYS采用的拓扑优化方法就是密度法,优化变量是每一个单元体的伪密度。

近年来,机器人的机构动态优化设计发展也十分迅速。机构动态优化设计的目的是:在符合最低阶模态频率约束条件的基础上,使机器人的质量尽量降低;或者是在符合机器人质量约束条件的基础上，使机器人的最低阶模态频率尽量提高。国内在实际的机器人结构设计过程中，常常是参照国外的典型的机器人结构和尺寸，根据具体的工作情况要求和技术指标，来设计机器人的机构。后期可以对关键的机器人部件，如腰座、大臂、小臂等，使用CAE软件进行仿真分析，来验证之前的机器人结构设计是否满足要求。

3.5.2　机器人机构优化指标

工业机器人是一个典型的机械电子集成系统，其性能包括静态指标和动能性能指标，一般来说工业机器人采用以下指标进行优化。

1. 机器人机构刚度

机器人刚度是指抵抗变形的能力，刚度包括了静刚度和动刚度。作为机器人一项重要的性能评价指标，刚度不仅与机器人机构的拓扑结构有关，还与机构的尺度参数和截面参数密切相关。

机器人的静刚度分析方法包括有限元分析法、静刚度解析模型法、静刚度性能分析法等。其中，有限元分析法成为机器人机构设计和静刚度性能预估的重要手段。该方法主要是借助如ANSYS等有限元分析软件对所设计的虚拟样机进行应力应变分析，从而对样机的尺寸结构参数等进行改进；静刚度解析模型就是建立机器人机构操作力与末端执行器变形之间映射关系；静刚度性能分析主要是基于静刚度解析模型来评价机器人机构在整个工作空间内的静刚度性能。

动刚度反映了机构在动载荷作用下抵抗变形的能力，是衡量结构抵抗预定动态激扰能力的特性。其分析方法主要是建立机器人系统的动力学模型，使其带动负载在其运动空间内做各种运动仿真，计算机器人的动刚度特性。

国内外众多学者在并联机构的刚度和静力学领域做了大量卓有成效的工作，但仍有许多研究工作需要进一步深入开展。由于刚度解析模型具有一定的复杂性，不利于对更复杂机构进行研究计算。于是，寻求一些高效的建模方法对提高模型计算效率具有重要的意义。随着计算机技术的飞速发展，在求解复杂刚度模型时可以利用大型多核高性能运算服务器与多核并行计算的有限元软件进行运算，从而提高求解的速度与精度。

工业机器人在设计过程中，为了提高其运动精度，改善其运动动态特性，要求机器人具有较高的结构刚度。

2. 机器人负载自重比

机器人负载自重比是指所能带动负载与机器人自身重量的比值，一般来说工业机器人的自重比要求越大越好。自重比是评价工业机器人的一个重要指标，以ABB工业机器人为例，其负载自重比自20世纪90年代已经增大了3倍。负载自重比的提高意味着减小了对机器人驱动系统的要求，使得控制器的设计更加容易并且提高控制性能有了更大的可能性。机械本体重量的下降同时也意味着机器人整体成本也将下降。

机器人的自重比优化就是提高机器人的自重比，需要工业机器人进行轻量化设计，要求机器人具有结构紧凑、关节驱动力大、材料轻和驱动部件轻等特点，同时还要保证机器人的结构刚度。但是，轻量化设计能够降低成本并降低能量消耗，同时也会降低系统机械刚度并使其具有更复杂的振动模态，增加了控制算法的设计难度。

3. 机器人固有频率

机器人固有频率是指机器人整体的振动频率，机器人机构由关节和臂杆构成。因此在很多情况下，把像弧焊机器人这样的轻型串联系统视为刚体系统是不合理的，由于材料、自重和外界干扰等因素的作用，系统容易发生变形和振动，而这种变形和振动对系统精度的影响是巨大的，为了解系统变形的原因和影响，还需要将刚性系统转变为柔性系统。

特别是机器人在进行高速作业时，系统激振力变化频率接近系统固有频率，进而会引起剧烈振动。这种振动不仅对机器本身零部件疲劳强度折损较大，而且会产生较大噪声，最重要的就是无法保证机器人工作位置的准确定位。所以，提高系统低阶频率对提高机器人作业速度和质量有着直接的作用。

机器人系统固有频率是评价机器人机构内在特性的重要指标，它对系统动力优化、控制性能和机构优化设计都具有重要意义。

4. 机器人定位精度

机器人定位精度是机器人的一项重要指标，它不仅取决于控制系统和控制算法，还与机器人系统的机械结构相关。对于高速、高定位精度要求的工业机器人设计的挑战主要有两方面。

(1) 惯性力不可忽略。工业机器人运动过程中除受重力、抓取负载作用外，还受自身惯性力影响。当机器人运行速度加快时，转动引起的离心惯性力将随角速度的二次方增长。相比低速运动机械，此惯性力作用足够引起设计者的重视。

(2) 机构振动问题突出。较大动载荷的引入和较高定位精度的提出，使得机器人本体柔性(主要包括构件柔性、关节柔性)不可忽略。当关注微小弹性变形时，机器人可视为一个多自由度振动系统。若将抓取负载视为机器人组成部分，则系统的激振力包括关节转矩、自身重力和惯性力。机器人运行过程中，此激振力实时变动。随着机器人运动速度的加快，激振频率也自然增大，机器人可能发生较强的振动现象。

末端重复定位精度的提高有两种途径：一种是从控制角度引入更高精度的闭环反馈环节；另一种则是通过增大机械结构刚度减小末端因整机弹性变形而发生的偏移量。而后者是工业机器人机构设计必须考虑的指标。

5. 机器人驱动系统

机器人的驱动系统包括电机、减速器系统，主要是作为机器人的关节形式体现。机器人作为复杂机电系统，其最终的动态性能和控制品质由机械本体自身属性和控制系统性能共同决定。机器人本体设计首先完成结构层面设计，使机器人结构满足工作空间、速度、加速度及灵巧度等性能指标。在完成结构设计后，根据机器人性能需求设计机器人的驱动系统。在机器人驱动系统设计过程中，电机和减速器质量、惯量和减速比等属性对机器人整体性能影响非常大(电机和减速器的质量占机器人整体质量大约为 1/3)。不同的质量分布会改变机器人的高速度运动中的惯量矩，进而影响机器人固有频率特性、电机输出转矩和减速器所承受的转矩等动态性能。

在机器人的驱动系统优化过程中，必须根据元件自身具有的离散特性，依据机器人动力学模型建立性能指标与控制系统元件属性之间的关系。以此为基础建立离散优化变量与机器人性能指标的映射关系，并采用离散的优化算法对优化问题进行求解。此外，还要考虑机器人的多变量、时变、强耦合及非线性特点。

综上所述，工业机器人设计的优化指标有很多种，但是在设计过程中，应该根据机器人的不同作业任务，侧重选择某一个或某些指标进行优化。这是因为机器人的整体运动性能是所有设计指标的综合结果，其中有些指标是相互影响，或者为互斥指标条件。

3.5.3 机器人机构优化流程

1. 静态优化

机器人静态优化是指不考虑机器人的整体频率，以机器人机构刚度和提高机器人自重比(减轻重量)指标为主要依据进行机器人的机构优化。该方法主要包括两个步骤：①对工业机器人进行动力学仿真和有限元分析；②通过拓扑优化和尺度优化对原结构进行改进，并建立新的优化模型。结构分析优化流程如图 3-21 所示。

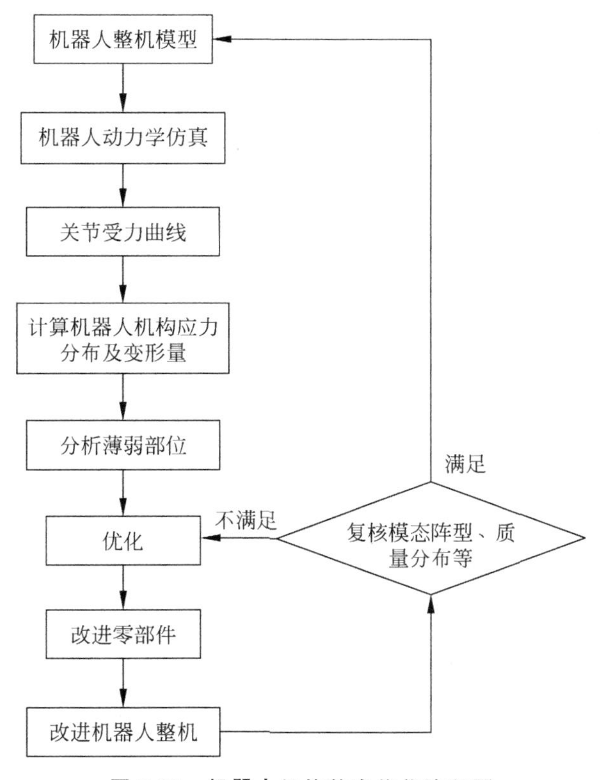

图 3-21 机器人机构静态优化流程图

在机器人的优化过程中，对机器人整机动力学的计算仿真中应满足下面两个条件：

(1) 在给定机器人各关节的最大加速度和最大运动范围内运动，使末端运动速度尽量大。

(2) 使机器人运动到苛刻的位姿，在末端加入惯性矩足够大的负载。

机器人在运动过程中，由初始状态依次经历加速、匀速、减速运动到水平位置全伸展状态，进而达到运动空间中的苛刻姿态，使仿真结果具有普遍性。

2. 动态优化

机器人动态优化在符合最低阶模态频率约束条件的基础上，使机器人的质量尽量降低；或者是在符合机器人质量约束条件的基础上，使机器人的最低阶模态频率尽量提高。结构分析优化流程如图 3-22 所示。

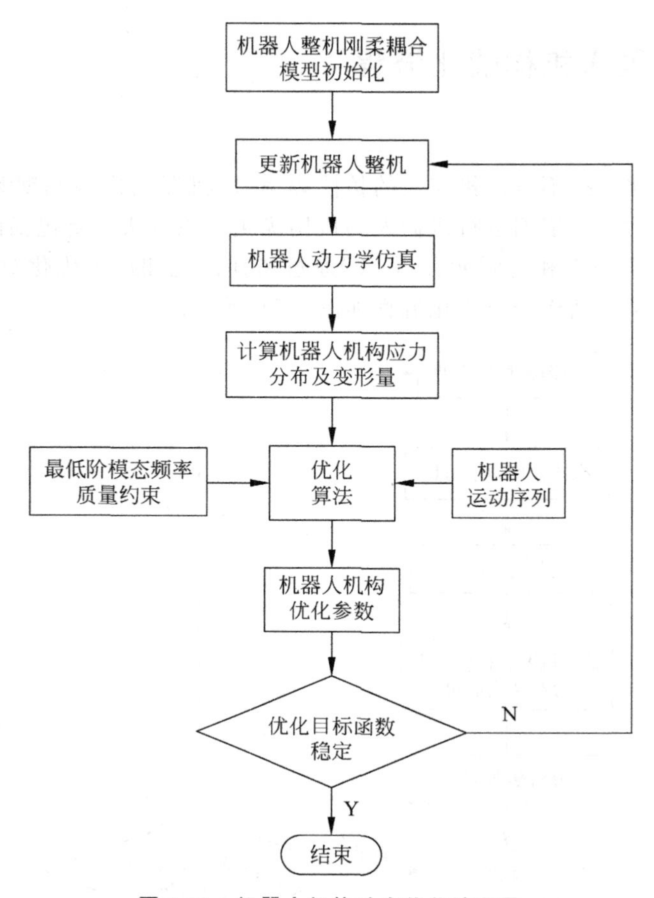

图 3-22 机器人机构动态优化流程图

机器人机构动态优化需要建立机器人的有限元模型，能够实时监测机器人结构的变形及模态，用于优化算法。同样在机器人的优化过程中，对机器人整机动力学的计算仿真条件和静态优化的仿真过程类似。其中，机器人运动序列是指在机器人的工作空间的各种要求苛刻的位置点序列。

目前随着计算机技术的发展，已经具有了机器人优化所需要的软件，如 ADAMS 可以实现机器人的动力学仿真，ANSYS 可以对机器人的机构进行受力、变形和模态分析，并且 MATLAB 可以实现灵活的仿真程序编写，这 3 种软件的联合仿真可非常方便地实现机器人的优化设计。

3.5.4 机器人机构优化算法

在工业机器人的机构优化过程中，另一个重要的问题就是优化算法的选取问题。一般来说，在实际优化过程中，主要是根据优化目标函数的形式（单目标或多目标，显式或隐式，线性或者非线性）、约束函数的形式（显式或隐式，线性或者非线性）以及优化变量的形式（单变量或多变量，连续或者离散）等来选择优化算法。选择合适的优化算法可以得到全局最优解，避免仅得到局部最优解，并且可以提高求解效率。机器人的结构优化算法一般分为3种类型，即准则法、数学规划法以及启发式算法，详细内容如表3-3所示。

表3-3 机器人机构优化算法

类 型	算法内容
准则法	一般用于机构形状优化，常用的准则法有同步失效准则法、满应力准则法
数学规划法	分为线性规划法和非线性规划法；线性规划的常见算法是单纯形法，处理有约束非线性规划问题的常见解法有罚函数法、拉格朗日乘子法等
启发式算法	蚁群算法、粒子群算法、遗传算法、模拟退火算法、人工神经网络法

在实际的机器人机构优化过程中，最常采用的是遗传算法。遗传算法是一种随机全域搜索算法，具有高效、全域最优和并行计算等优点。近年来，针对优化目标函数的复杂性，以及传统遗传算法的一些不足之处，很多改进的多目标遗传算法相继提出。

本节介绍了机器人机构优化的相关指标和方法，在机器人的设计过程中，基于设计经验或机械结构的基本知识设计的机器人机构，其静态特性和动态性能很难一次满足要求。而优化指标和优化过程各不相同，应针对特定类型的机器人选择特定的优化指标进行优化设计。

3.6 工业机器人设计流程

前面的章节已经讲过，典型工业机器人有多种类型。不同用途的机器人结构形式、传动方式及控制形式各有不同，在上几节机器人本体设计中，已经详细讲解了机器人本体的结构及传动原理，本节以哈尔滨工业大学课题组研制的HJG30焊接机器人为例，阐述工业机器人的设计过程。

3.6.1 机器人性能参数确定

HJG30焊接机器人的主要性能指标：末端最大负载30kg，运动速度2m/s，重复精度±0.05mm，末端作业最大展臂半径2.06m等。参照国内外同类产品的资料及用户的实际要求，确定本机器人的主要性能参数，如表3-4所示。

负载、速度和作业空间是焊接机器人的关键要素，详细说明如下：

（1）最大负载为机器人处于工作空间内的任何位置和姿态所能承受的最大质量。

（2）机器人焊接的最高速度是机器人末端运动的最大速度，也即单位时间内机器人末端焊接工件的焊缝长度。

(3) 机器人最大作业空间为机器人运动时各关节所能达到的最大角度。机器人的每个轴都有软、硬限位,机器人的运动无法超出软限位,如果超出,称为超行程,由硬限位完成对该轴的机械约束。最大工作空间为机器人运动时手腕末端所能达到的所有点的集合。

表 3-4 HJG30 焊接机器人性能参数

项目		性能参数
动作类型		多关节型
控制轴		6 轴
放置方式		地装
型号		HJG30
最大运动速度	J1 轴	150(°)/s
	J2 轴	125(°)/s
	J3 轴	135(°)/s
	J4 轴	230(°)/s
	J5 轴	230(°)/s
	J6 轴	320(°)/s
最大动作范围	J1 轴	+180°/−180°
	J2 轴	+135°/−90°
	J3 轴	+80°/−210°
	J4 轴	+360°/−360°
	J5 轴	+115°/−115°
	J6 轴	+360°/−360°
最大活动半径		1.9m
最大臂展半径		2.060m
手腕额定负载		30kg
重复精度		±0.05mm
噪声		低于 80dB
恶劣状态运行时间		24h
额定状态运行时间		120h

3.6.2 机器人机构设计方案

HJG30 焊接机器人是地装多关节机器人,参照上几节机器人本体设计的内容,依次为腰座回转、大臂俯仰、小臂俯仰、小臂回转、手腕俯仰、末端负载旋转 6 个自由度机器人。结构简图如图 3-23 所示。

1. 传动原理

图 3-23 所示机器人结构图传动原理如下:

(1) J1 轴电机通过 Z1、Z1′齿轮啮合驱动 J1 减速器带动腰座回转。

(2) J2 轴电机直接驱动 J2 减速器带动大臂俯仰。

(3) J3 轴电机直接驱动 J3 轴减速器带动小臂俯仰。

(4) J4 轴电机通过 Z4、Z4′齿轮啮合(减速比 65∶38)驱动 J4 轴减速器带动小臂回转。

(5) J5 轴电机通过 Z5、Z5′齿轮外啮合(减速比 49∶42)及一对螺旋伞齿轮啮合(减速比

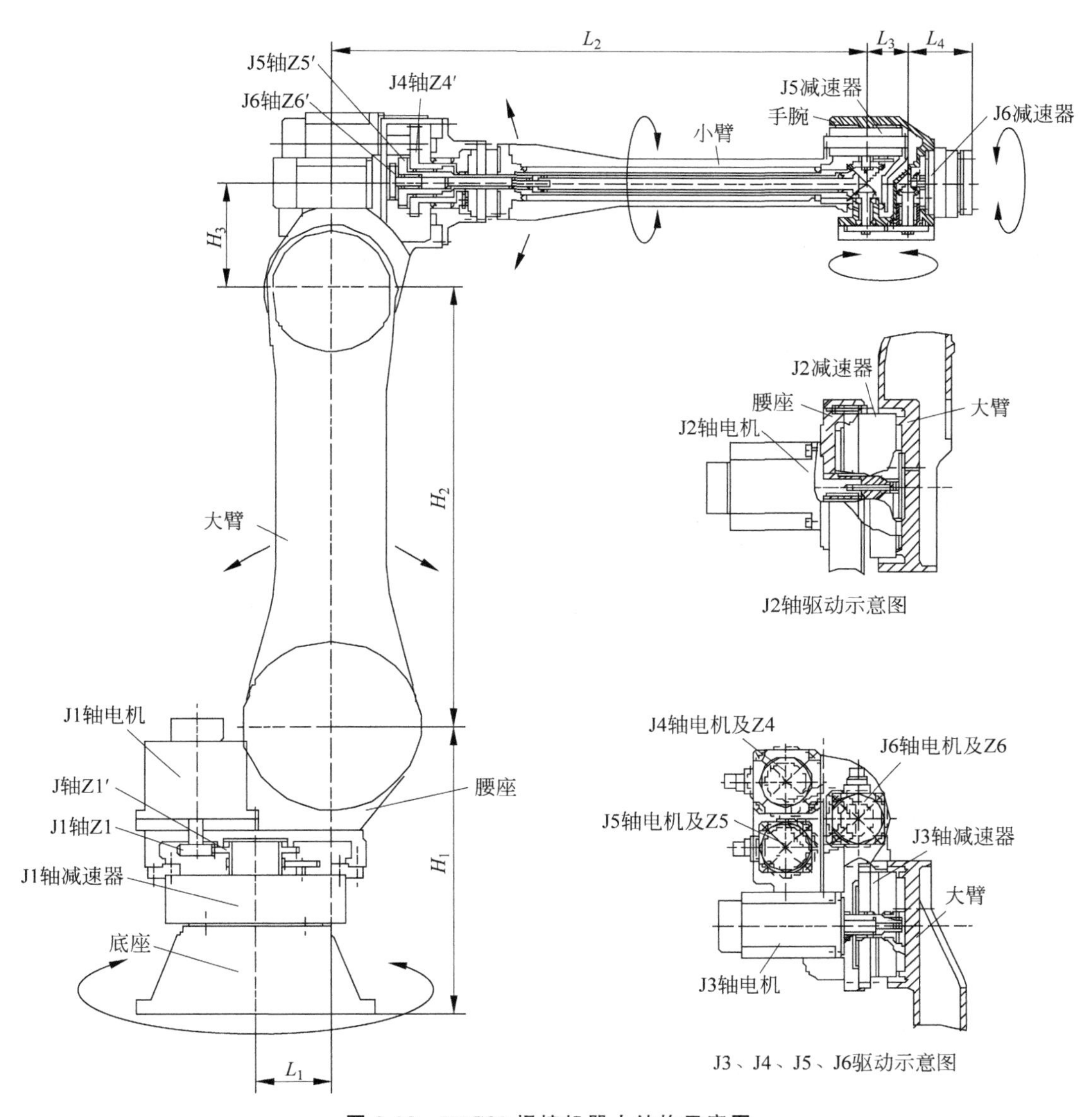

图 3-23　HJG30 焊接机器人结构示意图

1∶1)驱动 J5 轴减速器带动手腕俯仰。

(6) J6 轴电机通过 Z6、Z6′齿轮外啮合(减速比 33∶32)、螺旋伞齿轮(减速比 1∶1)、直齿轮(减速比 1∶1)、螺旋伞齿轮(减速比 1∶1)分别啮合传动来驱动 J6 轴减速器,带动末端负载转动。

2. 电机、减速器选型

参照国内外同类产品及表 3-4 中的性能参数,初步设定图 3-23 中尺寸参数,单位为 mm,$L_1=145$,$L_2=1023$,$L_3=80$,$L_4=125$,$H_1=570$,$H_2=870$,$H_3=210$。

估算大臂质量 $G_1=70\text{kg}$,重心 $L_5=430\text{mm}$,小臂及传动零部件质量 $G_2=50\text{kg}$,重心 $L_6=530\text{mm}$,末端负载为 $G=30\text{kg}$,最大展臂半径为 $R=2060\text{mm}$,如图 3-23 结构,J2 轴在运行过程中,转角极限位置承受最大负荷扭矩,J1 轴承受最大负载惯量,计算过程如下:

(1) 估算 J2 轴最大负载转矩：

$$M = G_1 \times L_5 + G_2 \times (H_2 + L_6) + G_1 \times R = 1613\text{N} \cdot \text{m}$$

(2) 估算 J1 轴最大负载惯量：

$$J = \frac{1}{3}G_1 \times (L_1 + L_5)^2 + \frac{1}{3}G_2 \times (L_1 + H_2 + L_6)^2 + \frac{1}{3}G_1 \times R^2 = 89.12\text{kg} \cdot \text{m}^2$$

每个关节由伺服电机通过减速器减速增加扭矩驱动负载转动，工业机器人选用的伺服电机厂家有三菱、松下、安川、多摩川、贝加莱，还有国内生产的翡叶伺服电机等。不同厂家的伺服电机精度、额定转速、额定惯量、输出额定扭矩、价格及供货周期都不同，综合考虑机器人性能及成本，HJG30 焊接机器人选用松下 A6 系列伺服电机。

松下电机启动时动作平滑，运行时噪声低，停止时振动小；便于安装，尺寸紧凑，质量轻。减速器采用 RV 结构，生产的厂家有日本 Nabtesco、日本住友、中国台湾村田、韩国韩中减速机公司等。HJG30 焊接机器人采用日本 Nabtesco 减速器，主要由于品种比较齐全，样本清晰，技术服务好，新开发的 N 系列减速器，采用双支撑结构，结构紧凑、质量低、精度高、刚性好，可实现高速输出，用于机器人的第 5 轴和第 6 轴。查阅日本松下 A6 交流伺服电机样本及日本 Nabtesco RV 减速器样本，性能参数如表 3-5、表 3-6 所示。

表 3-5　J1 轴伺服电机性能参数

型　　号	功率/kW	额定转速/(r/min)	最高转速/(r/min)	额定转矩/(N·m)	转动惯量/(kg·m²)	惯量比
MDMF402S1H	4.0	2000	3000	19.1	52.3×10^{-4}	＜10

表 3-6　J1 轴 RV 减速器性能参数

型　　号	减　速　比	输入功率/kW	输出转矩/(N·m)	质量/kg
RV-200C-34.86-A-T	34.86	4	1680	55.6

核算 J1 轴性能参数：

机构设计 J1 轴选用 Z1′与 Z 齿数比为 96/34，减速器减速比为 34.86，综合减速比为 98.43，伺服电机额定转速为 2000r/min，最高转速为 3000r/min。

J1 额定转速＝2000/98.43×6＝121.92(°)/s。

J1 最高转速＝3000/98.43×6＝182.87(°)/s。

J1 轴性能参数中要求最大转速为 150(°)/s。

J1 轴电机转子惯量 $52.3\times10^{-4}\text{kg}\cdot\text{m}^2$，J1 轴综合减速比为 98.43，则输出惯量为 $52.3\times10^{-4}\text{kg}\cdot\text{m}^2\times98.432^2=50.6\text{kg}\cdot\text{m}^2$。

J1 轴最大负载惯量与输出惯量比值为 89.12/50.6＝1.75，J1 轴选用的松下 MDMF402S1H 伺服电机推荐的惯量比值小于 10。以上核算的结果，验证 J1 轴电机、减速器选择合理，如表 3-7 和表 3-8 所示。

表 3-7　J2 轴伺服电机性能参数

型　　号	功率/kW	额定转速/(r/min)	最高转速/(r/min)	额定转矩/(N·m)	转动惯量/(kg·m²)	惯量比
MDMF502S1H	5.0	2000	3000	23.9	63×10^{-4}	＜10

表 3-8 J2 轴 RV 减速器性能参数

型　　号	减　速　比	输入功率/kW	输出转矩/(N·m)	质量/kg
RV-320E-117-B	117	5	2881	44.3

核算 J2 轴性能参数：

J2 轴额定转速＝2000/117×6＝102(°)/s；J2 轴最高转速＝3000/117×6＝153(°)/s；J2 轴性能参数中要求最大转速为 125(°)/s；J2 轴输出转矩 23.9×117＝2796.3N·m，J2 轴最大负载转矩为 1613N·m，验证 J2 轴电机、减速器选用合理。以此方法其他各轴选用的交流伺服电机及 RV 减速器性能参数见表 3-9～表 3-16。

表 3-9 J3 轴伺服电机性能参数

型　　号	功率/kW	额定转速/(r/min)	最高转速/(r/min)	额定转矩/(N·m)	转动惯量/(kg·m^2)	惯量比
MDMF302S1H	3.0	2000	3000	14.3	19.6×10^{-4}	＜10

表 3-10 J3 轴 RV 减速器性能参数

型　　号	减速比	输入功率/kW	输出转矩/(N·m)	质量/kg
RV-110E-110	110	3	925	17.4

表 3-11 J4 轴伺服电机性能参数

型　　号	功率/kW	额定转速/(r/min)	最高转速/(r/min)	额定转矩/(N·m)	转动惯量/(kg·m^2)	惯量比
MDMF102S1H	1.0	2000	3000	4.77	7.4×10^{-4}	＜10

表 3-12 J4 轴 RV 减速器性能参数

型　　号	减　速　比	输入功率/kW	输出转矩/(N·m)	质量/kg
RV-42N-30.23	30.23	1.0	412	5.8

表 3-13 J5 轴伺服电机性能参数

型　　号	功率/kW	额定转速/(r/min)	最高转速/(r/min)	额定转矩/(N·m)	转动惯量/(kg·m^2)	惯量比
MSMF102S1H	1.0	3000	5000	3.18	2.47×10^{-4}	＜15

表 3-14 J5 轴 RV 减速器性能参数

型　　号	减　速　比	输入功率/kW	输出转矩/(N·m)	质量/kg
RV-42N-80	80	1.0	412	6.3

表 3-15 J6 轴伺服电机性能参数

型　　号	功率/kW	额定转速/(r/min)	最高转速/(r/min)	额定转矩/(N·m)	转动惯量/(kg·m^2)	惯量比
MSMF102S1H	1.0	3000	5000	3.18	2.47×10^{-4}	＜15

表 3-16　J6 轴 RV 减速器性能参数

型　　号	减速比	输入功率/kW	输出转矩/(N·m)	质量/kg
RV-35N-61	61	1.5	343	6.6

3.6.3　机器人三维建图及仿真建模

目前三维软件有 SolidWorks、UG、ProE、CATIA、AutoCAD 和 CAXA 等，每一种软件都有其优点，SolidWorks 作为 Windows 平台下的机械设计软件，Windows 的很多功能可以在这里实现，比如“复制”“粘贴”。多数用户系统中都有 CAD 二维图纸制作软件，SolidWorks 会兼容 AutoCAD 文件，DWGeditor 可以使用原创 DWG 文件，提供 AutoCAD 用户熟悉的界面。SoldWorks 三维制图软件具有使用方便和操作简单的特点，其强大的设计功能可以满足机械产品的设计需要。这里，使用 SolidWorks 三维制图软件制作 XT 30kg 搬运机器人零部件图纸、部件图及仿真建模。

1. 建立 3D 零件图注意事项

(1) 确定零件的材质：本机器人的底座、腰座、大臂、小臂、手腕采用 QT500-7，传动轴采用 40Cr，直齿轮、伞齿轮采用 20CrMnTi，隔套、调节垫采用 Q235，缓冲垫、限位垫采用聚氨酯。

(2) 建立结构复杂零件 3D 图时，建立合理的基面 A，便于行程回转面 B，建立铸造圆角等。

(3) 建完零件 3D 图后，对于复杂铸造件，单击评估中质量属性命令，验证质量、重心、惯量性能。必要时单击拔模分析命令及对称检查命令检查零件结构的合理性。

2. 建立 3D 装配图注意事项

理解各轴自由度的装配约束类型。本机器人采用自底向上的装配方法，在装配过程中，进行零部件的干涉检查，便于及时修改不合理的零件结构。

装配过程中，依据各轴最大的动作范围，检验各轴极限转角合理性。检查各关节达到最大角度的硬限位，如图 3-24 所示。

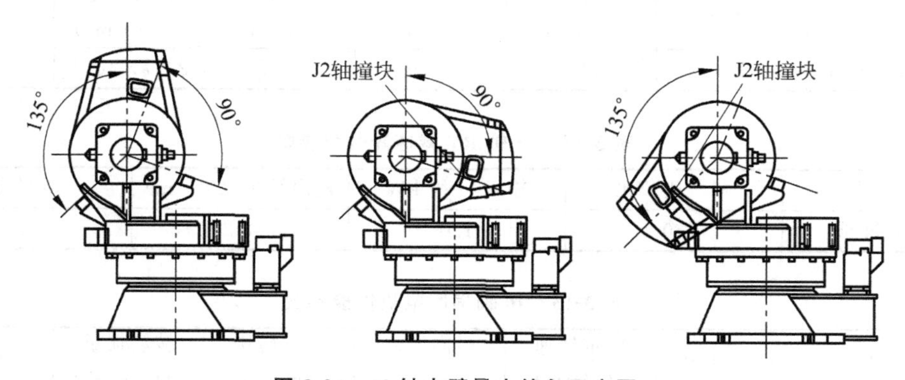

图 3-24　J2 轴大臂最大转角示意图

3. 3D装配体仿真建模

HJG30焊接机器人，在SolidWorks中进行自下向上的装配，通过使用多种不同的方法将零部件插入到装配体中，并利用相应的装配约束关系对零件定位。还可以用鼠标拖动未完全定位的零部件，带动机构进行有限的运动仿真，从而了解整体设计与目标的一致程度，并在运动中进行碰撞或干涉检查。由于装配图中的零部件文件与装配图连接，零部件的数据还保持在原零部件文件中，对零部件文件所进行的任何改变都会更新装配体，HJG30焊接机器人如图3-25所示。

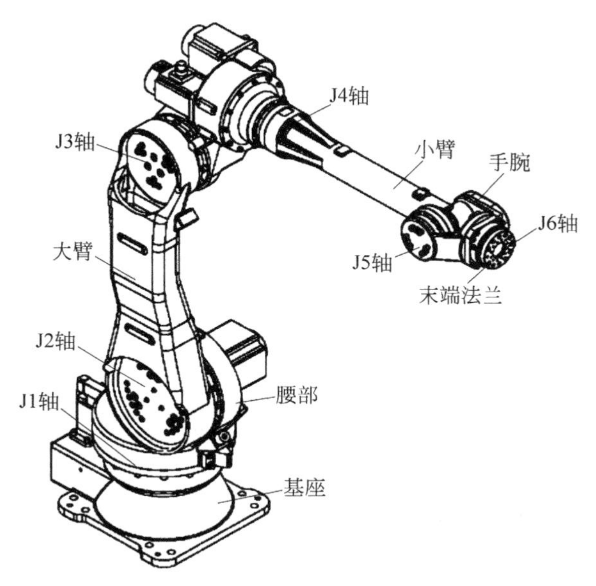

图3-25　HJG30焊接机器人三维建模示意图

3.6.4　机器人本体优化设计

基于机器人动态性能的机构动态优化过程如图3-26所示。

首先，建立工业机器人有限元模型；然后，将机器人典型工作过程划分为多段瞬态，根据模态分析方法，求解各瞬态的系统固有频率及系统响应；其次，建立以工业机器人高基频、高定位精度、低转矩要求为动态性能优化指标，采用梯度优化算法优化结构参数；最后，基于工业机器人运动学、整机刚柔耦合模型，进行工业机器人的"建模→仿真→分析→优化"过程，得到机器人动态性能最优的机构参数。

1. 零件模态分析

利用ANSYS对零件进行单元划分，对单个零件进行模态分析，得到模态振型和模态频率，以此判断零件刚度相对薄弱的部位。之后在不显著增加重量的前提下，进行有针对性的强化设计，提高各零件低阶模态频率。以腰座为例，图3-27为腰座的模态振型及频率。

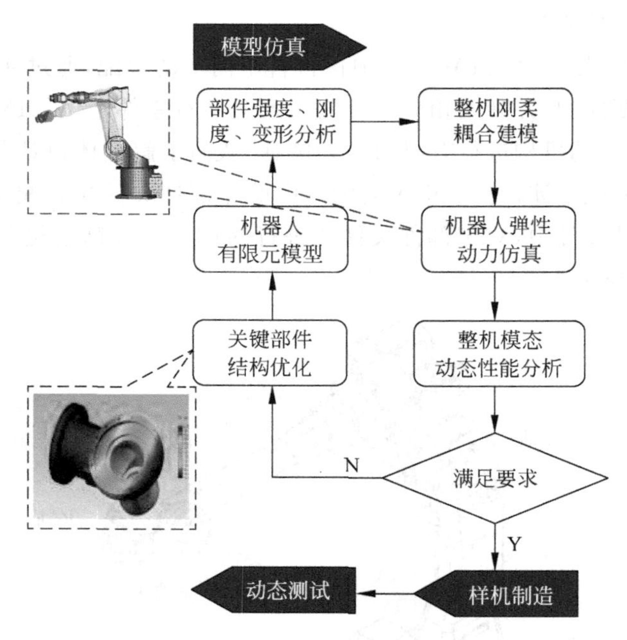

图 3-26 机器人机构优化

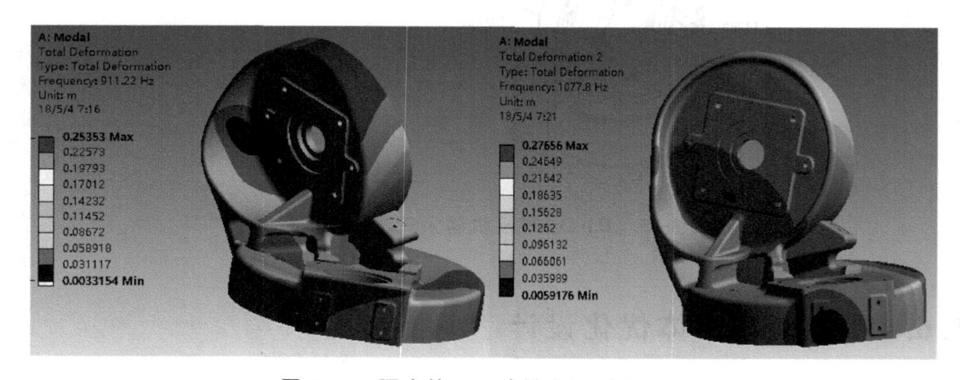

图 3-27 腰座的 7,8 阶模态振型及频率

2. 整机模态分析

为验证整机动态性能优化效果，构建工业机器人装配体有限元模型。为此，首先在 SolidWorks 中按照关节 2 和关节 3 的不同配置将关键构件进行装配，并生成 x_t 中间文件；接着在 Workbench 中将各刚性构件依照与关键构件的连接约束用质量块来等效；最后对各关键构件进行网格化生成整机的有限元模型。

整机装配体的有限元模型如图 3-28 所示，分析过程中，30kg 的负载加载到距离末端面水平距离和垂直距离为 0.4m 的位置处。

3. 整机动力学分析

假定机械臂的底座、腰座、大臂、肘座、小臂以及腕部在运动过程中存在一定的变形，视为柔性体，而其他元件视为刚性体。利用 ANSYS 和 ADAMS 建立刚柔耦合动力学模型。建立的刚柔耦合动力学模型如图 3-29 所示。

之后设计典型工况，即通过仿真模拟机械臂末端以预定的速度沿着预定轨迹行进。由

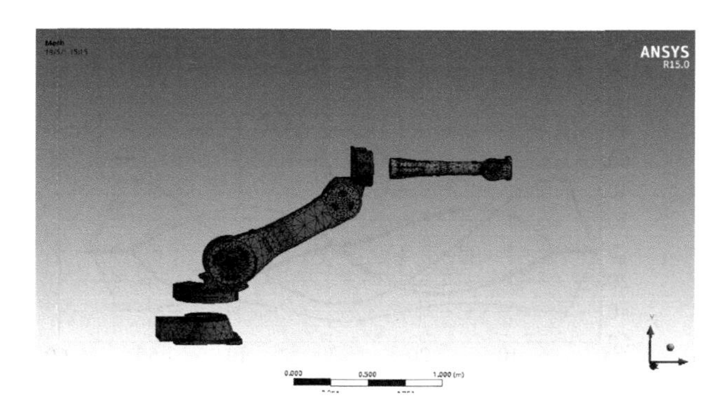

图 3-28　整机的有限元模型

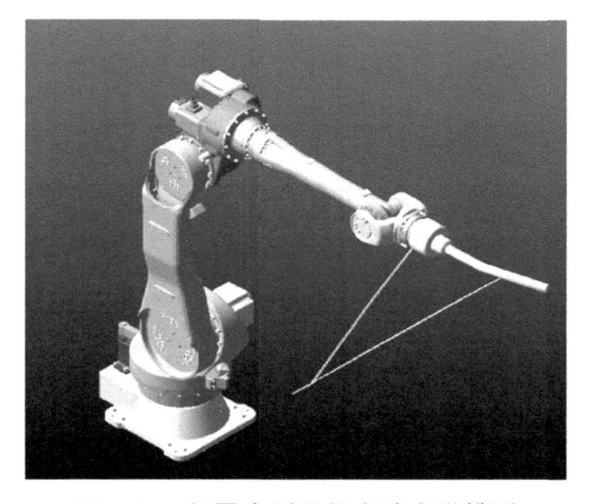

图 3-29　机器人刚柔耦合动力学模型

MATLAB 规划算法生成末端期望速率、期望关节角以及末端期望的运动轨迹，如图 3-30、图 3-31、图 3-32 所示。

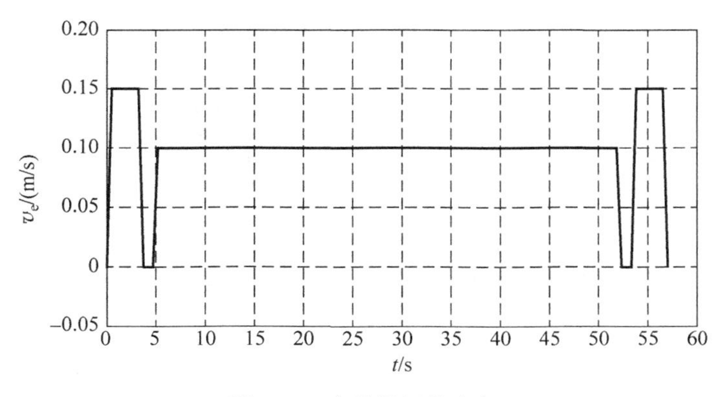

图 3-30　末端期望的速率

将 MATLAB 规划程序生成的期望关节角导入 ADAMS 中，由 ADAMS 绘制各个零件在运动过程中最大应力时刻的应力云图。以大臂为例，大臂最大应力时刻对应的应力云图如图 3-33 所示。

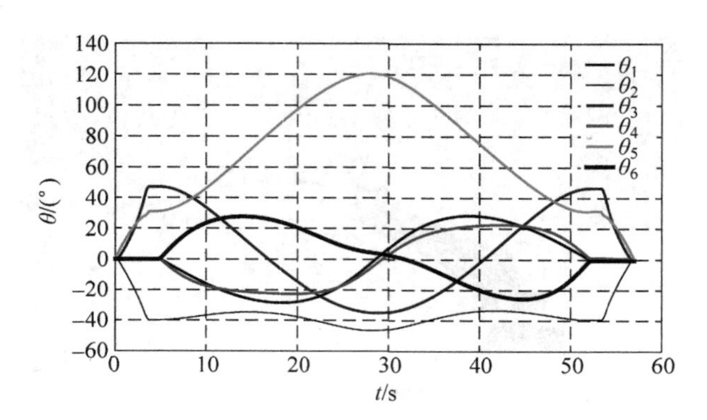

图 3-31 期望的关节角曲线

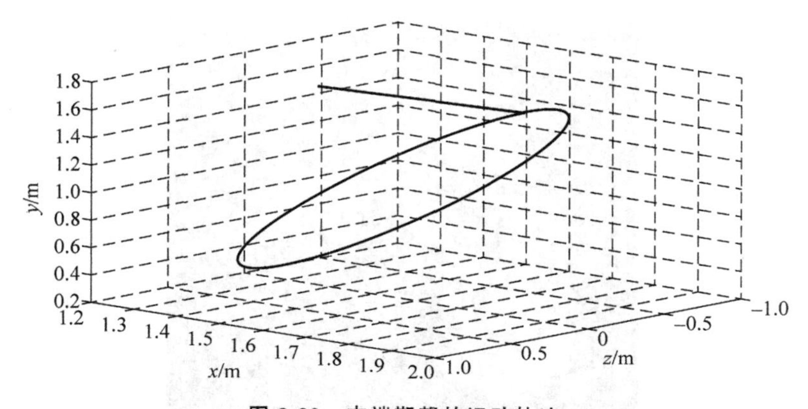

图 3-32 末端期望的运动轨迹

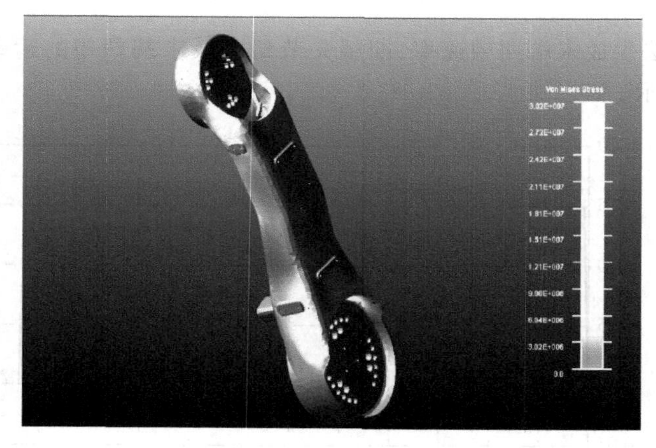

图 3-33 大臂应力云图

4. 优化结果对比

经过 7 次优化，整机在 3 种构型下的基频曲线如图 3-34 所示。

可见，经过 7 次优化设计，零位构型下机器人基频提升约 0.7238Hz；其余两种构型下基频分别提升约 0.8645Hz，0.8106Hz。

弹性偏移量是产生误差的重要因素，减小末端弹性偏移量有利于提高机器人的精度。

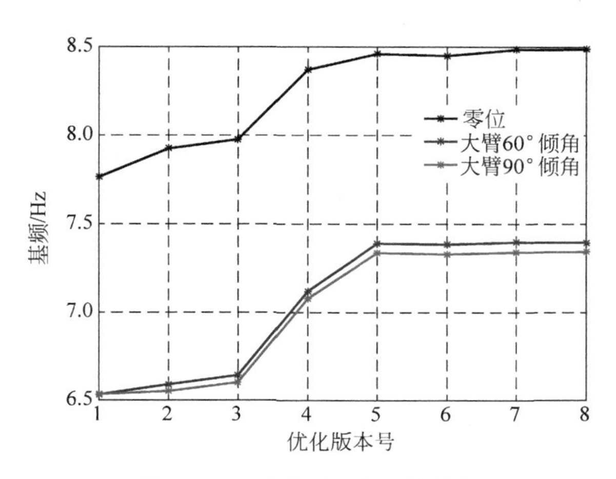

图 3-34 3 种构型下整机的基频

通过与机器人刚性模型对比,可以得到机器人刚柔耦合模型的末端弹性偏移量。

通过与机器人刚性模型对比,在图 3-35 中给出了优化前后机器人在轨迹跟踪过程中的末端弹性偏移量。

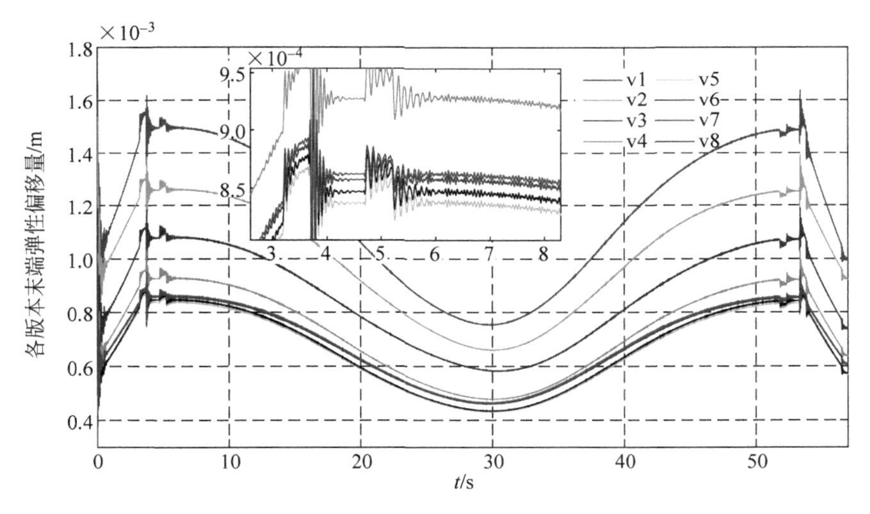

图 3-35 优化前后机器人末端弹性偏移量对比图

综上所述,本节综合考虑了基频、质量、末端弹性位移、应力等方面,对焊接机器人进行优化设计。与初始值相比,基频、末端弹性位移、应力等性能均得到了提高,而且质量没有显著增加,达到了工业机器人性能优化目的。

3.6.5 机器人生产图输出

HJG30 焊接机器人通过转矩及惯量的校核,验证各轴伺服电机及减速器满足性能要求,通过建立三维零件图、装配图,拖动未完全定位的零部件,带动机构进行有限的运动仿真，检测各轴的转角极限及干涉的检查，确定本设计方案合理性，利用 SolidWorks 软件或 CAD 软件建立生产图，打印图样，交付生产。生产图的尺寸精度、装配精度直接影响零件的加工质量、部件的装配质量，影响整机的产品质量。生产图样注意事项如下：

1. 零件图注意事项

传动轴与轴承配合部位除了注明尺寸精度、粗糙度精度外，还要注明形位公差精度。技术要求中注明热处理的要求，如图 3-36 所示。齿轮要注明齿轮的参数、配对齿轮的图纸、图号及齿数，在技术要求中注明热处理方法，节圆处标注圆跳动公差要求，如图 3-37 所示。铸件要求铸造圆角尽量大，尤其是受力部位，防止应力集中，配合面要求位置精度，技术要求中注明探伤、时效处理及非加工面表面处理等。

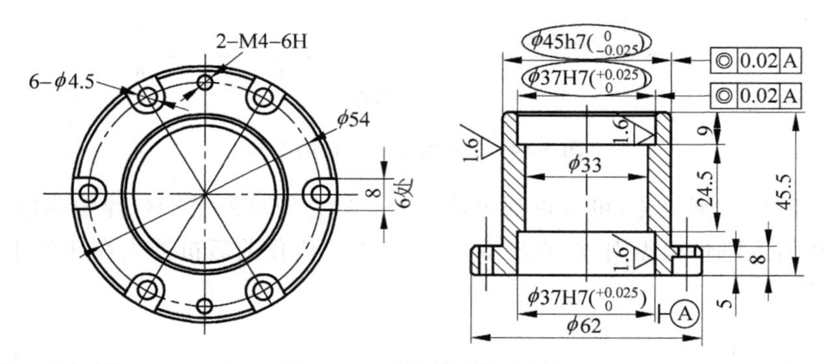

图 3-36 过渡锥齿轮套筒

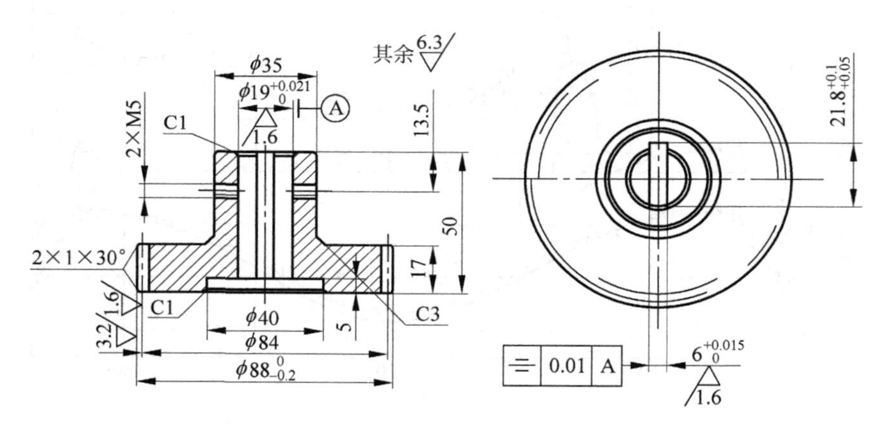

图 3-37 五轴电机齿轮

2. 装配图注意事项

装配图应标注装配图的外形尺寸，重要配合部位标注装配尺寸公差。装配前按照图纸标题栏明细，清点并检查零件是否合格，避免将不合格的零件组装后返修；RV 减速器注满由厂家携带的润滑脂至标识位置；相对运动件要求灵活无卡滞；正式装配时，螺钉连接处涂螺纹紧固剂；伺服电机及减速器连接螺钉用定扭矩扳手拧紧。标题栏明细表中注明选用轴承的精度等级要求，本机器人要求轴承的精度为 P5；伺服电机及 RV 减速器要求注明型号、厂家，便于保证外购件安装尺寸及产品质量。装配总图中还要注明本机主要性能参数及适应环境要求。

3.6.6　机器人零部件加工与装配

1. 机器人机械零部件加工

机器人主要机械零部件包含腰座、大臂及小臂箱体类铸件，J4、J5 及 J6 传动轴，直齿及锥齿齿轮等。加工前，先进行零部件图的分析，确定装配尺寸及关键尺寸精度，选用合理设备加工，确定零件定位基准、装夹及工艺路线。

(1) 腰座零件加工。先振动时效 QT500-7 铸件，不应有裂纹、粘砂、气孔及砂眼等缺陷，采用数控铣床加工工艺基准面，一次装夹，数控加工安装 J1 轴、J2 轴减速器及电机的配合面，保证其同轴度、平行度及垂直位置公差精度(图 3-38)。

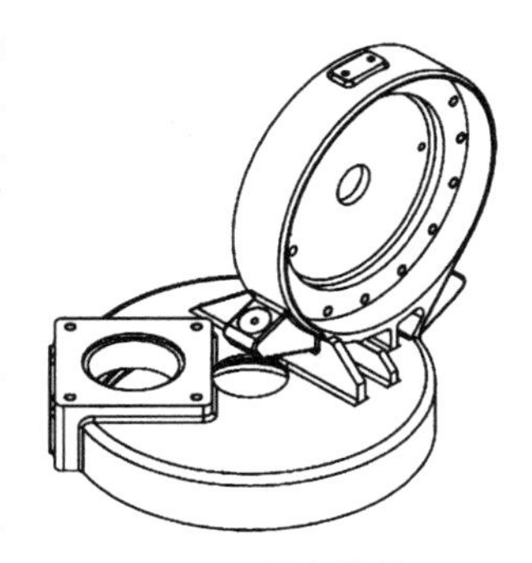

图 3-38　腰座结构图

(2) 大臂零件加工。先加工基准面，以此平面定位装夹，加工安装 J2、J3 轴减速器的配合面，保证其同轴度及两孔轴线的平行度。

(3) 小臂零件加工。先加工面 A，以此为基准面一次定位装夹，采用数控机床加工与 J4 轴减速器配合轴面 B 及 J5 驱动轴配合轴面 C，加工 J5 轴减速器配合面 D 及 J6 轴传动过渡轴配合面 E，保证面 B 与面 C 同轴，面 D 与面 E 同轴，面 B 的轴线与面 D 的轴线垂直且在同一平面内(图 3-39)。

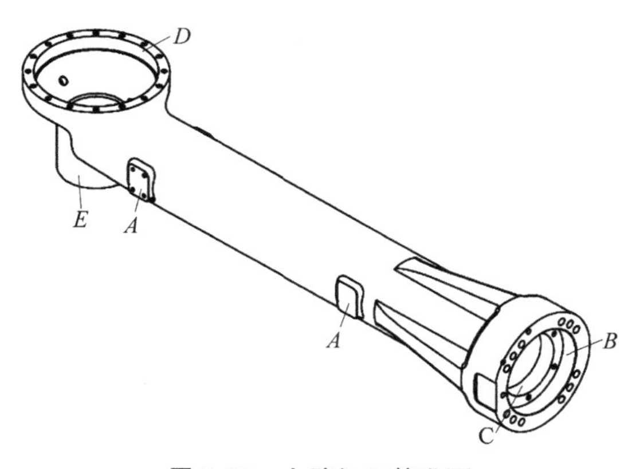

图 3-39　小臂加工基准面

(4) 轴类零件加工。机器人轴类零件材料一般选用 40Cr 或 45 钢，加工前调质热处理 240～265HBS，细长轴加工采用跟刀架或中间支撑装夹，轴的跳动精度应能保证平衡精度不低于 G6.3，安装轴承部位，保证同轴度精度，轴端外花键配合面高频淬火处理 45～50HRC(图 3-40)。

(5) 齿轮零件加工。机器人齿轮零件材料一般选用 20CrMnTi，把材料截断，烧红后模锻，正火，然后把坯料用车床打孔，车毛边，数控车床两道工序完成毛皮的粗加工，用滚齿机、插齿机、铣床等完成制齿、剃齿、拉床拉键槽、打孔攻丝等工序。齿面渗碳淬火、回火、喷丸、磨孔、磨齿等，保证传递运动的准确性、运动的平稳性、载荷分布的均匀性等精度指标，啮合齿轮成对加工检验，确保中心距及啮合精度。

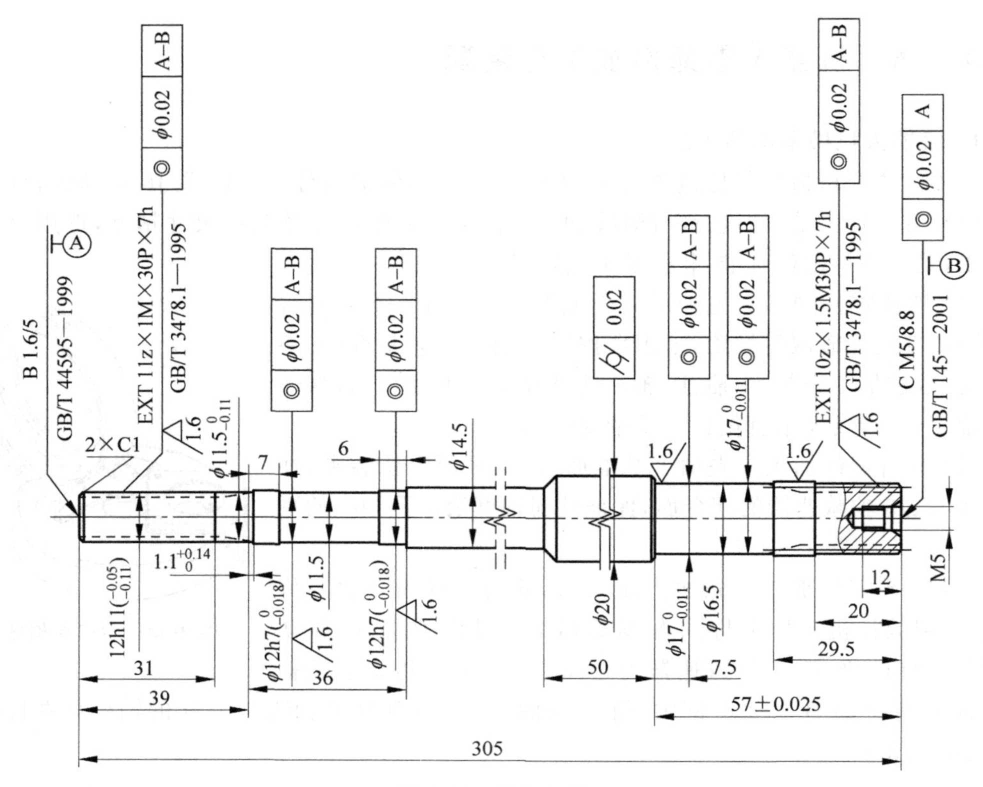

图 3-40 轴加工图

2. 机器人机械零部件装配

参照图 3-23 和图 3-25 简要说明 HJG30 焊接机器人的安装过程。安装前，正确理解图纸，依据序号，依次检查零件加工精度是否符合图纸要求，清点标准件和外购件的型号及数量；遵守装配规范，合理安排装配工序，尽量减少手工操作，提高装配机械化和自动化程度，尽量缩短装配周期；确定合理的装配顺序及装配方向；安装前各 RV 减速器内灌注由厂家携带的润滑脂至注油孔位置；零部件清理干净，尤其是铸件，用和好的面团粘清内表面灰尘及铁屑，防止杂质进入润滑油内，研磨零件表面，产生突然卡滞现象；零件表面不得有磕碰划伤的现象；准备好专用的定扭矩扳手及专业吊装设备等安装工具；准备螺纹密封胶及 RV 润滑油等；安装场地要清洁，无噪声，不潮湿。

(1) 底座及腰转部件的安装。J1 轴减速器在底座上，接触面涂密封胶，注油孔对正，连接螺钉涂螺纹密封胶，用定扭矩扳手均匀上紧螺钉；安装转接盘、腰座及轴承，用密封圈使之密封；安装 J1 轴电机及驱动齿轮组件在腰座上，接触面涂密封胶；安装 J2 轴减速器，用密封圈密封，用定扭矩扳手均匀上紧螺钉；安装 J2 轴电机及驱动花键轴组件，用唇型密封圈密封，防止减速器油泄漏；转动接盘，使腰座旋转，检查无卡滞、无异响，安装完成。

(2) 小臂部件的安装。将 J4 传动轴、轴承、齿轮，J5 传动轴、轴承、齿轮，J6 传动轴、轴承、齿轮依次安装在小臂杆上，边安装边转动，保证转动顺畅无异响；将小臂杆组件安装在三四轴座上，用密封圈密封；安装 J4 轴、J5 轴、J6 轴电机及驱动齿轮组件在三四轴座上，用专用工具转动 J4 传动轴、J5 传动轴、J6 传动轴，检查齿轮啮合正常，无异响，接触面涂密封胶，用定扭矩扳手均匀上紧螺钉；安装 J4 轴减速器在小臂杆上，用专用工具转动减速器转子，检查内外花键啮合正常，密封圈密封，定扭矩扳手均匀上紧螺钉；安装四轴转接盘；安装 J3 轴减速器在三四轴座上，密封圈密封，用定扭矩扳手均匀上紧螺钉；安装 J3 轴电机及驱动花键轴，接触面涂密封胶。

（3）安装大臂在腰座的 J2 轴减速器上，用密封圈密封，用定扭矩扳手均匀上紧螺钉；将大臂转动到理想角度，借助专用吊装设备，将小臂部件的 J3 轴减速器安装在大臂上，用密封圈密封，用定扭矩扳手均匀上紧螺钉。检验小臂杆的轴线与腰座的轴线垂直且在同一平面内。

（4）手腕部件的安装。将 J6 传动轴、锥齿轮、轴承，J5 传动轴、锥齿轮、轴承安装在手腕连接体上；安装 J5 轴减速器及锥齿轮组件在手腕连接体上，用专业工具转动 J5 传动轴，检查 J5 轴锥齿轮啮合正常，可用调整垫调整，使间隙尽量小，运行平稳无噪声；安装手腕在 J5 轴减速器转子上，将其转动合理的角度；安装 J6 过渡轴及轴承在手腕上，利用调整垫调整，专用工具转动 J6 传动轴，检验锥齿轮、直齿轮的啮合正常；安装 J6 轴减速器及锥齿轮组件，专用工具转动 J6 传动轴，检验 J6 轴减速器锥齿轮啮合正常；安装末端法兰。

（5）利用专业吊装设备将手腕部件与小杆臂组在一起，用密封圈密封。检查各运动副运行平稳，无异响后，加注 RV 专业润滑油，压紧注油嘴，防止漏油。整机安装完成。

3.7　工业机器人系统标定及性能测试

3.7.1　工业机器人系统标定

通常，工业机器人的运动学模型是基于理想模型进行分析，机器人的轨迹规划、控制算法则依赖于运动学模型。然而，工业机器人的零部件加工误差、装配误差不可避免，从而基于理想运动学模型设计的运动规划存在着偏差，严重影响了工业机器人的轨迹精度和绝对定位精度。因此，工业机器人的系统标定是实现高精度机器人作业的必要条件。本节对工业机器人的系统标定进行阐述。工业机器人标定具体过程主要为以下 3 步：

（1）通过激光跟踪仪获取不同关节值组对应的末端位置点坐标。

（2）将上述不同关节值代入六轴机器人正运动学中得到机器人理论位置坐标点。

（3）通过迭代的方法不断更新六轴机器人的误差参数，将误差参数代入机器人几何误差模型中，验证理论末端位置与实际末端位置是否契合。若满足要求，则输出最近迭代成功的误差参数。

1. 机器人运动学模型建立

按照 DH 方法建立六轴工业机器人的运动模型：

$$
{}^{0}\boldsymbol{T}_{6}=\begin{bmatrix} n_x & o_x & a_x & p_x \\ n_y & o_y & a_y & p_y \\ n_z & o_z & a_z & p_z \\ 0 & 0 & 0 & 1 \end{bmatrix} \tag{3-4}
$$

由于在机器人标定过程中所获取的机器人末端执行器的位置参数均为安装于机器人末端靶镜的位置参数，因此，在求解机器人末端位置参数时均以靶镜所在位置为末端执行器的参照，故考虑将靶镜在工具坐标系中的位姿参数转移至机器人基坐标系下的位姿矩阵中：

$$^{0}\boldsymbol{T}_B=\begin{bmatrix} n_x & o_x & a_x & p_x \\ n_y & o_y & a_y & p_y \\ n_z & o_z & a_z & p_z \\ 0 & 0 & 0 & 1 \end{bmatrix}{}^{6}\boldsymbol{T}_B \tag{3-5}$$

式中，$^{0}\boldsymbol{T}_B$ 为靶镜位于机器人基坐标系下的末端位姿矩阵；$^{6}\boldsymbol{T}_B$ 为靶镜在机器人工具坐标系中的位姿矩阵。

2. 误差模型的建立——MDH 建模

由于存在加工和装配误差，机器人相邻轴之间会产生微小的夹角，这样会导致两轴公法线的位置产生很大的偏差。如图 3-41 所示，当相邻的平行关节之间轴线存在微小的偏差角 β 时，机器人运动学参数则从 $\theta_i=0, d_i=0, a_i=L, \alpha_i=0$ 突变为 $\theta_i=-90°, d_i=-f, a_i=0, \alpha_i=\beta$。

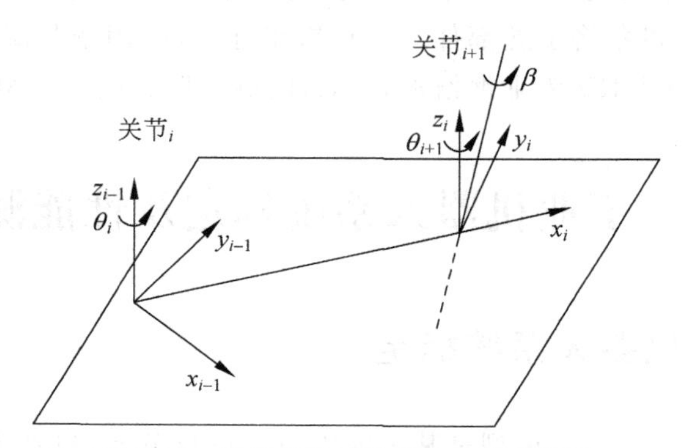

图 3-41 相邻关节轴线平行的变换模型

为了解决 DH 建模过程中的缺陷，采用 MDH 建模的方法对 DH 建模进行改进：通过增加一个绕 y 轴转动的旋转参数 β，使得 z_{i-1} 轴变换到 z_i 轴，该模型的其他定义与 DH 模型相同，当相邻连杆轴线平行时，设定关节偏置 d_i 为 0；当相邻轴线不平行时，设定转角 β_i 为 0。其坐标变化矩阵为

$$^{i-1}\boldsymbol{T}_i=\mathrm{Trans}(0,0,d_i)\mathrm{Rot}(z_{i-1},\theta_i)\mathrm{Rot}(x_{i-1},\alpha_i)\mathrm{Trans}(a_i,0,0)\mathrm{Rot}(y_{i-1},\beta_i)$$

$$=\begin{bmatrix} \cos\beta_i\cos\theta_i-\sin\alpha_i\sin\beta_i\sin\theta_i & -\cos\alpha_i\sin\theta_i & \sin\beta_i\cos\theta_i+\cos\beta_i\sin\alpha_i\sin\theta_i & a_i\cos\theta_i \\ \cos\beta_i\sin\theta_i+\sin\alpha_i\sin\beta_i\cos\theta_i & \cos\alpha_i\cos\theta_i & \sin\beta_i\sin\theta_i-\cos\beta_i\sin\alpha_i\cos\theta_i & a_i\sin\theta_i \\ -\cos\alpha_i\sin\beta_i & \sin\alpha_i & \cos\alpha_i\cos\beta_i & d_i \\ 0 & 0 & 0 & 1 \end{bmatrix} \tag{3-6}$$

由于机器人几何误差的影响，实际齐次变换矩阵为

$$^{i-1}\boldsymbol{T}_i=\mathrm{Trans}(d_i+\Delta d_i)\mathrm{Rot}(\theta_i+\Delta\theta_i)\mathrm{Rot}(\alpha_i+\Delta\alpha_i)\mathrm{Trans}(a_i+\Delta a_i)\mathrm{Rot}(\beta_i+\Delta\beta_i) \tag{3-7}$$

则连杆 i 的误差模型为

$$d({}^{i-1}\boldsymbol{T}_i^N) = {}^{i-1}\boldsymbol{T}_i^R - {}^{i-1}\boldsymbol{T}_i^N = {}^{i-1}\boldsymbol{T}_i^N\boldsymbol{\Delta}_i \tag{3-8}$$

式中，$\boldsymbol{\Delta}_i$ 为微分变换矩阵，根据其运动学可以表示为

$$\boldsymbol{\Delta}_i = \begin{bmatrix} 0 & -\delta z & \delta y & \mathrm{d}x \\ \delta z & 0 & -\delta x & \mathrm{d}y \\ -\delta y & \delta x & 0 & \mathrm{d}z \\ 0 & 0 & 0 & 0 \end{bmatrix} \tag{3-9}$$

考虑到实际过程中几何误差参数均足够小，因此连杆误差模型可以用连杆之间的微分运动学模型来代替，对运动学方程进行全微分，可得

$$d({}^{i-1}\boldsymbol{T}_i^N) = \frac{\partial^{i-1}\boldsymbol{T}_i^N}{\partial\theta_i}\Delta\theta_i + \frac{\partial^{i-1}\boldsymbol{T}_i^N}{\partial\alpha_i}\Delta\alpha_i + \frac{\partial^{i-1}\boldsymbol{T}_i^N}{\partial a_i}\Delta a_i + \frac{\partial^{i-1}\boldsymbol{T}_i^N}{\partial d_i}\Delta d_i + \frac{\partial_i^{i-1}\boldsymbol{T}^N}{\partial\beta_i}\Delta\beta_i \tag{3-10}$$

根据式(3-10)可得$\boldsymbol{\Delta}_i$ 为

$$\begin{aligned}\boldsymbol{\Delta}_i &= {}^{i-1}\boldsymbol{T}_i^{-1}\mathrm{d}({}^{i-1}\boldsymbol{T}_i) \\ &= \begin{bmatrix} 0 & -\Delta\alpha\sin\beta - \Delta\theta\cos\alpha\cos\beta & \Delta\beta + \Delta\theta\sin\alpha & \Delta a\cos\beta - \Delta d\cos\alpha\sin\beta + a\Delta\theta\sin\alpha\sin\beta \\ \Delta\alpha\sin\beta + \Delta\theta\cos\alpha\cos\beta & 0 & -\Delta\alpha\cos\beta + \Delta\theta\cos\alpha\sin\beta & \Delta d\sin\alpha + a\Delta\theta\cos\alpha \\ -\Delta\beta - \Delta\theta\sin\alpha & \Delta\alpha\cos\beta - \Delta\theta\cos\alpha\sin\beta & 0 & \Delta a\sin\beta + \Delta d\cos\alpha\cos\beta - a\Delta\theta\sin\alpha\cos\beta \\ 0 & 0 & 0 & 0 \end{bmatrix}\end{aligned} \tag{3-11}$$

由式(3-11)可得杆件误差的表达式为

$$\boldsymbol{e}_i = \begin{bmatrix} a\sin\alpha\sin\beta & -\cos\alpha\sin\beta & \cos\beta & 0 & 0 \\ a\cos\alpha & \sin\alpha & 0 & 0 & 0 \\ -a\sin\alpha\cos\beta & \cos\alpha\cos\beta & \sin\beta & 0 & 0 \\ -\cos\alpha\sin\beta & 0 & 0 & \cos\beta & 0 \\ \sin\alpha & 0 & 0 & 0 & 1 \\ \cos\alpha\cos\beta & 0 & 0 & \sin\beta & 0 \end{bmatrix}\begin{bmatrix}\Delta\theta \\ \Delta d \\ \Delta a \\ \Delta\alpha \\ \Delta\beta\end{bmatrix} = \boldsymbol{G}_i\Delta\boldsymbol{\theta}_i \tag{3-12}$$

式中，$\boldsymbol{G}_i$ 为误差系数矩阵，所求 $\boldsymbol{e}_i$ 是相对于关节坐标系$\{i\}$产生的误差，为将误差转换到基坐标系中表示，引入了表示机器人关节 i 到机器人末端的齐次变换矩阵${}^i\boldsymbol{U}_6$

$${}^i\boldsymbol{U}_6 = {}^i\boldsymbol{T}_{i+1}\cdots{}^5\boldsymbol{T}_6 = \begin{bmatrix}\boldsymbol{n}_i^u & \boldsymbol{o}_i^u & \boldsymbol{a}_i^u & \boldsymbol{p}_i^u \\ 0 & 0 & 0 & 1\end{bmatrix} \tag{3-13}$$

最后，需要通过微分变换方程将所得误差变换到机器人末端坐标系中，对应的末端位置误差矩阵 $\boldsymbol{H}_i$ 的表达式为

$$\boldsymbol{H}_i = \begin{bmatrix} n_{ix}^u & n_{iy}^u & n_{iz}^u & (\boldsymbol{p}_i^u\times\boldsymbol{n}_i^u)_x & (\boldsymbol{p}_i^u\times\boldsymbol{n}_i^u)_y & (\boldsymbol{p}_i^u\times\boldsymbol{n}_i^u)_z \\ o_{ix}^u & o_{iy}^u & o_{iz}^u & (\boldsymbol{p}_i^u\times\boldsymbol{o}_i^u)_x & (\boldsymbol{p}_i^u\times\boldsymbol{o}_i^u)_y & (\boldsymbol{p}_i^u\times\boldsymbol{o}_i^u)_z \\ a_{ix}^u & a_{iy}^u & a_{iz}^u & (\boldsymbol{p}_i^u\times\boldsymbol{a}_i^u)_x & (\boldsymbol{p}_i^u\times\boldsymbol{a}_i^u)_y & (\boldsymbol{p}_i^u\times\boldsymbol{a}_i^u)_z \end{bmatrix} \tag{3-14}$$

因此，机器人总位置误差可以写成如下形式：

$$e_p = p_v - p = \sum_{i=1}^{6}\boldsymbol{H}_i\boldsymbol{G}_i\Delta\boldsymbol{q}_i \tag{3-15}$$

注：由于焊接机器人中相邻平行关节轴有 2 个(即 2，3 轴)，因此引入绕 y 轴的旋转参数 β_2，对应的辨识参数误差值为

$$\Delta \boldsymbol{q}_i = [\theta_1 \quad d_1 \quad a_1 \quad \alpha_1 \quad \theta_2 \quad d_2 \quad a_2 \quad \alpha_2 \quad \beta_2 \quad \theta_3 \quad d_3 \quad a_3 \quad \alpha_3 \quad \theta_4 \quad d_4 \quad a_4 \quad \alpha_4 \quad \theta_5 \quad d_5 \quad a_5 \quad \alpha_5 \quad \theta_6 \quad d_6 \quad a_6 \quad \alpha_6] \tag{3-16}$$

3. 标定算法

根据上述求解思路，编译标定算法流程如图 3-42 所示。

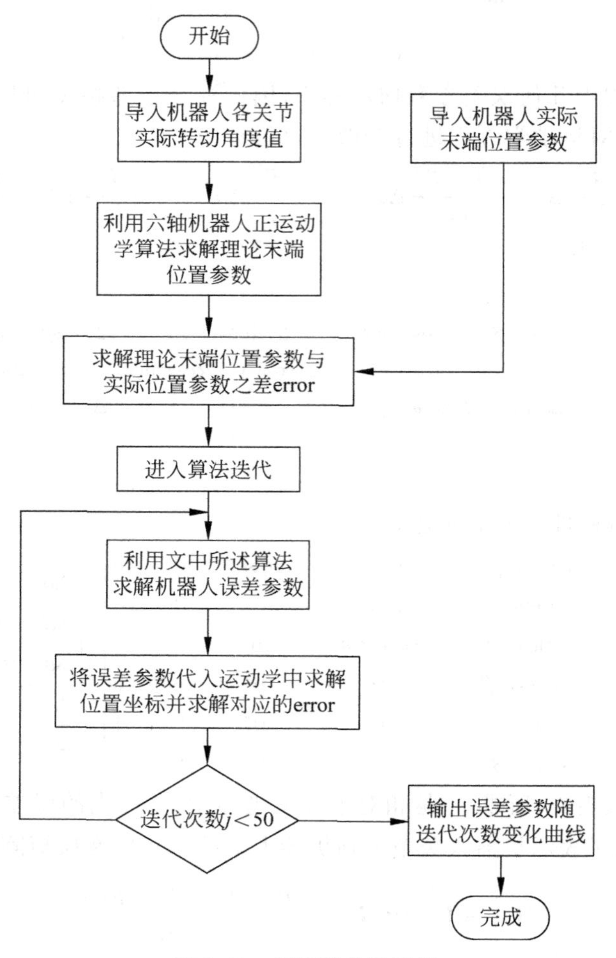

图 3-42 标定算法流程图

4. 机器人标定点标定过程

这里以 HJG30 焊接机器人为例，利用激光跟踪仪对机器人标定点进行标定的过程如下：

1）基坐标系的标定

(1) 首先让机器人各轴回归零位，令机器人绕 1 轴旋转角度(值在 100°～120°之间)，在旋转过程中一次记录末端位置点，由末端位置点构成的弧线即可确定机器人基坐标系的 z 轴。

(2) 再次回归零位，切换示教器为笛卡尔控制状态。令机器人末端沿 x 轴平移一段距离并记录平移过程中的点，用以确定 x 轴。

(3) 在机器人基坐标系坐标原点所在平面内(该平面平行于基坐标系 x-y,也可平行于 x-z、y-z)选取多点并记录,用以确定坐标系的原点坐标。

2) 机器人末端位姿点的标定

为了能够较为全面地对机器人关节连杆参数进行标定,对机器人末端位姿点的选取需要尽可能覆盖机器人的工作空间,故遵循以下原则:

(1) 沿 y 轴:选取−400,200,200,400;

(2) 沿 x 轴:选取 17,117,217,317,417;

(3) 沿 z 轴:选取−1050,−900,−750,−600,−400。

标定点记录完成后在激光跟踪仪配套的软件中构造基坐标系并输出在基坐标系下的各位姿点参数,如图 3-43 所示。

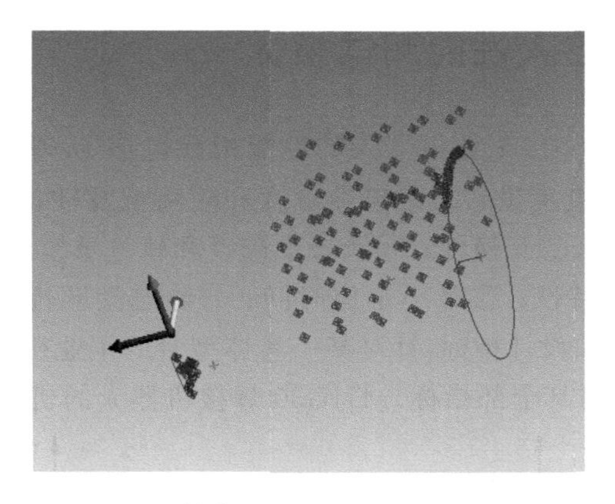

图 3-43 基坐标系下的位姿参数设置图

5. 误差参数迭代变化曲线

选取激光跟踪仪测得的 60 个标定点,利用上述算法对机器人 60 个位姿点进行算法迭代优化,得到误差参数变化曲线如图 3-44 所示。

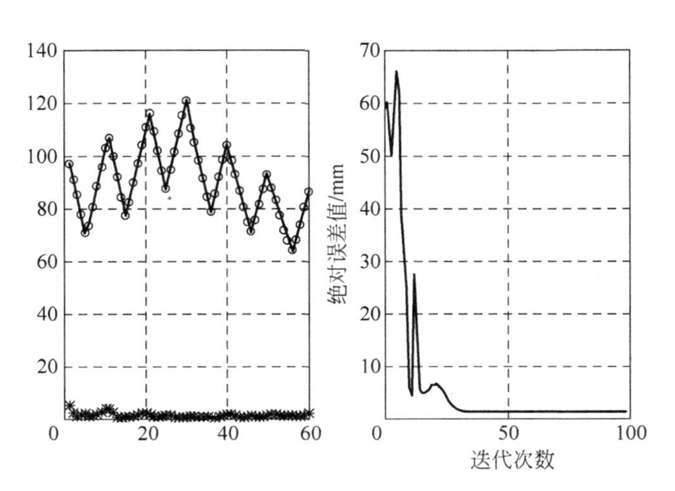

图 3-44 误差参数迭代变化曲线图

这样，可得到机器人各连杆参数修正误差与零点误差，见表 3-17。

表 3-17　机器人连杆误差修正参数

连　杆	$\Delta\theta/(°)$	Δd/mm	Δa/mm	$\Delta\alpha/(°)$	$\Delta\beta/(°)$
1	−0.1086	19.5851	15.9690	−0.0186	0
2	0.0326	−1.7401	−11.8971	−0.0011	0.0166
3	0.0002	−1.9273	−0.5473	0.0304	0
4	0.0188	−1.8615	−9.3713	−0.0382	0
5	−0.0775	−2.9293	−1.5761	−0.0150	0
6	2.1986	24.4850	−2.9410	−1.4714	0

3.7.2　工业机器人性能测试指标

根据 GB/T 12642—2001，工业机器人的性能指标包括 14 项：①位姿准确度和位姿重复性；②多方向位姿准确度变动；③距离准确度和距离重复性；④位置稳定时间；⑤位置超调量；⑥位姿特性漂移；⑦互换性；⑧轨迹准确度和轨迹重复性；⑨重定向轨迹准确度；⑩拐角偏差；⑪轨迹速度特性；⑫最小定位时间；⑬静态柔顺性；⑭摆动偏差。该标准确定了工业机器人的所有相关设计指标，针对某一具体型号的工业机器人应选择上述指标的相关项目进行测试，并非要测其全部指标。HJG30 焊接机器人的机构简图如图 3-45 所示。

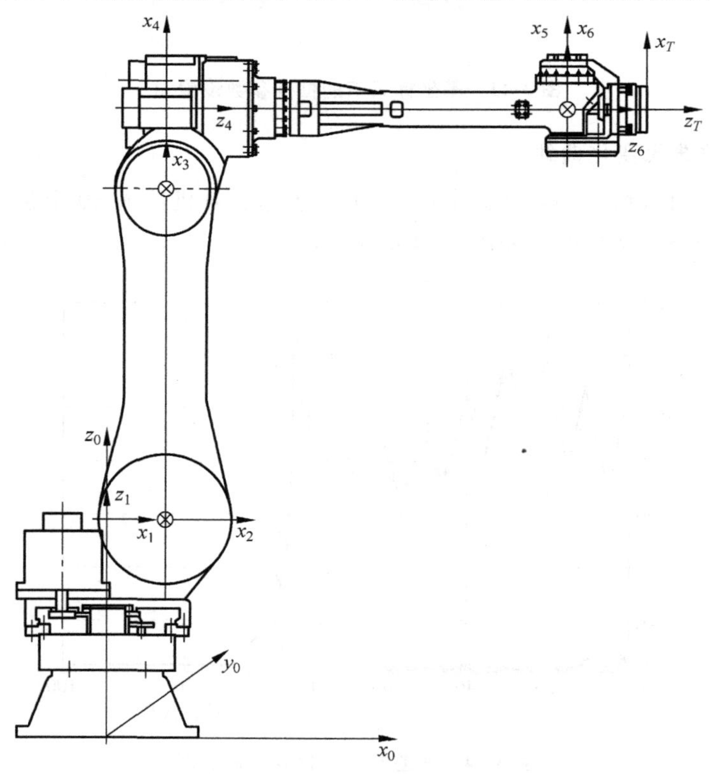

图 3-45　机器人机构简图及运动坐标系

图 3-45 中，(x_0, y_0, z_0)为基础坐标系，建立在机器人的底部安装本体上；$(x_i, y_i, z_i)_{i=1,2,\cdots,6}$为机器人相应各关节坐标系，分别建立在各个关节处；$(x_T, y_T, z_T)$为工具坐标系，建立在机器人的末端法兰盘上。

工业机器人包括搬运、焊接、涂胶和浇注等机器人，结构形式包括串联和并联，工作负载涵盖了小负载至重负载的一系列机器人。在机器人设计过程中采用"设计→试验→优化"方法，能提高工业机器人的设计水平，典型的检测工作包括以下几个方面：

1. 关节运动范围

单轴工作范围由机械部分保证，在建立机器人坐标系后各关节的转动范围可以在关节坐标系下测试得到。

测试方法：在机器人按以上坐标标定好零位以后，分别运动各轴在正反两个方向上到达极限位置，记录机器人的运动范围，重复测试 10 次，以 10 次所测结果的平均值作为测试结果，然后整理数据点给出报告。

2. 单轴额定速度

各轴的最大速度由电机的最大转速及各轴减速比保证，各轴减速比由机械部分保证。由于减速比固定，所以各关节轴的速度指标可以通过测试各轴电机转速得到。

测试方法：在额定负载条件下，使被测关节进入稳定工作状态。令机器人被测关节以最大速度作大范围的运动，然后采用驱动器中自带的软件记录各轴的最大运动速度值，或者采用激光跟踪仪，测量设置在机器人各关节的标志点的运动速度。重复测试 10 次，以 10 次所测结果的平均值作为测试结果，然后整理数据点给出报告。

3. 位置准确度

位置准确度是指令位姿的位置与实到位置集群中心之差，表示为 AP_p。

测试方法：以激光跟踪仪为测试工具，给定工业机器人一个指令位置 P_c 点。启动机器人，使其在额定负载条件下进入稳定工作状态。驱动机器人末端点到达 P_c 点，并停留一定时间，测出实到位置数据。重复上述步骤 30 次。

$$\mathrm{AP}_p = \sqrt{(\bar{x}-x_c)^2+(\bar{y}-y_c)^2+(\bar{z}-z_c)^2}$$

$$\bar{x}=\frac{1}{n}\sum_{j=1}^{n}x_j,\quad \bar{y}=\frac{1}{n}\sum_{j=1}^{n}y_j,\quad \bar{z}=\frac{1}{n}\sum_{j=1}^{n}z_j$$

$\bar{x}$、$\bar{y}$、$\bar{z}$ 是重复响应同一指令位置后，所得点的位置集中心坐标；x_j、y_j、z_j 是第 j 次实到位置的位置坐标；x_c、y_c、z_c 是机器人指令位置坐标。

4. 位置特性漂移

位置特性漂移是指在指定时间内位置准确度的变化。

测试方法：以激光跟踪仪为测试工具，给定工业机器人一个指令位置 P_c 点。启动机器人，测量时间 T_1 和时间 T_2 的位置准确度，重复上述步骤 30 次，报告中取其最大值。

$$\mathrm{dAP}_p = |\mathrm{AP}_{t=1} - \mathrm{AP}_{t=2}|$$

5. 重复定位精度

重复定位精度是机器人的一项重要指标，在机器人设计时应根据机械结构、装配精度、控制精度和位置传感器分辨率确定机器人的重复定位精度。

测试方法：以激光跟踪仪为测试工具，机器人工作空间最大包容正方体对棱斜平面上 5

个点(P_1,P_2,P_3,P_4,P_5)作为指令设定位置点。启动机器人,使其在额定负载条件下进入稳定工作状态。按 $P_1 \rightarrow P_2 \rightarrow P_3 \rightarrow P_4 \rightarrow P_5 \rightarrow P_1$ 的顺序,驱动机器人末端点到达以上各点。分别在上述各点停留一定时间,测出实到位置数据。重复上述步骤 30 次,计算位置重复性。

测试点的选择:在被选择的测试平面对角线上设置 5 个测试点,指令位置相应地设在这 5 个点上。P_1 点是对角线交点和正方体中心,$P_2 \sim P_5$ 点距对角线端点的距离为对角线长度 L 的 $10\% \pm 2\%$。对角线平面及测试点分布如图 3-46 所示。经过对机器人末端工作空间搜索,可得末端工作空间最大内截正方体上顶点坐标,其中和测试点相关的顶点坐标为 C_1、C_2、C_7、C_8。测试点在如图 3-45 所示坐标系 0 下进行,测试点坐标分别为 P_1、P_2、P_3、P_4、P_5,并给定姿态角,测试过程中姿态角不发生变化。

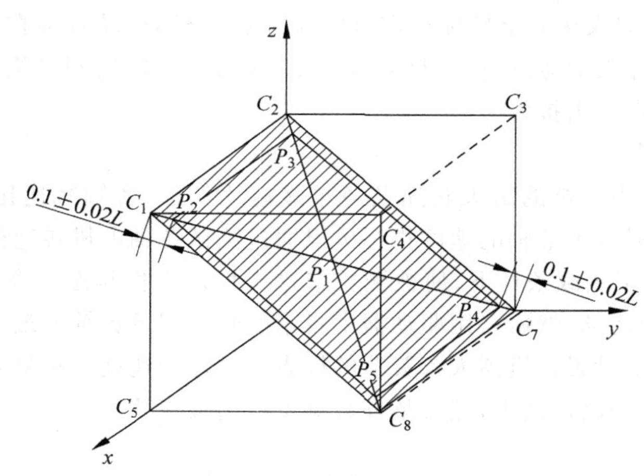

图 3-46 重复精度测试点

位置重复精度的计算:

由每一个测试点 P_1、P_2、P_3、P_4、P_5 所测得的实际位置构成各点的位置集,然后由此位置集构造一个包络所有数据的外截球,如图 3-47 所示。球心半径 R 表示了末端的重复位置精度。球心位于位置集中心,计算过程如下:

$$R = \overline{D} + 3S_D$$

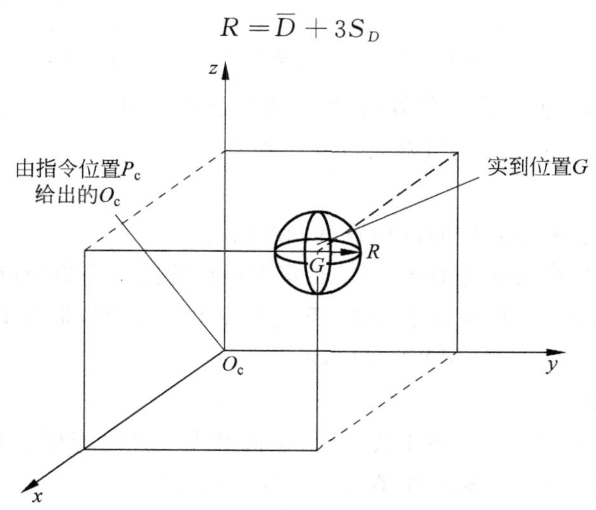

图 3-47 位置重复性测试

式中，$\bar{D}=\frac{1}{n}\sum_{j=1}^{n}D_j$，$D_j=\sqrt{(x_j-\bar{x})^2+(y_j-\bar{y})^2+(z_j-\bar{z})^2}$，$S_D=\sqrt{\frac{\sum_{j=1}^{n}(D_j-\bar{D})^2}{n-1}}$，$\bar{x}=\frac{1}{n}\sum_{j=1}^{n}x_j$，$\bar{y}=\frac{1}{n}\sum_{j=1}^{n}y_j$，$\bar{z}=\frac{1}{n}\sum_{j=1}^{n}z_j$。其中，$\bar{x}$、$\bar{y}$、$\bar{z}$ 是重复响应同一指令位置后，所得点的位置集中心坐标；x_j、y_j、z_j 是第 j 次实到位置的位置坐标。

6. 复合运动速度

复合运动速度是指机器人在圆弧运动和直线运动时的最大运行速度，由机器人结构尺寸和单轴运动速度决定。

测试方法：以激光跟踪仪为测试工具，在机器人的工作空间内选择最长一条空间直线 P_1P_2，启动机器人，使其在额定负载条件下进入稳定工作状态。驱动机器人在两点之间循环运动 30 次，并记录两点之间的运行时间，根据距离和时间计算运动速度。取 30 次的平均速度衡量机器人的复合运动速度。

7. 轨迹准确度

轨迹准确度表示机器人在同一方向上沿指令轨迹移动 n 次，指令轨迹的位置与各实到轨迹位置集群的中心线之间的偏差(图 3-48)。位置轨迹准确度 AT_p 定义为指令轨迹上一些(m 个)计算点的位置与 n 次测量的集群中心 G_i 间的距离的最大值。位置轨迹准确度由下式计算：

$$AT_p=\max\sqrt{(\bar{x}_i-x_{ci})^2+(\bar{y}_i-y_{ci})^2+(\bar{z}_i-z_{ci})^2},\quad i=1,2,\cdots,m$$

式中，$\bar{x}_i=\frac{1}{n}\sum_{j=1}^{m}x_{ij}$，$\bar{y}_i=\frac{1}{n}\sum_{j=1}^{m}y_{ij}$，$\bar{z}_i=\frac{1}{n}\sum_{j=1}^{m}z_{ij}$，$x_{ci}$，$y_{ci}$，$z_{ci}$ 是在指令轨迹上第 i 点的坐标，x_{ij}，y_{ij}，z_{ij} 是第 j 条实到轨迹与第 i 个正交平面交点的坐标。

测量方法：以激光跟踪仪为测试工具，在机器人的工作空间内选择一条空间曲线 P_1P_2，启动机器人，使其在额定负载条件下进入稳定工作状态。驱动机器人在两点之间循环运动 30 次，按照上述公式计算机器人轨迹准确度。

8. 轨迹重复精度

轨迹重复精度表示机器人对同一指令轨迹重复 n 次时，实到轨迹的一致程度。对某一给定轨迹跟踪 n 次，轨迹重复精度可表示为 RT_p，即在正交平面内且圆心在集群中心线上圆的半径 RT_{pi} 的最大值(图 3-48)。轨迹重复精度由下式计算：

$$RT_p=\max RT_{pi}=\max[\bar{l}_i+3S_{li}],\quad i=1,2,\cdots,m$$

式中，$\bar{l}_i=\frac{1}{n}\sum_{j=1}^{n}l_{ij}$，$S_{li}=\sqrt{\frac{\sum_{j=1}^{n}(l_{ij}-\bar{l}_i)^2}{n-1}}$，$l_{ij}=\sqrt{(x_{ij}-\bar{x}_i)^2+(y_{ij}-\bar{y}_i)^2+(z_{ij}-\bar{z}_i)^2}$，$\bar{x}_i=\frac{1}{n}\sum_{j=1}^{n}x_{ij}$，$\bar{y}_i=\frac{1}{n}\sum_{j=1}^{n}y_{ij}$，$\bar{z}_i=\frac{1}{n}\sum_{j=1}^{n}z_{ij}$，$x_{ci}$，$y_{ci}$，$z_{ci}$ 是指令轨迹上第 i 点的坐标。x_{ij}，y_{ij}，z_{ij} 是第 j 条实到轨迹与第 i 正交平面交点的坐标。

测量方法：以激光跟踪仪为测试工具，与轨迹准确度相同的步骤来测量。

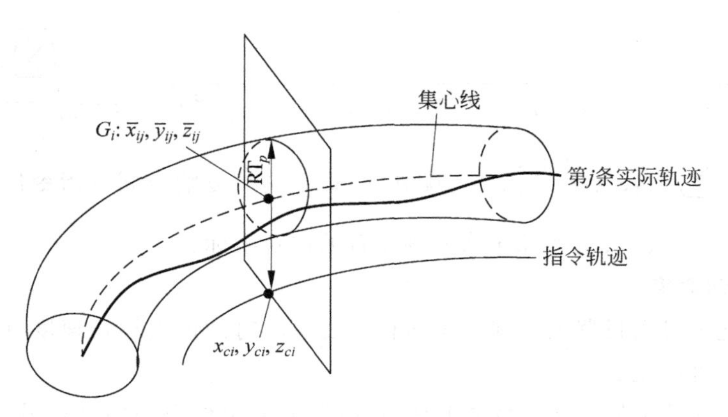

图 3-48 轨迹准确度和重复性

9. 运行可靠性

机器人运行可靠性受机械结构、零部件性能、电气部件性能和控制算法等因素影响，也是工业机器人在工业现场应用的重要考核指标。

测试方法：机器人带动额定负载，编制机器人在其工作空间内的一组最大运动路径。开启机器人进行不间断运行，测量机器人的无故障工作时间，并记录运行过程中的故障，形成运行日志报告。

3.7.3 工业机器人性能测试举例

本节以图 3-23 所示的焊接机器人为例，对工业机器人的检测指标进行详细阐述。由于检测工具的限制，主要对指标的第 1 项（关节运动范围）、第 2 项（单轴运动速度）、第 5 项（位置重复精度）和第 8 项（轨迹重复精度）进行检测，这 4 个指标也是机器人最重要的性能指标。

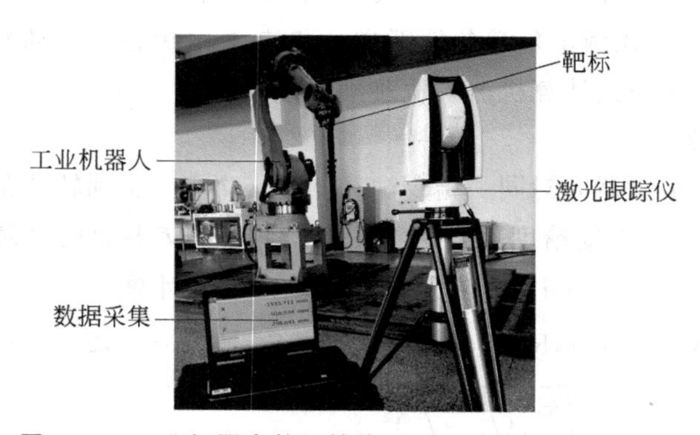

图 3-49 工业机器人整机性能测试现场及数据采集系统

测试是在机器人零位标定以后，各项性能调试基本结束后进行。目的是测试机器人的各项关键性能指标是否满足设计要求，对设计中的性能指标在实施过程中变动的部分给出相应的解释说明，并对机器人的整体性能给出评价。测试将根据 GB/T 12645—90——工业机器人性能测试方法进行。

此次测试是在标准安装方式、正常环境条件下进行，具体条件如下：

测量负载：机器人设计额定负载；

测量速度：基准速度（能达到的最大速度）；

测量仪器：激光跟踪仪及其附件、笔记本电脑、末端工具等。

1. 单轴工作范围测试

1）设计指标

单轴工作范围由机械部分保证，在建立机器人坐标系后各关节的转动范围可以在工具坐标系下测试得到。各轴的设计参数如表 3-18 所示，其对应的坐标系如图 3-45 所示。

表 3-18　各轴设计工作范围

轴号	1	2	3	4	5	6
正最大运动角度/(°)	180	135	80	360	115	360
负最大运动角度/(°)	−180	−90	−210	−360	−115	−360

注：各轴以图 3-45 所示姿态为零位，具体运动方向正负由绕各坐标系所在 z 轴正方向按右手法则确定

2）测试方法

在机器人按以上坐标标定好零位以后，分别运动各轴在正反两个方向上到达极限位置，记录机器人的运动范围，重复测试 10 次，以 10 次所测结果的平均值作为测试结果，然后整理数据点给出报告。

3）测试结果

按以上说明，对各关节最大实际运动范围进行测试，所得结果如表 3-19 所示。从测试结果可以看出，机器人 6 个关节的运动范围要大于机器人的设计指标，为机器人的控制提供了一定的冗余量。

表 3-19　各轴工作范围测试结果

轴号	1	2	3	4	5	6
正最大运动角度/(°)	360	155	85	360	150	720
负最大运动角度/(°)	−360	−90	−225	−360	−150	−720

注：各轴以图 3-45 所示姿态为零位，具体运动方向正负由绕各坐标系所在 z 轴正方向按右手法则确定

2. 单轴速度测试

1）设计指标

机器人各轴的最大速度由电机的最大转速及各轴的减速比确定，各轴的减速比由机械部分保证，各轴减速比如表 3-20 所示。由于减速比固定，所以各关节轴的速度指标可以通过测试各轴电机的转速得到。

表 3-20　各关节减速比

轴号	J1	J2	J3	J4	J5	J6
减速比	98.5	118.5	111	51.7	94.5	62.9

应当注意，机器人电机选定以后，虽然其理论最大速度可计算得到，但没有考虑机器人本体和控制特性。机器人在实际运行过程中要考虑负载特性、工作的空间位置和姿态、动作稳定性和柔顺性等因素，因此机器人的电机速度不可能达到其理论最大值。

根据关节最大速度，可以确定各轴电机的设计最大转速。关节设计最大速度与电机最大速度如表 3-21 所示。

表 3-21 各关节及电机设计最大速度

轴号	J1	J2	J3	J4	J5	J6
最大速度/((°)/s)	150	125	135	230	230	320
设计电机最大转速/(r/min)	2462.5	2468.75	2497.5	1981.8	3622.5	3354.67

2）测试方法

根据设计要求对以上速度指标进行测试，具体测试方法为：在额定负载条件下，使被测关节进入稳定工作状态。令机器人被测关节以最大速度作大范围的运动，然后采用驱动器中自带的软件记录各轴的最大运动速度值。重复测试 10 次，以 10 次所测结果的平均值作为测试结果，然后整理数据点给出报告。

3）测试结果

各轴转速在以上说明条件下测试完成，测试结果如表 3-22 所示。

表 3-22 各关节速度测试结果

轴号	J1	J2	J3	J4	J5	J6
最大转速/(r/min)	2800	2600	2650	3000	3800	3900

3. 位置重复精度测试

1）设计指标

重复定位精度是机器人的一项重要指标，设计时指标要求的重复定位精度为±0.05mm。

2）测试方法

以机器人工作空间最大包容正方体对棱斜平面上 5 个点(P_1，P_2，P_3，P_4，P_5)作为指令设定位置点(图 3-46)。启动机器人，使其在额定负载条件下进入稳定工作状态。按 $P_1 \rightarrow P_2 \rightarrow P_3 \rightarrow P_4 \rightarrow P_5 \rightarrow P_1$ 的顺序，驱动机器人末端点到达以上各点。分别在上述各点停留一定时间，测出实到位置数据。重复上述步骤 30 次，计算位置重复性。

测试点的选择：

在被选择的测试平面对角线上设置 5 个测试点，指令位置相应地设在这 5 个点上。P_1 点是对角线交点和正方体中心，$P_2 \sim P_5$ 点距对角线端点的距离为对角线长度 L 的 10%±2%。对角线平面及测试点分布如图 3-46 所示。经过对机器人末端工作空间的搜索，可得末端工作空间最大内截正方体上顶点坐标，其中和测试点相关的顶点坐标为：C_1(1888.9，−260，1072.46)、C_2(1368.9，−260，1072.46)、C_7(1368.9，260，552.46)、C_8(1888.9，260，552.46)。测试点在如图 3-45 所示坐标系 0 下进行，测试点坐标分别为：P_1(2461.02，−569.5，−180.45)、P_2(2282.01，−946.14，115.76)、P_3(2074.98，−394.11，108.2)、P_4(2635.3，−189.6，−484.2)、P_5(2845.2，−744.8，−472.7)，给定姿态角为(0，−37，180)，

测试过程中姿态角不发生变化。

3）测试结果

按以上方法进行测试，示教机器人到以上 5 个点逐点进行 30 次测量，具体测量结果如表 3-23 所示。

表 3-23 位置重复精度测试结果

特性	测试点				
	P_1	P_2	P_3	P_4	P_5
$\overline{D}$/mm	0.0124	0.0096	0.0073	0.0106	0.0100
S_D/mm	0.0065	0.0047	0.0054	0.0044	0.0047
重复精度 R/mm	0.0319	0.0237	0.0235	0.0237	0.0242

4. 轨迹重复精度测试

1）设计指标

轨迹重复精度是机器人进行轨迹运动的一项重要指标，设计时指标要求的轨迹重复精度为 0.1mm。

2）测试方法

以机器人工作空间最大包容正方体对棱斜平面上 5 个点（P_1，P_2，P_3，P_4，P_5）作为指令设定位置点（图 3-46）。启动机器人，使其在额定负载条件下进入稳定工作状态。通过示教使机器人完成 $P_2 \rightarrow P_3$，$P_3 \rightarrow P_4$，$P_4 \rightarrow P_5$ 和 $P_5 \rightarrow P_2$ 之间的直线运动，运动速度设定分别为 1m/s 和 2m/s。分别在上述各点停留一定时间，测出机器人在各个轨迹上的实到位置数据。重复上述步骤 30 次，计算轨迹重复性。

3）测试结果

按以上方法进行测试，示教机器人到以上 4 个点之间进行直线运动，测量 30 次，具体测量结果如表 3-24 所示。

表 3-24 轨迹重复精度测试结果

特性	测试点			
	$P_2 \rightarrow P_3$	$P_3 \rightarrow P_4$	$P_4 \rightarrow P_5$	$P_5 \rightarrow P_2$
RT_p(1m/s)/mm	0.82	0.79	0.88	0.75
RT_p(2m/s)/mm	0.97	0.89	0.98	0.92

从表 3-24 数据可知，机器人在最大轨迹速度 2m/s 的情况下，各测试轨迹机器人重复定位精度在 0.75～0.98mm 范围内，取最大值 0.98mm 作为机器人重复定位精度指标，满足轨迹重复定位精度设计要求。

3.8 小结

本章对工业机器人的机械系统进行了分析，包括机器人本体的总体结构、关节形式、材料选择、传动机构和机构优化等内容。以典型的工业机器人为例对机械系统设计、部件选型等过程进行了详细阐述，包括对机器人的机械系统安装、零件强度分析、本体结构优化等。

同时还介绍了机器人的维护方法，最后本节对工业机器人的系统标定、性能指标及测试方法进行了介绍，并结合焊接机器人性能检测例子给出测量结果。

习　题

1. 工业机器人系统构成包括哪几部分？请简述其功能及特点。

2. 请描述工业机器人执行系统的构成及其主要功能。

3. 在机器人的齿轮传动中，RV 和谐波减速器是最常用的传动机构，请分别叙述其传动原理和特点。

4. 工业机器人设计过程中为什么需要对其进行结构优化？机器人优化的形式有哪几类？常用的工业机器人优化指标有哪些？请简述机器人的优化算法。

5. 请简述工业机器人的设计流程，工业机器人设计装配图应该注意的事项。

6. 工业机器人的系统标定是实现高精度机器人作业的必要条件，请叙述工业机器人标定的具体过程。

7. 工业机器人性能测试指标有哪些？

8. 请简述工业机器人的重复定位精度、轨迹准确度指标的测量原理和方法。

参考文献

[1] 宗光华，程君实. 机器人技术手册[M]. 北京：科学出版社，2007：939-942.

[2] 李瑞峰，于殿勇. 轻型机器人本体设计与开发[J]. 机器人(增刊)，2000，22(7)：636-640.

[3] 于殿勇，李瑞峰. 120kg 负载工业机器人的开发[J]. 高技术通信，2002，12(6)：79-82.

[4] 朱同波，蔡凡，等. 工业机器人结构设计[J]. 机电产品开发与创新，2012，25(6)：13-15.

[5] 管贻生，邓休，等. 工业机器人的结构分析与优化[J]. 华南理工大学学报，2013，41(9)：126-131.

[6] 徐会正，金晓龙. 工业机器人手腕结构概述[J]. 工程与试验，2015，3：45-48.

[7] 屈岳陵. 直线导轨的原理与发展[J]. 现代制造，2003，20：40-42.

[8] 朱临宇. RV 减速器综合性能实验与仿真[D]. 天津：天津大学，2013：1-3.

[9] 李克美. 谐波传动的原理特点及应用[J]. 设备与技术，2006，8：29-30.

[10] 梁锡昌. 珠绳传动的研究[J]. 机械传动，2010，34(4)：13-16.

[11] 魏禹. 跳跃机器人带传动系统的建模及仿真分析[J]. 应用科技，2013，40(2)：53-58

[12] 许立新. 滚子链传动系统动力学理论与实验研究[D]. 天津：天津大学，2010：3-12.

[13] 方旭. 基于绳驱动的机械臂创新设计与研究[D]. 青岛：中国海洋大学，2014：3-6.

[14] 王航，祁行行. 工业机器人动力学建模与联合仿真[J]. 制造业自动化，2014，36(9)：73-76.

[15] 赵欣翔. 考虑关节柔性的重载工业机器人结构优化研究[D]. 哈尔滨：哈尔滨工业大学，2013：2-6.

[16] 仝勋伟. 码垛机器人动态特性分析及其优化[D]. 哈尔滨：哈尔滨工业大学，2014：2-6.

[17] 丁凯. 6R 型串联弧焊机器人结构优化及其控制研究[D]. 哈尔滨：哈尔滨工业大学，2011：2-6.

[18] 陈健. 面向动态性能的工业机器人控制技术研究[D]. 哈尔滨：哈尔滨工业大学，2015：34-50.

[19] 柳贺，李勋，刘蕾. 工业机器人可靠性设计与测试研究[J]. 中国新技术新产品，2014，7：9-10.

[20] 袁静，林远长，等. 工业机器人检测系统研究[J]. 计量与测试技术，2015，42(6)：3-4.

[21] 徐昌军. 基于 MDH 模型的工业机器人运动学标定技术的研究 [D]. 哈尔滨：哈尔滨工业大学，2017：32-38.

第 4 章

工业机器人驱动与控制

工业机器人在机械本体设计完成之后，驱动与控制系统是本体设计的后续设计和研究内容，也是机器人系统的重要组成部分。

其中，驱动器如同人身上的肌肉，是机器人结构中的重要环节，因此驱动器的选择和设计在研发机器人时至关重要。常见的驱动器主要有电驱动器、液压驱动器和气压驱动器。随着技术的发展，现在涌现出许多新型驱动器，如压电元件、超声波电机、形状记忆元件、橡胶驱动器、静电驱动器、氢气吸留合金驱动器、磁流体驱动器、ER 流体驱动器、高分子驱动器和光学驱动器等。

而控制器则是机器人的大脑，工作中向机器人驱动器发送指令，包括脉冲信号、电压和电流，使驱动器带动机器人各关节的执行机构，从而完成机器人的运动控制。控制器承担着机器人系统的控制算法、逻辑控制、运动规划、信号采集和处理等功能，是实现机器人功能的核心和最重要部分。

本章将对工业机器人的驱动系统和控制系统进行介绍，包括常见的驱动器及其特点，控制系统理论及其工程实现。

4.1 工业机器人驱动系统

工业机器人驱动系统又称随动系统，主要任务是按照控制命令对控制信号进行放大、转换调控等处理，最终将给定指令变成期望的机构运动。工业机器人驱动按动力源分为液压、气动和电动三大类。根据需要也可由这 3 种基本类型组合成复合式的驱动系统。这 3 类基本驱动系统有各自的特点。

4.1.1 电机驱动器

电机驱动器是主要用来实现旋转运动的驱动器，这类驱动系统在机器人中被大量选用，不需能量转换，使用方便，控制灵活，相对于其他机器人驱动优点比较突出。比较常见的电机驱动器有步进电机、直流伺服电机、交流伺服电机等，下面根据它们的特点进行说明。

1. 步进电机驱动

图 4-1 给出了步进电机的使用方法。在控制电路中，给电机输入一个脉冲，电机轴仅旋转一定的角度，称为“一个步长的转动”。这个旋转角的理论值称为步距角。因此，步进电机

轴按照与脉冲频率成正比的速度旋转。当输入脉冲停止时,电机轴在最后的脉冲位置处停止,并产生对于外力的一个反作用力。因此,步进电机的控制较为简单,适用于开环回路驱动器。

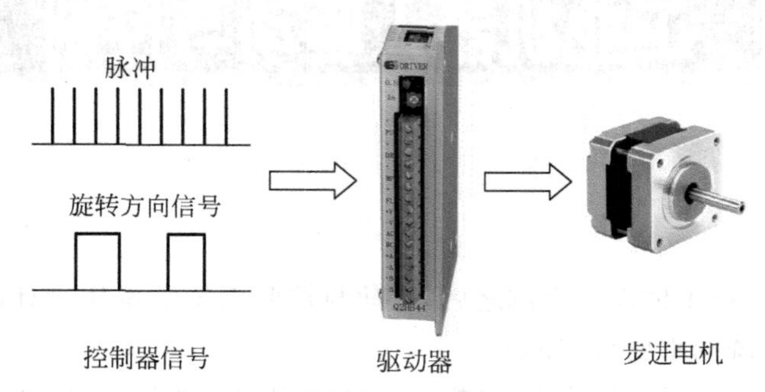

图 4-1 步进电机的使用方法

1) 步进电机的驱动方法

如果要将步进电机应用于机器人,则目前已经有几种比较成熟的控制和驱动方法。

(1) 定电压驱动方法:该方法是将施加在绕组上的电压固定。在这个方法的前提下,提高脉冲频率,电机就产生高速转动,减小电流,转矩就减小。

(2) 定电流驱动方法:该方法是固定电流或让电流按照指令值发生变化。此时速度加快,外加电压也自动增高,由于电流保持不变,所以不易引起转矩的减小。因此,这种驱动方式适用于高速运转。

(3) 单相励磁和二相励磁:步进电机转动原理是针对 A 相或 B 相中的一相励磁的方法。但是实际上,这会引起低频电气振动,尤其是共用壳体的凸极型步进电机在单相励磁状态下运转时,步距角的偏差很大,因此通常采用二相励磁运转方式,即始终对 A 相、B 相同时励磁,通过控制励磁极性的组合顺序产生旋转运动。

2) 步进电机的基本特性

(1) 平衡点与制动位置:被励磁的电机在无载荷时停止的位置称为平衡点或稳定点,无励磁时停止的位置称为制动位置。

(2) 步距角误差:当让转子一步步转动从某一个平衡点到达相邻平衡点时,实际转动角度与步距角的位置误差的最大值。

(3) 静止角度误差:从某一个基准点所观察到的所有稳定点,与理论稳定点(步距角的整数倍)偏差的最大值。

(4) 保持力与停止转矩:给处于励磁状态的电机施加外力,将外力徐徐增大,当超过反力极限后,电机轴就会转动。这个极限值随绕组相数的不同而不同,其最小值就是保持力(也称为最大静止转矩),它与励磁电流有关。另外,在无励磁状态下,仅靠永久磁铁的磁力稳固位置的极限值称为停止转矩。

(5) 步进电机加减速运转:步进电机从静止状态直接用高频脉冲启动比较困难,为了使它能高速运转,如图 4-2 所示,可以通过调整脉冲间隔达到加速、等速、减速运转的目的。

图 4-2 调整脉冲间隔实现步进电机加减速

2. 直流伺服电机驱动

直流伺服电机最适用于工业机器人的试制阶段或竞技用机器人。

1）直流伺服电机的特点

直流伺服电机的特点之一是转矩 T 基本与电流 i 成比例，其比例常数 K_t 称为转矩常数，即：

$$T = K_t i \tag{4-1}$$

直流伺服电机的特点之二是无负载速度与电压基本成比例。

直流电机轴在外力的作用下旋转，两个端子之间会产生电压，称为反电动势。反电动势 e 与转动速度 ω 成比例，比例系数是 K_e，有：

$$e = K_e \omega \tag{4-2}$$

在无负载运转时，施加的电压基本等于反电动势，与转动速度成正比。前述两个量 K_e、K_t 在电学上是同一个量，即 $K_t = K_e$。

2）直流伺服电机的运转方式

直流伺服电机的运转方式有两种：线性驱动和 PWM 驱动。

线性驱动即给电机施加的电压以模拟量的形式连续变化，是电机理想驱动方式，但在电子线路中易产生大量热损耗。实际应用较多的是脉宽调制方法(Pulse Width Modulation，PWM)，特点是在低速时转矩大，高速时转矩急速减小。因此，常用于竞技机器人的驱动器。

3）直流伺服电机的控制方法

步进电机控制是开环控制，而直流伺服电机则采用闭环实现速度和位置的控制。这就需要利用速度传感器和位置传感器进行反馈控制。在这种情况下，不仅希望有位置控制，同时也希望有速度控制。进行电机的速度控制有以下两种基本方式：

(1) 电压控制：向电机施加与速度偏差成比例的电压。

(2) 电流控制：向电机供给与速度偏差成比例的电流。

从控制电路来看，前者简单，而后者具有较好的稳定性。

3. 交流伺服电机驱动

常见的交流伺服电机有以下 3 类：鼠笼式感应型电机、交流整流子型电机和同步电机。机器人中采用交流伺服电机，可以实现精确的速度控制和定位功能。松下伺服单元是工业机器人的一种常用交流伺服系统，如图 4-3 所示。这种电机还具备直流伺服电机的基本性质，又可以理解为把电刷和整流子换为半导体元件的装置，所以也称为无刷直流伺服电机。

图 4-3　交流伺服电机及驱动系统

对交流伺服电机而言，转子的位置信息和施加在绕组上的电压或电流的关系至关重要。

为了向绕组配电，有两种检测转子位置的方法：一种是用霍尔元件把转动一圈分为三相；另一种是借助于编码器或旋转变压器进一步提高分辨率。前者给电机绕组施加方电压或电流；后者与传统的交流电机一样，供给近似于正弦波那样的电流。就交流伺服电机而言，后者的应用最普遍。

交流伺服电机具有以下特征。

(1) 交流伺服电机的形式：无刷电机的形状变化很多，在现代机器人的设计中从这一点上得益很多。伺服电机大体分为内转子型结构电机和外转子型结构电机。内转子型结构电机又有细长型电机和扁平型电机之分。外转子型结构电机转动惯量大，由于增大了永久磁铁的体积，适用于小型高转矩电机。除了商品类电机之外，有时电机还与机器人合起来进行一体化设计，此时外转子型结构电机比较适用。

(2) 槽数与磁极数目的选择：小型高转矩电机与增加转子的磁极数目有关。对于直流伺服电机来讲，不容易做到这一点。即使转子极数一定，也有几种选择槽数的方法。

(3) 磁铁材料与磁化模式：选择平均转矩高的电机，这样虽然会稍微牺牲一些平均转矩，但是却能获得平滑的运转。

4. 直接驱动电机

在齿轮、皮带等减速机构组成的驱动系统中，存在间隙、回差、摩擦等问题。可以借助于直接驱动电机克服这些问题。该电机被广泛地应用于装配型 SCARA 机器人、自动装配机、加工机械、检测机器及印刷机械中。

对直接驱动电机的要求是没有减速器，但仍要提供大输出转矩(推力)，可控性要好。

1) 工作原理与特点

直接驱动电机的工作原理从特性上看，有基于电磁铁原理的可变磁阻电机和基于永久磁铁的永磁电机。在相同质量的条件下，后者能够提供大转矩。

世界上第一台关节型直接驱动机器人中使用的是直流伺服电机，其后又开发使用交流伺服电机。在商用机器中，大多数使用的是 VR 电机。但是，VR 电机的磁路具有非线性，控制性能比较差。

2) 3 种直接驱动电机的特点

目前，直接驱动电机分为 3 类：转动型直接驱动电机、直线型直接驱动电机和平面型直接驱动电机，如图 4-4 所示。

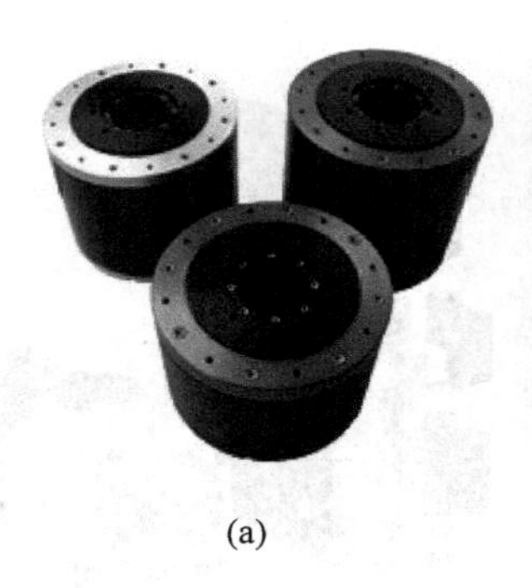
(a)

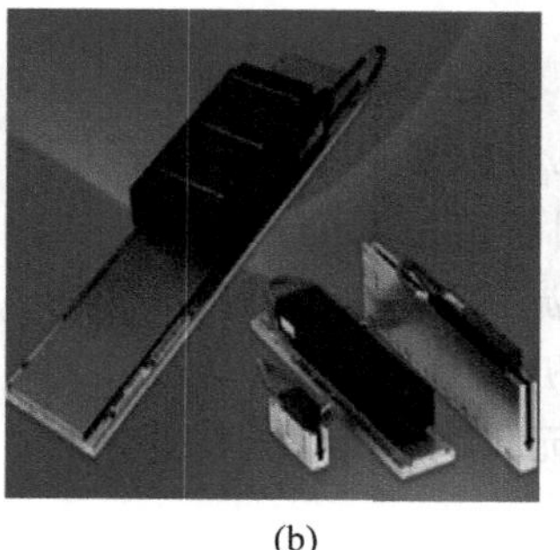
(b)

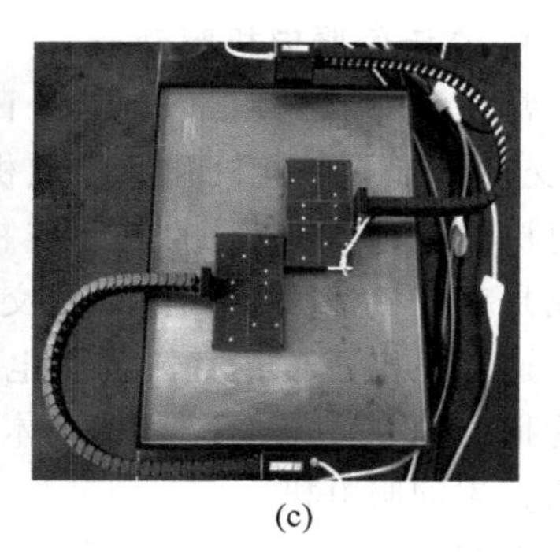
(c)

图 4-4 直接驱动电机类型

(a) 转动型直接驱动电机；(b) 直线型直接驱动电机；(c) 平面型直接驱动电机

(1) 转动型直接驱动电机。可分为 HB 型转动直接驱动电机和 VR 型转动直接驱动电机。HB 型转动直接驱动电机的结构与普通电机不同，电机的内侧为定子，外侧是转动结构。由于磁路相向的面积增大，而且作用半径也加大，HB 型转动直接驱动电机能产生强大的转矩。此外，由于从结构上稍微改变了定子与动子的齿距，还具有减小永久磁铁所产生的转速波动的效果。VR型转动直接驱动电机的结构是定子从两侧把转子夹在中间，这样的结构可以产生两倍转矩的效果。

最近，结构又被改进成把永久磁铁夹在磁路的各个齿之间，从而使转矩得到进一步提升，这种电机正在实用化之中。

转动型直接驱动电机能够在精确定位的自动机械中代替减速器加伺服电机的传动系统。以卡耐基-梅隆大学为代表，世界上已经开发出多种关节型的直接驱动机器人，不过目前除了用其进行高速搬运作业外，它尚未达到普及的程度。

(2) 直线型直接驱动电机。直线型直接驱动电机是把转动型直接驱动电机展开成直线的结构，传感器为玻璃刻度尺。该电机的精度高、重复性好、速度快，用它代替滚珠丝杠传动的机器人运动单元的事例日益增多。最近，装备直线型直接驱动电机的机床数量急速增多。这种机床的最大特点是速度快，使生产效率得到大幅提高。

(3) 平面型直接驱动电机。在多数情况下，人们将两个直线型直接驱动电机以直角形式组合起来，并且用三轴(X,Y,Q)位置传感器组成全闭环控制的超高精度平面直接驱动电机。该超高精度平面直接驱动电机能在500mm×500mm的平面内达到0.1μm分辨率和1μm精度，性能非常好。由于它的摩擦力非常小，可以在15ms的调整时间内达到±1μm的定位精度，因此其在高精度的检测装置中得到应用。

实际使用中，当选择工业机器人电机时，有必要从多个角度进行考虑，详见表4-1。

表4-1 4类电机的性能比较

性能 \ 电机类型	步进电机	直流伺服电机	交流伺服电机	直接驱动电机
基本性质	转速与脉冲信号同步，与脉冲频率成正比	转矩与电流成正比，无负载转速与电压成比例	相似于直流伺服电机	可控性依磁路产生方式的差异而不同；精度高，尚未普及
驱动方式	驱动控制电路	加电可动，控制要有相应控制电路	用逆变器将直流驱动变为交流驱动	要直接驱动位置传感器与控制电路配合
逆转方式	颠倒励磁顺序	调换两个端子极性	调整位置信号与逆变元件开关顺序	
位置控制	由脉冲序列最后脉冲的位置决定	用位置传感器反馈控制	用位置传感器反馈控制	用位置传感器反馈控制
速度控制	转速与脉冲频率成正比	反馈控制	反馈控制	反馈控制
转矩控制	使电流保持一定	转矩与电流成正比	转矩与电流成正比	由磁阻产生电机转矩，控制磁路控制转矩
可靠性与寿命	具有良好的可靠性	在长时间使用条件下可靠性将下降	具有良好的可靠性	高
效率	比直流伺服电机低，越是小型电机，效率越低	有效利用反电动势，效率高，尤其在高速区域差	相似于直流伺服电机	高

4.1.2 液压驱动器

液压伺服系统主要由液压源、液压驱动器、伺服阀、传感器、控制器等构成，如图 4-5 所示。通过这些元件的组合，组成反馈控制系统驱动负载。液压源产生一定的压力，通过伺服阀控制液体的压力和流量，从而驱动驱动器。位置指令与位置传感器的差被放大后得到电气信号，然后将其输入伺服阀中驱动液压执行器，直到偏差变为零为止。若传感器信号与位置指令相同，则负荷停止运动。液压传动的特点是转矩与惯性比大，也就是单位重量的输出效率高。

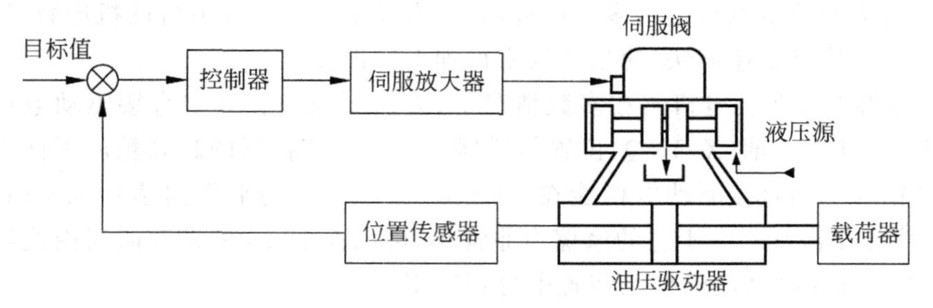

图 4-5 液压伺服系统的组成

为便于理解液压驱动器构成的液压伺服系统的特点和应用范围，可以将电气伺服与电液伺服进行简单的比较，如表 4-2 所示。

表 4-2 伺服机构分类

伺服机构 特点	电气伺服	电液伺服
优点	维护简单，控制手段先进，速度反馈容易	液压系统具有高刚性，力保持可靠，小型轻质，转矩惯性比大
缺点	重量大，不直接产生直线运动，需要减速器，不具有力保持性	液压系统易漏油，故必须配置液压源、伺服阀等液压元件，具有非线性、压缩性

液压传动主要应用在重负载下具有高速和快速响应，同时要求体积小、重量轻的场合。液压驱动在机器人中的应用，以面向移动机器人，尤其是重载机器人为主。它用小型驱动器即可产生大的转矩(力)。在移动机器人中，使用液压传动的主要缺点是需要准备液压源，其他方面则与电气驱动无大的区别。如果选择液压缸作为直动驱动器，那么实现直线驱动就十分简单。

在机器人领域，液压驱动器已经逐渐被电气驱动器所代替，不过目前在移动式作业机器人、水下作业机器人、娱乐机器人中仍有应用。

4.1.3 气动系统

1. 气动系统的基本组成

典型的气动系统由气压发生装置、执行元件、控制元件和辅助元件 4 个部分组成，如

图 4-6 所示。气压发生装置简称气源装置，是获得压缩空气的能源装置。执行元件是以压缩空气为工作介质，并将压缩空气的压力能转变为机械能的能量转换装置。控制元件又称为操纵、运算、检测元件，用来控制压缩空气流的压力、流量和流动方向等，以便执行机构完成预定的运动规律。辅助元件是压缩空气净化、润滑、消声及元件间连接所需要的一些装置。

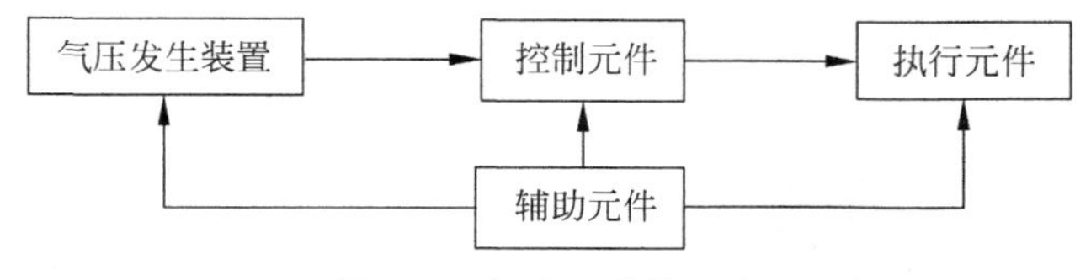

图 4-6　气动系统的组成

进行设计时，首先面临如何将驱动器与控制阀组合的问题。在系统中，气缸与控制阀有多种组合方式，选择时应该从作业内容、使用环境、能量效率等方面考虑决定组合形式。为此，可以援引制造厂家开发的计算机设计程序，然后，附加检测机构和控制装置。控制装置既可以用顺序控制器，也可以用单片机。至于控制的方式，根据用途的不同既可以选基于开关动作的顺序控制，也可以选以连续动作为目的的反馈控制。

2. 气动系统的特点

(1) 能量储蓄简单易行，可以获得短时间的高速动作。

(2) 可以进行细微的力控制。

(3) 夹紧时无能量消耗，不发热。

(4) 柔软，安全性高。

(5) 体积小，重量轻，输出/质量比高。

(6) 处理简便，成本低。

(1)～(4)的优点是由空气的可压缩性决定的，是气压固有的特征。反之，由于压缩性带来的柔软性又降低了驱动系统的刚度，因此它具有不易实现高精度、快速响应的位置和速度控制，控制性能易受摩擦和载荷的影响的缺点。

在使用时，应该充分利用其优点，尽量避开或者减小其缺点的影响。

3. 气动技术的应用

气压驱动是一种简易的驱动方式，主要用于既要求定位，又要对作用力实施控制等特殊应用的场合。在引入伺服技术后，气压驱动系统的性能变得更好，功能更强，扩大了其应用范围，如黑龙江省科技馆的指挥表演机器人、注塑机取料机器人。此外，在建筑机械中的远程操纵装置、振子型电车的倾斜装置气动伺服驱动中都有所应用。气动伺服原理还用于抑制汽车、电车振动的主动悬挂系统。从娱乐目的出发，由气动伺服驱动的恐龙、人体模型等也在开发之中。这些例子说明，人们对气压驱动应用于人类和生物的兴趣正在增大。在与人类和生物直接接触的作业中，人们对气动与生俱来的柔软性和安全性抱有期待。

近年来，人们在研究与人类亲近的机器人和机械系统时，气压驱动的柔软性受到格外的关注。目前，面向康复、护理、助力等与人类共存、协作型的机器人已崭露头角。如何构建软机构，积极地发挥气压柔软性的特点是今后气压驱动应用的一个重要方向。例如，人们期待气压驱动在生产现场作业中发挥辅助作用，在医疗、康复领域或家庭中扮演护理或生活支援的角色等。图 4-7 是一种气压驱动在智能机器人关节上的典型应用，具有安全性高、柔顺性好的特点。所有这些研究都是围绕着与人类协同作业的柔软机器人的关键技术而展开的。

可以相信,气缸等传统驱动器与各种新型柔软驱动器的彼此融合,将会开拓出更多的应用领域。

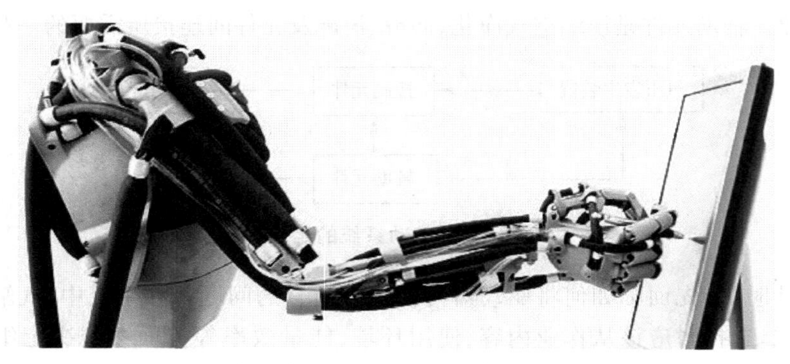

图 4-7　气压驱动的机器人关节

4.2　工业机器人控制系统结构

4.2.1　工业机器人控制器技术现状

机器人控制器在发展过程中按照机器人控制算法的处理方式来看,可分为串行、并行两种结构类型。所谓的串行处理结构是指机器人的控制算法是由串行机来处理。对于这种类型的控制器从计算机结构、控制方式来划分,又可分为以下几种。

1. 单 CPU 结构、集中控制方式

用一块 CPU 实现全部控制功能。在早期的机器人中,如 Hero-Ⅰ,Robot-Ⅰ等就采用这种结构,但控制过程中需要许多计算(如坐标变换),因此这种控制结构速度较慢。

2. 二级 CPU 结构、主从式控制方式

一级 CPU 为主机,具有系统管理、机器人语言编译和人机接口功能,同时也利用它的运算能力完成坐标变换、轨迹插补,并定时地把运算结果作为关节运动的增量送到公用内存,供二级 CPU 读取,二级 CPU 完成全部关节位置数字控制。这类系统的两个 CPU 总线之间基本没有联系,仅通过公用内存交换数据,是一个松耦合的关系。对采用更多的 CPU 进一步分散功能是很困难的。日本于 20 世纪 70 年代生产的 Motoman 机器人(5 关节,直流电机驱动)的计算机系统就属于这种主从式结构。

3. 多 CPU 分布式控制方式

目前,普遍采用这种 PC+板卡的上、下位机二级分布式结构,上位机负责整个系统管理以及运动学计算、轨迹规划等。下位机由一个或多个 CPU 组成,这些 CPU 实现关节运动的伺服控制,这些 CPU 和主控机联系是通过总线形式的紧耦合。这种结构的控制器工作速度和控制性能明显提高,但这些多 CPU 系统共有的特征都是针对具体问题而采用的功能分布式结构,即每个处理器承担固定任务。目前世界上大多数商品化机器人控制器都是这种结构，称为IPC+专用运动控制卡系统的控制器，它有以下几种实现方法：

(1) 基于专用运动控制芯片(ASIC)或专用处理器(ASIP)的运动控制卡。这类运动控制器结构比较简单，但大多只能输出脉冲信号，工作于开环控制方式，对单轴的点位控制场合是基本满足要求的，但对于要求多轴协调运动和高速轨迹插补控制的设备，这类运动控制器往往不能满足要求。由于这类控制器不能提供连续插补功能，也没有前瞻功能，特别是对于大量的小线段连续运动的场合如模具雕刻，不能使用这类控制器。常用的运动控制芯片有美国PMD公司的Magellan系列、Navigator系列、Pilot系列、MC100系列，日本NOVA公司运动控制芯片MCX314AS、MCX314、MCX312、MCX304、MCX302以及日本SEEK公司单轴电机运动控制芯片AS49F等。

(2) 基于通用芯片的运动控制卡。此类是基于PC总线的以DSP、FPGA或其他处理器如ARM等作为核心处理器的板卡式控制器，这类开放式运动控制器以PC机作为信息处理平台，运动控制器以插卡形式嵌入PC机，即"PC+运动控制器"的模式，这样将PC机的信息处理能力和开放式的特点与运动控制器的运动轨迹控制能力有机地结合在一起，具有信息处理能力强、开放程度高、运动轨迹控制准确、通用性好的特点。这类运动控制器通常都能提供多轴协调运动控制与复杂的运动轨迹规划、实时的插补运算、误差补偿、伺服滤波算法，能够实现闭环控制。这种结构的缺点是：上位机的操作系统往往不是专为运动控制量身定做(如Windows等主流操作系统)，系统实时性差，有时与运动控制不相关的任务和进程会占用CPU的大量资源，甚至可能会出现死机现象。这种结构体系的运动控制器典型案例有美国Delta Tau公司的PMAC控制器(图4-8)。该产品使用Motorola的DSP56002为核心CPU，伺服周期快达55μs。每块卡可以控制的轴数多达32轴，并且可以通过多块控制器链接的方式控制更多的轴。控制功能除了直线、圆弧、空间曲线插补、加减速曲线、三次样条插补、PID前馈滤波器等控制算法外，还提供了电子齿轮、电子凸轮等特殊的运动控制功能，可以分别模拟齿轮的定比例变速功能和凸轮的变速功能。

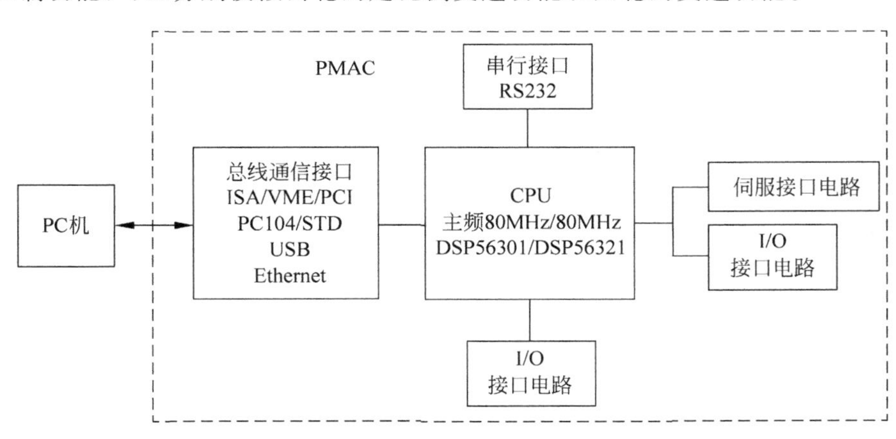

图4-8　基于PC的板卡式控制器

(3) 基于PC+实时系统+高速总线板卡或IO板卡的集中式运动控制器。这种是基于"PC+实时操作系统+高速总线接口"的结构。这是一种纯软件实现方案，是开放体系结构的运动控制系统，这种CNC装置的主体是PC机，充分利用PC机不断提高的计算速度、不断扩大的存储量和具有硬实时性能的操作系统，实现运动轨迹控制和开关量的逻辑控制。

纯软件开放式数控把运动控制器以应用软件的形式实现。除了支持上层软件(程序编辑、人机界面等)的用户定制外,其更深入的开放性还体现在支持运动控制策略(算法)的用户定制。用户可以在任何运行于PC的操作系统平台上利用开放的CNC内核开发各种功能,构成各种类型的高性能运动控制系统。

目前其典型的产品有:德国Beckhoff公司设计的TwinCAT系统,通过在Windows系统上改造添加实时处理功能,搭建了一套软PLC系统,充分发挥了Windows系统原有的强大人机交互功能和PC机的超强处理能力;德国KUKA机器人公司将VxWorks和Windows集成为一个操作系统(图4-9),称之为VxWin,运行在PC机上,实现了系统的实时性和强大的交互性能;另外还有西门子公司利用Venturcom公司在Windows系统下RTX实时模块开发的WinAC系统、美国MDSI公司的QPencNc、德国PowerAutomation公司的PA800ONT、英国的Trio控制器、奥地利的贝加莱控制器、国内的固高等。这种体系结构非常适合于大型的、有高性能要求的机器人及其他自动化设备运动控制场合。

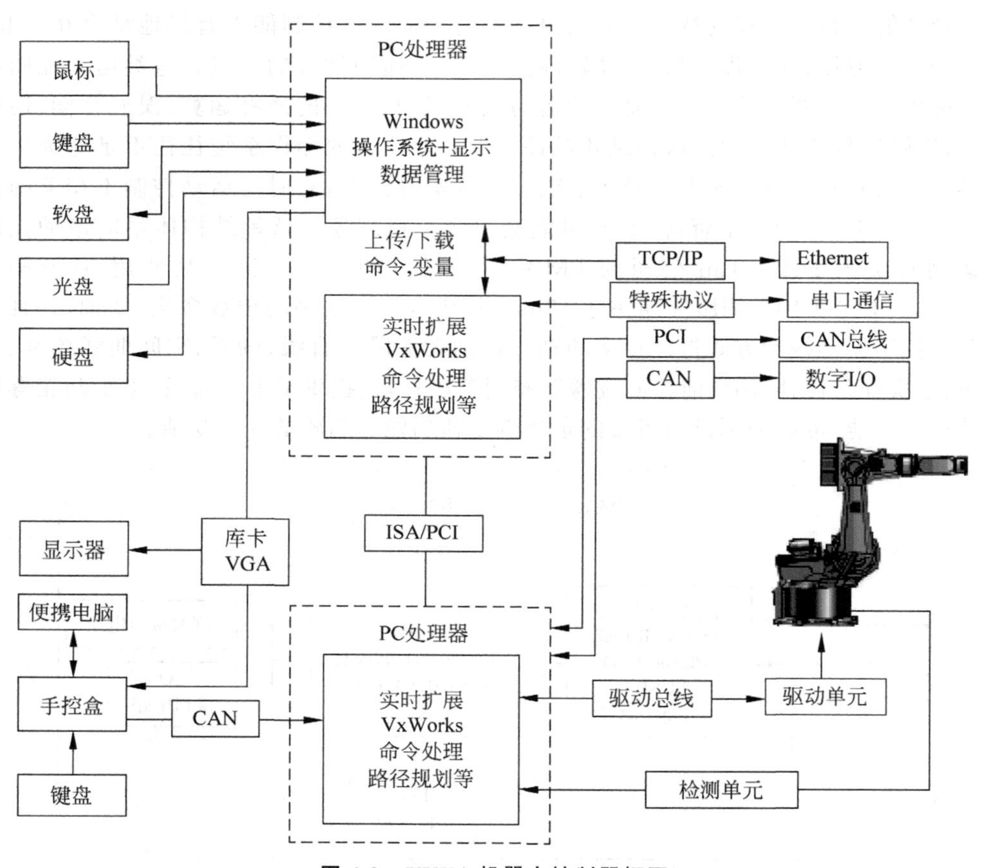

图4-9 KUKA机器人控制器框图

4.2.2 机器人控制系统的主要构成

机器人控制系统是机器人的重要组成部分,用于对操作机的控制,以完成特定的工作任务。机器人主要由机器人本体、控制柜、示教盒及其控制软件等组成,见图4-10。控制器基本功能如下：

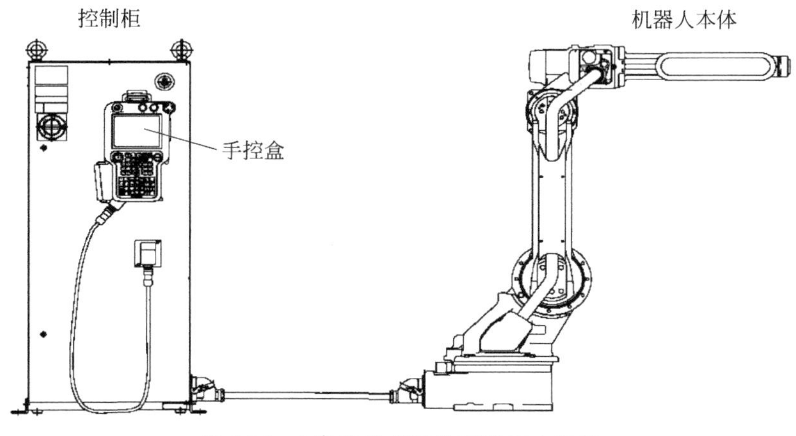

图 4-10 6自由度旋转关节机器人系统

(1) 记忆功能：存储作业顺序、运动路径、运动方式、运动速度和与生产工艺有关的信息。

(2) 示教功能：离线编程、在线示教、间接示教。示教方式包括示教盒和导引示教两种。

(3) 与外围设备联系功能：数字和模拟量输入和输出接口、通信接口、网络接口、同步接口。

(4) 坐标设置功能：有关节、基础、工具、用户自定义4种坐标系。

(5) 人机接口：示教盒、操作面板、显示屏。

(6) 传感器接口：位置检测、视觉、触觉、力觉等。

(7) 位置伺服功能：机器人多轴联动、运动控制、速度和加速度控制、动态补偿。

(8) 故障诊断安全保护功能：运行时系统状态监视、故障状态下的安全保护和故障自诊断。

机器人控制的工作流程如图4-11所示。

4.2.3 机器人控制系统的各功能单元

1. 示教盒功能

示教盒直接提供给操作者使用，为了达到很好的适用性，示教盒的界面必须友好，操作必须简单，同时功能越完善越好。示教盒软件主要包括以下三个部分：操作系统、通信模块、界面模块。

示教盒(图4-12)除了功能完善之外，操作必须简单，复杂的操作会影响示教盒的实用性。另外，示教盒的界面也应力求美观。示教盒的外形应方便拿握，可采用通用触摸屏，也可根据需要定制。

示教盒采用开源操作系统，应用程序应尽量简单，功能应足够强大，主要能够完成如下功能。

(1) 对机器人的操作：包括对机器人4个(或6个)关节的正反向运动控制，包括一个急

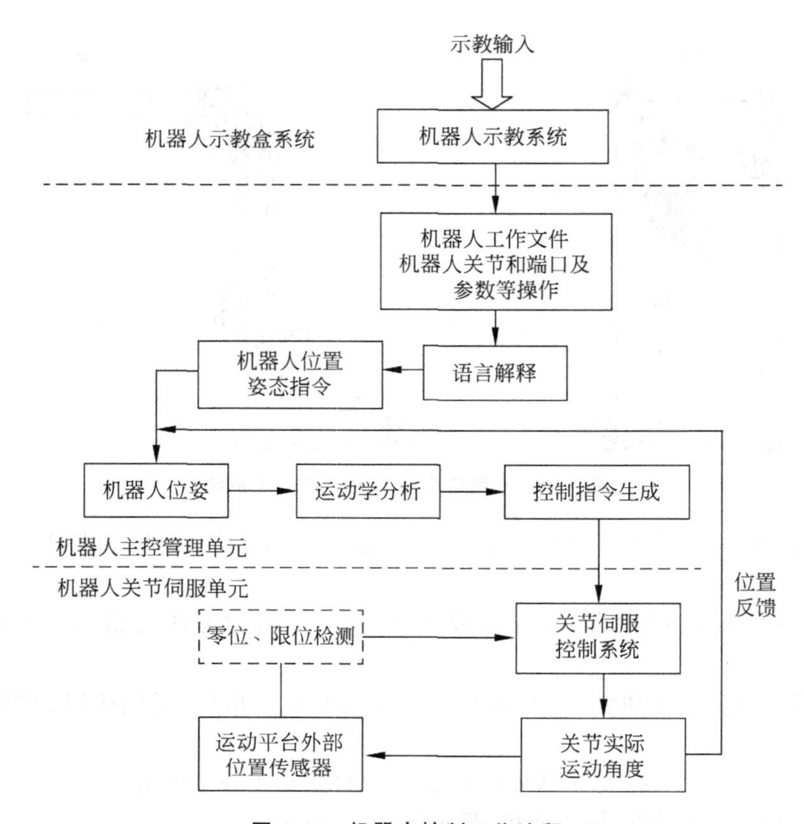

图 4-11 机器人控制工作流程

停按钮。另外,还必须能够对关节运动速度进行调整,有专门的按键来加速或减速。还必须能对示教的坐标系进行调整,示教坐标系主要有关节坐标系、直角坐标系、工具坐标系等。

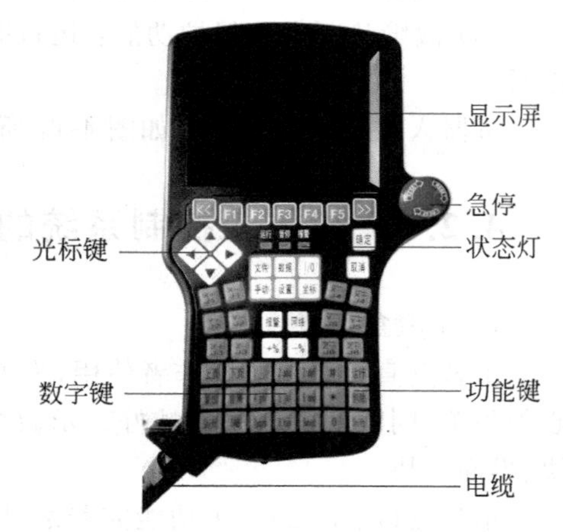

图 4-12 工业机器人的常用示教盒

(2) 机器人程序的编写和修改:示教盒示教程序的编写方便与否,很大程度上决定着示教盒的科学性与实用性。示教盒还具有语句编写、语句插入、语句删除、联合测试、前进后退等一些常用的功能。

(3) 文件的操作:包括文件的建立、选择、删除、注册、保存、复制和格式化等。

(4) 与主控器之间的通信:包括文件的传输,机器人状态信息的获取等。

(5) 参数设置:通过相应的页面可进行相关参数的设置,例如机器人运动范围的限制、负载的重量等。

(6) 错误提示功能:能够对操作者的错误操作以及机器人危险状态提供警报功能,防止机器人损坏,甚至危害操作者的安全。

2. 控制柜(控制电路部分)

控制柜是机器人系统的一个关键部分，它负责控制系统的电源提供、整个机器人运动的计算、运行轨迹规划、电机驱动控制、安全措施以及位置信息反馈等实时控制。

(1) 控制器主板。一般采用低功耗无需风扇散热的主板结构，不限制 RISC 结构还是 X86 结构，主板上安装有低功耗 CPU 及其外围电路、存储器以及操作面板控制电路等。其主要功能有：实现机器人的特殊运动，如急停、复位；对机器人的状态进行监控，并反馈给示教盒；自动监测设备的状态，记录机器人的运动状态，如运行时间、各部件状态、故障信息等；具有学习功能，能够记录外部对机器人的操作并将之转化成为运动命令予以分段储存。

(2) 多轴运动控制器。控制系统必须完成伺服电机的运行控制，多轴运动控制器主要负责将运动规划插补好的数据转换为机器人伺服电机的控制信号(根据伺服驱动器的不同，其控制信号可以是转速信号、脉冲信号或转动圈数信号)，并送到相应的伺服电机驱动器完成位置控制及读取机器人位置反馈信息。

(3) I/O 接口。机器人的应用不是独立的，它必定与周边的设备有信号联络，所以控制器需要提供通用的具有标准电气特性的 I/O 控制点以及相应可编入程序的输入输出指令。一般提供 16 路数字量输入节点和 16 路数字量输出信号节点，并且提供相应的扩展接口。

4.3 机器人控制理论及方法

4.2 节介绍了机器人的控制系统硬件体系结构设计，需要注意的是机器人整体性能不仅取决于控制系统硬件系统，还与所采用的控制方法和控制系统参数有关，而且在机器人的控制系统结构确定后，控制理论和方法是系统性能保证的最重要因素。本节对控制系统的理论和方法进行介绍。

4.3.1 机器人控制结构

机器人在进行任务作业时采用多层次结构的控制策略(图 4-13)，由任务规划层、控制模式层和伺服控制层构成。

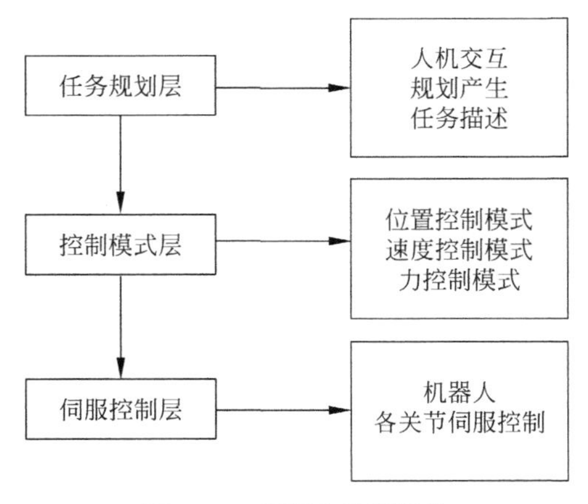

图 4-13　机器人控制结构

其中,任务规划层利用上位计算机对作业任务进行分析处理,可进行视觉测量、运动命令生成、外围部件控制和人机交互等工作。还包括与人工智能有关的所有可能问题,如词汇和自然语言理解、规划的产生和任务描述等。这一层是当前研究的热点技术,还有许多实际问题有待解决。

控制模式层根据任务规划的结果确定控制系统的控制模式,包括位置控制模式、速度控制模式和力控制模式。例如在位置控制模式中,该层形成机器人运动所需要的空间直线、圆弧的特征参数、运动学计算、逆运动学求解、控制解选择等,形成各关节电机的位置;采用速度控制模式,该层则根据机器人的雅可比矩阵,以及机器人末端的运动速度求取机器人各关节的运动角速度;采用力控制模式,该层计算机器人各关节的指令力矩,进行电流控制。

伺服控制层以控制模式层的指令信号为输入变量,以机器人各关节的角度、速度、电流信号为反馈,驱动机器人关节电机进行运动。

其中,控制模式层和伺服控制层是机器人控制系统的本地控制器,也是机器人控制的核心部分,本节将重点介绍。

4.3.2 机器人经典控制方法

通常机器人是由多个关节构成的,而机器人的控制必须基于系统的动力学模型。机器人的动力学模型如式(4-3)所示。

$$\boldsymbol{F}_i=\frac{\mathrm{d}}{\mathrm{d}t}\frac{\partial \boldsymbol{L}}{\partial \dot{\boldsymbol{q}}_i}-\frac{\partial \boldsymbol{L}}{\partial \boldsymbol{q}_i},\quad i=1,2,\cdots,n$$

$$\boldsymbol{\tau}=\boldsymbol{D}(\boldsymbol{q}_i)\ddot{\boldsymbol{q}}_i+\boldsymbol{H}(\boldsymbol{q}_i,\dot{\boldsymbol{q}}_i)+\boldsymbol{G}(\boldsymbol{q}_i) \tag{4-3}$$

式中,$\boldsymbol{L}$ 为拉格朗日函数;$\boldsymbol{\tau}$ 为关节驱动力;n 为机器人连杆数目;q_i 为系统选定的广义坐标;$\boldsymbol{D}(\boldsymbol{q}_i)$为 $n\times n$ 的正定对称矩阵,称为系统的惯量矩阵;$\boldsymbol{H}(\boldsymbol{q}_i,\dot{\boldsymbol{q}}_i)$为 $n\times 1$ 的离心力和科氏力向量;$\boldsymbol{G}(\boldsymbol{q}_i)$为 $n\times 1$ 的重力向量。

由机器人的动力学模型可知,机器人的控制系统非常复杂,是一个多变量非线性耦合系统。对于此类系统,其控制策略并没有一个准确的控制方法,因为机器人的各控制参数相互耦合,并且机器人的动力学参数随着机器人的运动而不断变化。

对于目前现有的工业机器人,大多采用的机械构型具有一个特点,即动力学的惯性矩阵是一个对角占优矩阵,并且假定机器人在平衡点附近角度变化较小。这样可对机器人的动力学模型进行解耦,进行独立关节的 PID 控制,实验证明采用这样简化处理是可行的。

1. PID 控制器

PID 控制器出现于 20 世纪 30 年代,作为一种经典控制理论被广泛应用于工业现场。它由 P(比例控制)、I(积分控制)、D(微分控制)三种环节组合而成。PID 控制器一般放在负反馈系统的前向通道,与被控对象串联,可以看作一种串联校正装置。从校正装置输入输出的数学关系把串联校正划分为比例校正(P)、积分校正(I)、微分校正(D)、比例积分校正(PI)、比例微分校正(PD)和比例积分微分校正(PID)等。

所谓 PID 控制器,就是一种对偏差 $\varepsilon(t)$进行比例、积分和微分变换的控制规律,即:

$$m(t)=K_{\mathrm{p}}\left[e(t)+\frac{1}{T_{\mathrm{i}}}\int_0^t e(t)\mathrm{d}t+T_{\mathrm{d}}\frac{\mathrm{d}e(t)}{\mathrm{d}t}\right] \tag{4-4}$$

式中，$K_pe(t)$为比例控制项，K_p 为比例系数；$\frac{1}{T_i}\int_0^t e(t)\mathrm{d}t$ 为积分控制项，T_i 为积分时间常数；$T_d\frac{\mathrm{d}e(t)}{\mathrm{d}t}$为微分控制项，$T_d$ 为微分时间常数。

比例控制项与积分、微分控制项可进行不同组合，常用的为PD(比例微分)、PI(比例积分)和PID(比例积分微分)三种调节器，用于控制系统的串联校正环节。其中，PID控制器能够结合PD和PI的优点，得到较完善的控制效果。PID控制器的传递函数框图如图4-14所示。

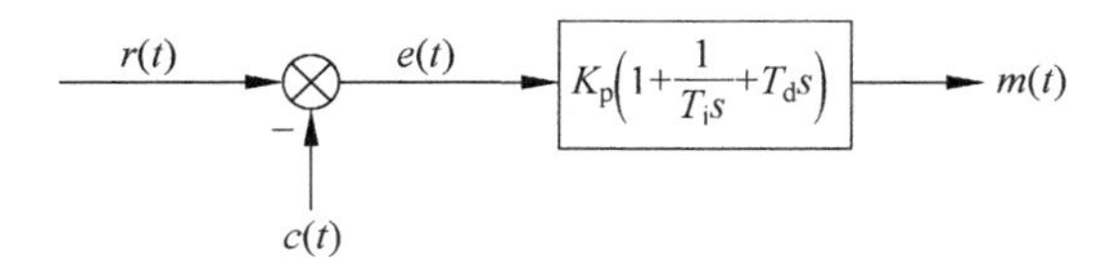

图4-14 PID控制器传递函数框图

PID控制器的传递函数为

$$G(s)=K_p\left(1+\frac{1}{T_is}+T_ds\right) \tag{4-5}$$

一般来说，PID控制器的控制作用主要体现在以下方面：

(1) 比例系数 K_p，决定着控制作用的强弱。加大 K_p 可以减小控制系统的稳态误差，提高系统的动态响应速度，但 K_p 过大会导致动态质量变坏，引起控制量振荡，甚至会使闭环控制系统不稳定。

(2) 积分系数 T_i，可以削弱控制系统的稳态误差。只要存在偏差，积分所产生的控制量就会用来消除稳态误差，直到误差消除。但是积分控制会使系统的动态过程变慢，并且过强的积分作用使控制系统的超调量增大，从而使控制系统的稳定性变坏。

(3) 微分系数 T_d，微分的控制作用与系统偏差的变化速度有关。微分控制能够预测偏差，产生超前的校正作用，进而减小超调，克服振荡，并加快系统的响应速度，缩短调整时间，改善系统的动态性能。

2. 伺服控制模式

伺服控制作为机器人的底层控制器，主要用来控制机器人电机转动，从而实现机器人的关节运动。根据机器人的作业任务，目前机器人的伺服控制模式主要有力控制、速度控制和位置控制三种。

1) 力控制

力控制模式是指对电机的转矩控制，为此可在机器人关节轴上安装转矩传感器，以构成一个闭环反馈系统。一般来说，在直流他激电机、无刷电机和向量控制感应电机中，转矩和电流之间存在比例关系，因此可采用电流传感器进行转矩的检测。目前，霍尔元件的电流传感器因其价格低、体积小、频率特性好，在工程中得到了广泛应用。

图4-15为采用直流他激电机的力控制系统的构成原理图。

假设，电机的转矩系数为 K_T，电机期望转矩为 T^*，那么控制系统中电机期望电流 i^* 为

$$i^*=\frac{T^*}{K_T} \tag{4-6}$$

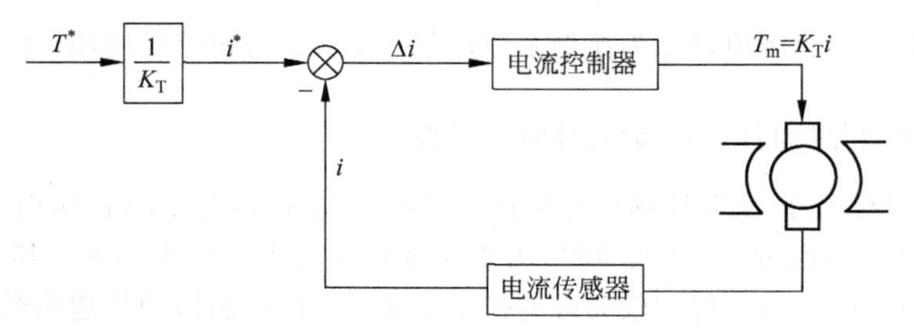

图 4-15 力控制原理结构图

如果使电机的实际电流 i 与期望电流 i^* 一致，那么电机就能够产生与期望转矩 T^* 相同的转矩。因此在图 4-15 的控制系统中，可以把电流传感器采样得到的实际电机电流 i 与期望电流 i^* 比较，得到电流误差：

$$\Delta i = i^* - i \tag{4-7}$$

将 Δi 作为控制系统的输入量，通过 PID 控制器进行电机的电流闭环控制，从而可完成机器人的力控制。

2）速度控制

速度控制是使控制系统对电机的旋转速度趋于速度期望值。当忽略机器人系统的摩擦和阻尼等因素时，电机的加速或减速是通过电机的输出力矩实现的，因此速度控制环路应配置在转矩控制环的外侧（图 4-16）。

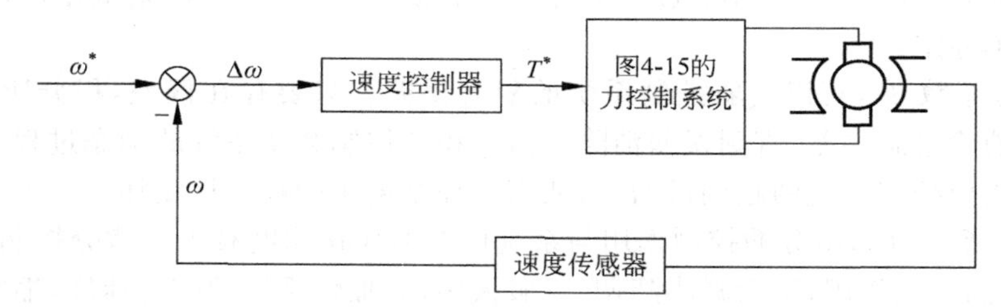

图 4-16 速度控制原理结构图

速度控制系统需要检测机器人的关节电机运动速度，常用的速度传感器包括测速发电机和编码器。通过传感器得到的电机旋转速度与速度指令 ω^* 进行比较，这里将得到的速度差 $\Delta\omega$ 用于速度控制部分，并且通过转矩指令 T^* 调整电机的实际速度与指令速度相一致。

同样，速度控制中的速度控制器可采用 PID 控制，目前常用的控制是 PI 控制，即比例积分控制：

$$T^* = K_p\Delta\omega + K_i\int\Delta\omega\,dt \tag{4-8}$$

通过式(4-8)的控制方式，可得到机器人的电机控制力矩，通过对 K_p 和 K_i 的选择可得到系统所希望的速度控制响应。

3）位置控制

机器人通过电机的旋转实现其位置的变化，如果把机器人的运动折算到关节的电机轴上，那么机器人的运动角度 θ 可以通过电机的转速积分或者电机的编码器得到。

因此，为了使实际位置 θ 跟踪目标位置 θ^*，应当根据 θ 和 θ^* 的位置差 $\Delta\theta$ 对电机的速

度 ω^* 进行调整，如图 4-17 所示。

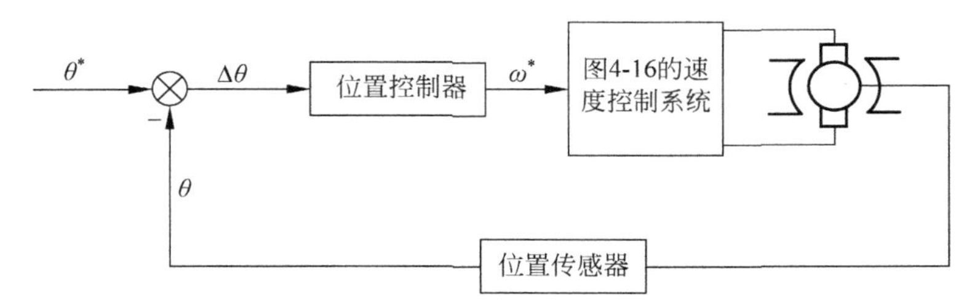

图 4-17 位置控制原理结构图

在图 4-17 中，将电机期望位置和实际位置的差，通过位置控制器产生速度控制指令，构成图 4-16 所示的速度控制系统的输入。在位置控制器中，一般通过比例控制方法得到速度指令，其形式为

$$\omega^* = K_p \Delta\theta \tag{4-9}$$

在上述三种控制模式中，工业机器人最常用的是位置控制模式，在控制结构中相应存在着电流环、速度环和位置环，电流环和速度环作为位置控制模式的内环，从而可保证机器人运动的力、速度和位置的稳定。

3. 机器人控制的特点

上面说明了机器人控制的力、速度和位置控制问题，但是在一般情况下，首先要求内环路的力控制环路具有最快的响应速度，然后依次按照速度、位置的顺序进行设计。对于工业机器人的控制还需要注意以下因素：

1）轨迹规划问题

工业机器人是具有多个关节的复杂机械系统，考虑机械系统的刚性，机器人的位置指令应避免急剧的变化，否则会引起机器人运动速度和加速度的突变，从而会导致机器人本体的运动抖动和冲击，严重影响机器人的运动性能。

2）多路耦合问题

机器人采用单关节独立设计方法，忽略了系统动力学的耦合因素。虽然 PID 控制具有一定的鲁棒性，但是耦合项毕竟会对系统的性能带来影响。如果耦合量必须考虑，可行办法是对机器人的耦合项进行补偿。

但是对机器人耦合项的计算并非一项简单的任务，特别是当机器人运动时，位置和姿态发生变化，计算任务就更为艰巨。动力学简化目标主要采用几何/数字法、混合法和微分变换法进行计算的简化。

3）复合控制问题

在机器人的控制中，一般采用串联和反馈校正方式。这两种校正方式都能达到改善系统性能的效果。但是，如果在控制系统中存在强扰动，或者控制任务对稳态精度和动态性能两方面均要求很高，则串联校正和反馈校正一般难以奏效，此时可采用顺馈和串联联合校正方式或顺馈和反馈联合校正方式，这样的方式称为复合校正。

4.3.3 机器人现代控制方法

在 4.3.2 节中，介绍了机器人的经典控制方法，该方法基于机器人的动力学简化结果，可以采用线性系统理论设计控制算法。但是,机器人的动力学模型毕竟是一个非线性耦合系统,研究人员对机器人的非线性设计进行了大量研究,取得了一定成果,目前机器人的现代控制方法主要有以下几种。

1. 变结构控制

滑模变结构控制方法于20世纪50年代被提出。近年来,随着计算机技术的发展,滑模变结构控制方法也在实际控制中获得了应用。经过众多学者的不断充实和发展,滑模控制理论已经成为一种简单有效的控制方法,并在机器人控制中得到了广泛关注和应用。

所谓变结构控制,通常指在系统中选取一定数量的切换函数,当系统状态到达该函数所代表的空间曲面时,控制律自动从此时的结构转换为另一个确定的结构。最常用的变结构控制方法为滑模变结构控制,此时在确定切换函数 $S(x)$ 后,通过选择合适的控制输入量,使 $S(x)=0$ 及其附近形成一个对于系统运动的"吸引"区,令系统状态在一定时间内运动到该切换函数上,并沿其运动到平衡状态,此时系统的这种运动状态叫做滑动模态,$S(x)=0$ 叫做滑模面方程,这个区域叫做滑动模态区(图4-18)。

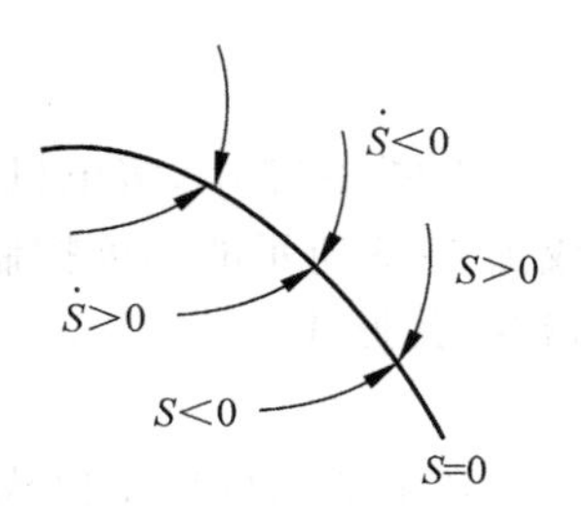

图 4-18 滑模变结构控制示意图

滑模控制方法具有一些其他控制方式难以获得的优点,其中最重要的一条、也是最受重视的一条为滑动模不变性所带来的系统强鲁棒性。在滑模面 $S(x)$ 确定后,滑动模态就只取决于 $S(x)$,而与系统状态无关,任何摄动和干扰都不能对 $S(x)$ 的数学方程带来影响,这也就意味着一旦进入滑动模态,系统将具有完全的鲁棒性,这一特点保证了滑模控制器具有良好的抗干扰能力,对参数变化及扰动不灵敏等,大大拓展了滑模理论的应用范围。

滑模变结构控制本质上是一类特殊的非线性控制,其非线性表现为控制的不连续性,这种控制策略与其他控制的不同之处在于系统的"结构"并不固定,而是可以在动态过程中根据系统当前的状态不断调整,迫使系统按照预定"滑动模态"的状态轨迹运动。该方法的缺点在于当状态轨迹到达滑模面后,难于严格地沿着滑模面向着平衡点滑动,而是在滑模面两侧来回穿越,从而产生抖振现象。目前已经有许多方法来处理抖振问题。例如使用观测器、符号函数连续化和高阶滑模控制等方法。

机器人位置控制的滑模控制方法如图4-19所示。

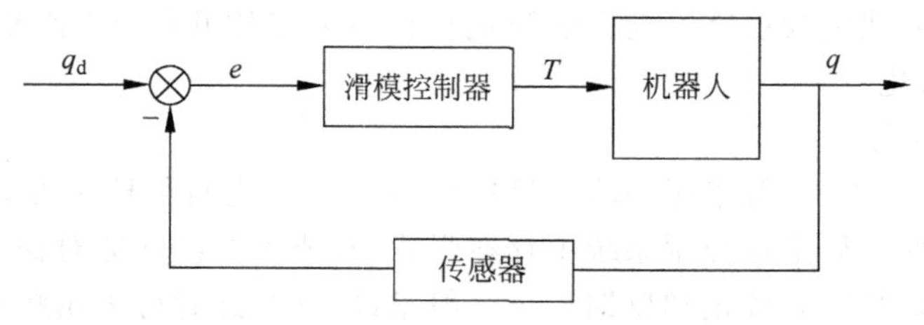

图 4-19 机器人的变结构控制结构图

图4-19的变结构控制中,q_d 为机器人位置指令;q 为机器人实际位置;T 为机器人转矩指令;$e=q_d-q$,为机器人滑模控制切换面变量;根据式(4-3)的机器人动力学模型,机器人的滑模面常取为

$$S = [S_1, S_2, \cdots, S_n]^{\mathrm{T}} = \dot{E} + HE \tag{4-10}$$

式中，$E = [e_1, e_2, \cdots, e_n]^{\mathrm{T}}$，$H = \mathrm{diag}[h_1, h_2, \cdots, h_n]$。在滑模曲线 S 确定后，基于系统的动力学模型，根据李亚普诺夫稳定性定理设计机器人的控制力矩 T，从而完成机器人的变结构控制。

滑模变结构控制律需要事先知道被控对象的数学模型，进而根据给定的性能指标选择合适的控制参数，完成控制器的设计，但机器人的动力学方程形式复杂，影响因素很多，是一个强耦合的系统，有限的测试手段不可能完成所有的参数辨识过程，难以建立起准确的数学模型，因此还需要进一步结合其他控制方法进行研究，以推动变结构控制在机器人工程界的应用。

2. 模糊控制

20 世纪 70 年代，英国学者 Mamdani 和 Assilian 创立了模糊控制器的基本框架，标志着模糊控制理论和技术的诞生。从此，模糊理论及其技术应用取得了很大的发展，并且在自然科学和社会科学的各个领域得到了广泛的应用，对于非线性系统，模糊控制系统利用具有启发式的信息能够提供一种较方便的方法。因此，在控制系统的设计中，尤其是那些数学模型复杂或难以建立的系统的控制设计中，模糊控制系统是一种很好的、实用的替代方法。模糊控制系统是基于知识的，或是基于规则的，这些规则由若干 IF-THEN 规则构成。

模糊控制器的基本结构由四个重要部件组成(图 4-20)，具体包括知识库、推理单元、模糊化输入接口与去模糊化输出接口。知识库包含模糊 IF-THEN 规则库和数据库，规则库中的模糊规则体现了与领域问题有关的专家经验或知识，而数据库则定义隶属函数、尺度变换因子以及模糊分级数等。推理单元按照这些规则和所给的事实执行推理过程，求得合理的输出。模糊输入接口将明确的输入转换成模糊量，并用模糊集合表示。根据模糊推理单元得到控制量，而控制量也是模糊量，因此，要求清晰化过程，把模糊控制量转换为清晰值作为模糊控制器的输出。去模糊输出接口就是将模糊的计算结果转换为明确的输出。

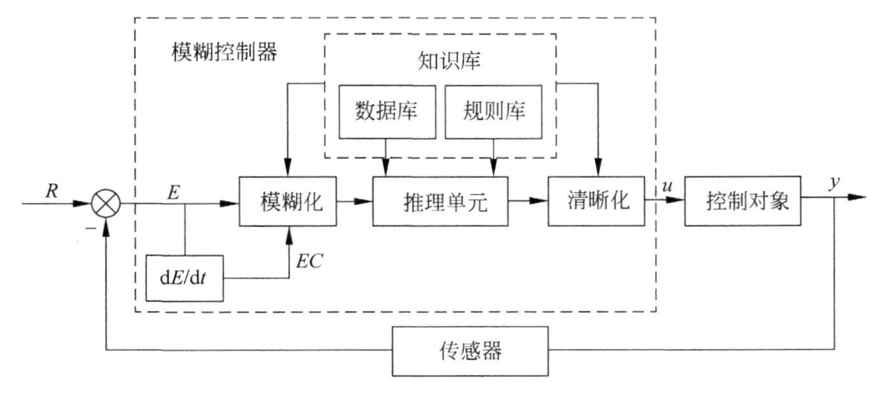

图 4-20 模糊控制器框图

由图 4-20 可以看到，模糊控制器的建立分为四个步骤：一是挑选能够反映系统工作机制的控制输入输出变量；二是定义这些变量的模糊子集；三是用模糊规则建立输出集与输入集的关系；最后也是模糊控制器的核心部分，进行模糊推理及清晰化。模糊控制的主要特点如下：

(1) 控制器的设计主要依据人们的控制经验总结，不需要精确的系统数学模型。

(2) 具有较强的鲁棒性，控制器输入参数在一定范围变化时，其模糊化后的语言变量可能相同，因此控制器对参数变化不是非常敏感，可用于解决传统控制较难发挥作用的非线性、时变和时滞等问题。

(3) 模糊推理机的输入量为语言变量，易于构成专家系统。

(4) 推理过程模仿人的处理问题方式，采用成熟、合适的推理规则后，能够处理一些复杂的系统。

(5) 模糊规则一般离线编制，不需要在线生成，控制器作用时采用查询方式提取模糊规则，提高了控制器的实时性，拓展了应用范围。

(6) 拓展性好，可与其他多种传统或智能控制方法合成，构成复合的、更加强大的控制器。

由此可见模糊控制器具有逻辑推理能力，只要建立较好的专家知识库，就能取得较好的控制效果。但是在机器人控制中，一般不能直接用模糊控制直接给出控制力矩，常常结合其他控制方式，模糊控制主要用来调整其他控制方式的控制参数。例如，PID 参数、变结构的系数矩阵等。机器人的模糊控制方法如图 4-21 所示。

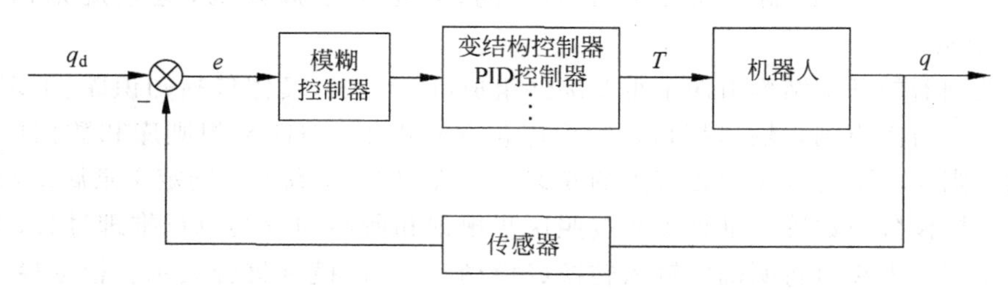

图 4-21 机器人的模糊控制结构图

在图 4-21 所示的机器人模糊控制系统中，模糊控制可结合变结构控制、PID 控制等方式。模糊控制器主要根据知识库对比例参数、微分参数、积分参数和变结构控制的系数进行推理、调整，使变结构控制、PID 控制具有自调整能力，从而提高控制系统的性能。

3. 自适应控制

当机器人的工作环境及工作目标的性质和特征在工作过程中随时间发生变化时，控制系统的特性具有未知性。这种未知因素和不确定性，将使控制系统的性能变差，不能满足控制要求。采用一般反馈技术或顺馈补偿方式也不能很好地解决这类问题。要解决上述问题，要求控制器能在运行过程中不断测量被控对象的特性，并根据当前系统特性，使系统能够自动地按闭环控制方式实现最优控制。这也是机器人控制发展方向之一。

自适应控制器具有感觉装置，能够在不完全确定和局部变化的环境中保持与环境的自动适应，并以各种搜索与自动导引方式执行不同的操作。自适应控制器主要有两种结构，即模型参考自适应控制和自校正控制。现有的机器人自适应控制系统基本上都是应用这些方法建立的。

1）模型参考自适应控制

模型参考自适应控制系统一般由四个部分组成：被控对象、控制器、目标模型以及自适应机构。它们通过双环的形式进行作用，一般称之为内环和外环。控制器和被控对象组成可以调节的内环，而对象模型和自适应机构构成外环。它们既有独立性又有协同性，分别起作用以达到控制的要求。

与一般反馈、补偿及最优控制相比，模型参考自适应控制在它们的基础上做了一定的改进，常规控制系统的机构也是具有的，只是在此基础上添加了参考模型以及控制器自身参数调节回路。这就保证了由于被控目标自身特性发生变化或是外界扰动过大产生的控制误差能够被实时监测和控制。参考模型也会不断优化和精确，受控目标的输出与参考模型的输出也会越来越吻合，即与人们期望的输出相一致。这就是此种控制的基本方式和原理。机器人的模型参考自适应控制结构，如图 4-22(a)所示。

2）自校正控制

自校正控制和模型与自适应控制相似，都是双环结构。自校正控制的外环由参数估计器和控制器设计计算机构组成，而其内环和模型与自适应控制系统有一样的构成，而且都是可调可变的，外环的差别仍然导致它们在控制原理上有不小的差别，这种差别将在控制过程中通过很多方式体现出来。自校正系统的基本控制原理是通过参数估计器接受受控对象的输入输出信息，同时也会对受控对象的参数进行估计，然后根据这些信息，设计一定的控制算法，通过控制器的作用，不断地实行最优化处理。自校正系统中的参数估计和控制算法设计是其控制过程中的关键，也是控制效果的主要决定因素。目前采用最多的估计为最小二乘法估计，以这种估计方法设计的控制器称为最小方差自校正控制器，这是由于它是按照最小方差的形式形成的控制作用。机器人的自校正控制结构如图 4-22(b)所示。

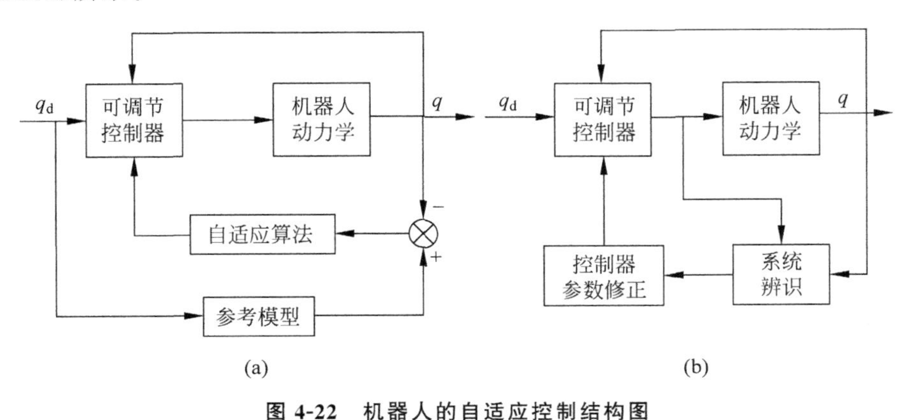

图 4-22 机器人的自适应控制结构图

(a) 模型参考自适应控制器；(b) 自校正自适应控制器

在以上几种非线性控制方法的基础之上，研究人员还对多种智能控制方法进行了研究，例如：鲁棒控制、模糊变结构控制、自适应变结构控制和模糊自适应控制等，对于机器人的智能控制方法还需要更进一步的研究。同时，上述方法大多停留在理论层面，需要机器人的动力学模型，随着硬件系统的不断改善，将智能控制方法应用于机器人的工程控制将是机器人控制的主要发展方向。

4.4 机器人控制系统工程实现

4.4.1 工业机器人控制体系结构

随着工业机器人技术以及智能控制技术的发展，机器人控制系统的功能和性能将会越来越完善。比如机器人的智能化程度较低的问题，响应速度不够快的问题，通用性和扩展性不够好的问题等。从目前的发展趋势来看，工业机器人控制技术将朝以下三个方面发展。

1. 开放性的体系结构

美国最早提出关于开放式控制器的研究。开放性的体系结构的目标是开发可以控制各种基于标准的自动化硬件平台和操作环境的机器人和工业自动化系统。开发适用于机器人控制的通用软件包，其应用范围从最底层的实时伺服控制，到智能传感器处理，到高层人机交互，涉及机器人控制的各个方面。

2. 总线控制方式

由于生产工厂环境复杂，为了减小信号在传输过程中的干扰，在现场总线设备间一般都采用数字信号进行通信。采用总线控制方式使得机器人各控制部件间可以进行稳定的连接，方便了安装和调试，提高了控制系统的可靠性。此外，采用总线控制方式，可以方便控制系统进行功能扩展。只要各个厂商的设备采用相同的总线协议，各个设备之间就可以实现互换或互联。目前国际上有 60 多种现场总线形式，常用的有 ProfiBus、DeviceNet、CAN、CANOpen、SyqNet、SERCOS 和 EtherCAT 等。这点同时也是进行多机器人网络化控制的基础。

3. 智能化和网络化

控制器的智能化和网络化同样是发展趋势，未来的工业机器人应该具有视觉、触觉，具有很强的人机交互能力和学习能力，因此需要控制器具有多传感器信息融合能力。同时，机器人之间可以任意组成网络，完成多机器人协调控制，进一步提高自动化和智能化程度。

4.4.2 工业机器人控制系统设计流程

工业机器人在完成机械本体设计的基础上，各关节执行器及其参数便已确定。进行控制系统设计需要考虑该机器人的控制体系结构、控制性能、传感器接口、外部设备 I/O 扩展接口、通信接口、数据管理、运动控制模块和人机交互模块等。从工业机器人控制系统的整体结构来看，控制系统设计包括软件部分和硬件部分，如图 4-23 所示。

工业机器人设计流程中的软件部分包括运动控制模块、人机交互模块、通信模块和信息处理模块。其中，运动控制模块主要完成机器人模型的建立，包括机器人运动学和机器人动力学模型，它们是机器人运动控制的基础。同时运动控制模块还要完成轨迹规划（机器人运动时的直线、圆弧、关节角及其他曲线的插补运算），还包括机器人的控制算法（PID、变结构控制、模糊控制等）；人机交互模块主要完成机器人系统界面交互功能；通信模块包括串口通信协议和网络通信协议的编写；信息处理模块主要完成机器人与传感器及外部信息的交

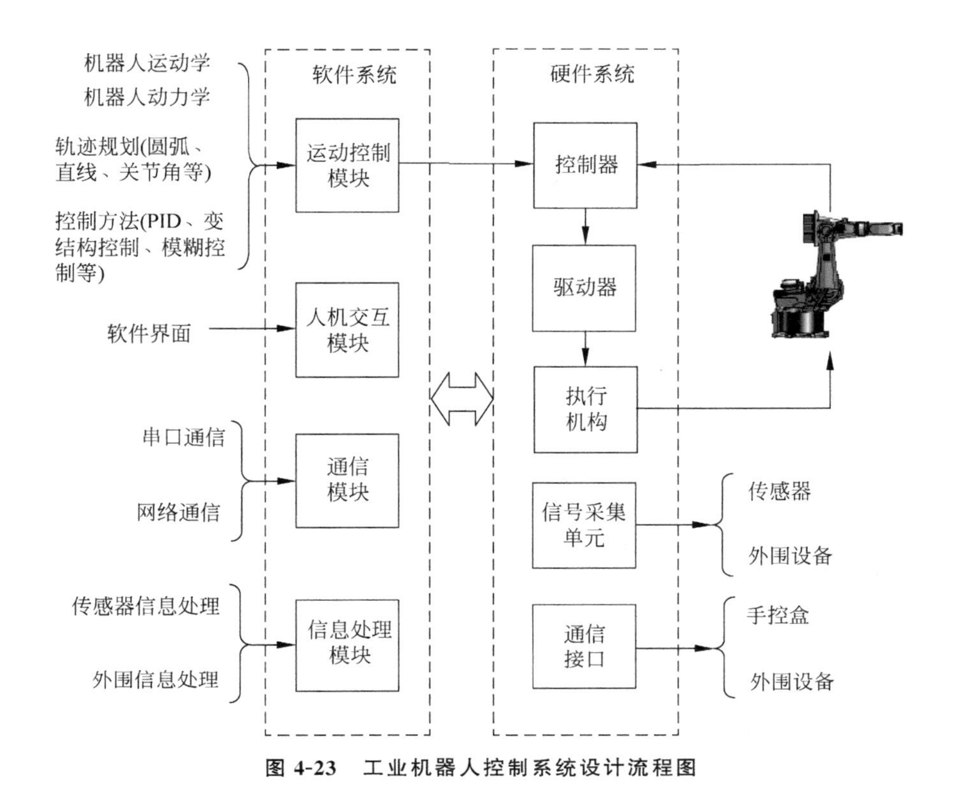

图 4-23　工业机器人控制系统设计流程图

流和处理。

工业机器人设计流程中的硬件部分包括控制器、驱动器、执行机构、信号采集单元、通信接口。其中，控制器、驱动器和执行机构是机器人运动控制的硬件部件；信号采集单元是传感器和外围设备的信号采集硬件接口；通信接口是和机器人手控盒及外围设备通信的硬件接口。

4.5　基于 IPC 的机器人控制系统设计

机器人电控系统的设计中，主流的运动控制层解决方案是"PC 机＋运动控制器"的结构，这种结构以工控机为平台，以开放式可编程运动控制器为控制核心(图 4-24)。通用工控机负责运动程序和逻辑调用管理、人机界面管理等功能；运动控制器负责机械本体的运动控制和逻辑控制。运动控制器的功能可分为运动控制功能和 I/O 功能两大部分。运动控制功能部分通过编码器反馈通道、D/A 输出通道以及脉冲输出通道与外部驱动控制设备相连接。伺服电机与驱动控制器构成一个控制回路。伺服电机一般都有编码器，电机驱动器通过编码器获得电机转子的位置信息，从而可以对电机进行精确控制。

机器人的控制系统由三个主要部分组成，分别是人机交互层、运动控制层、伺服驱动层，控制对象为机械本体。

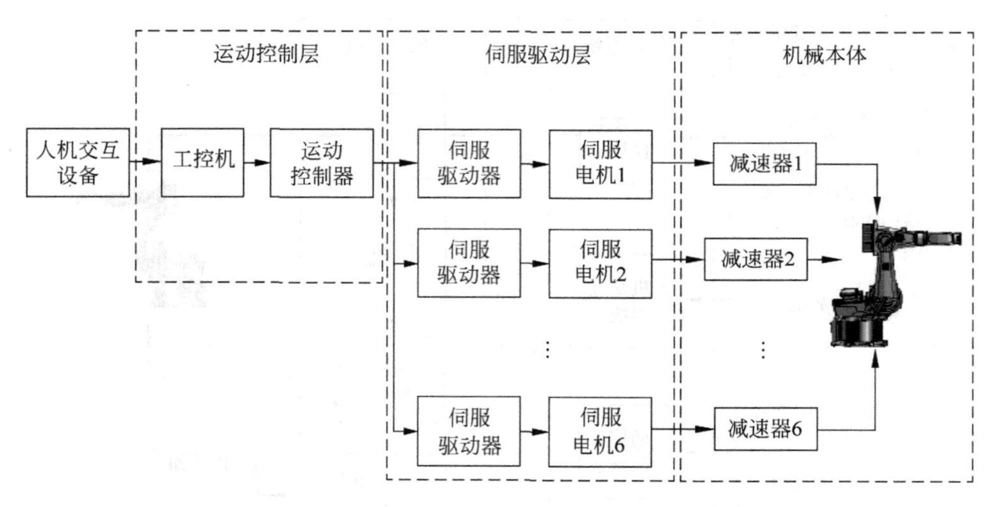

图 4-24 机器人控制系统框图

4.5.1 机器人控制器硬件结构

1. 运动控制卡结构

工业机器人的控制系统采用“PC 机＋运动控制卡”结构，工控机作为上位机，运动控制卡 Turbo-Pmac 作为位置和速度控制器，电气伺服部分采用交流伺服电机，机械传动部分采用高精密齿轮齿条。由于 Pmac 控制卡采用脉冲＋方向的驱动方式，控制器的连线复杂，运动可靠性相对较差。图 4-25 所示为其中任意一个驱动支路的逻辑结构图。

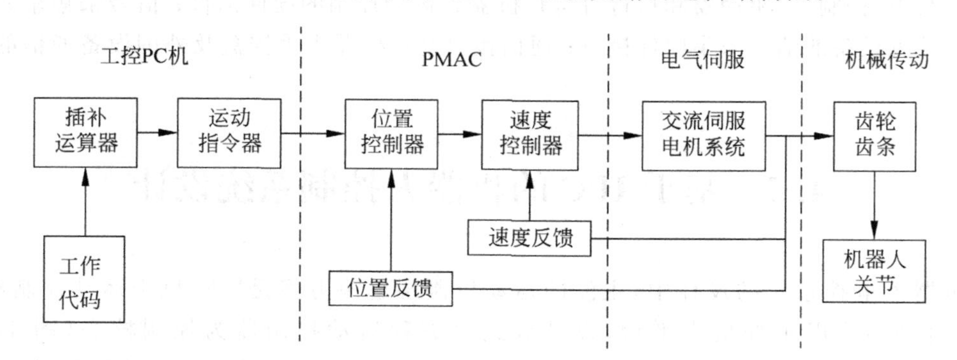

图 4-25 机器人电气控制系统的硬件结构图

1）工控机

工控机除具有兼容性好，软硬件升级、维护方便等普通 PC 机的共性外，还得具有丰富的过程输入/输出功能、实时性好、可靠性高、环境适应性强等满足工业要求的特点，本控制系统采用研祥公司的 MEC5002 作为主控 PC 机，其 CPU 为 Pentium-M，板载内存 256MB，SO-DIMM 槽可扩充 6 个串口，6 个 USB 接口以及 2 个 RJ45 接口可扩展 2 个 PCI 设备，2 个 PC/104Plus 总线接口，1 个 PC/104 总线接口。

2）Pmac卡

本系统选用Turbo PMAC2-Eth-Lite，该控制器是一款具有完整Turbo PMAC强大功能和极为经济实惠的多轴运动控制器。该卡核心由美国Motorola DSP56303数字信号处理器和门阵列集成电路（DSP GATE）组成，可以同步控制8个驱动轴，实现复杂的多轴协调运动。

3）伺服系统

为保证伺服进给系统工作的精度、刚度和稳定性，系统对进给结构的主要要求是高精度、高刚度、低摩擦和低惯量。由于机器人对位置精度和进给速度要求很高，本系统采用"伺服电机＋精密齿轮"方式来实现6个轴的进给运动（图4-26）。伺服电机采用小惯量的永磁同步伺服电机和驱动器。电机上安装有17位绝对编码器，可以对电机转速进行高分辨率的检测反馈。电机控制采用速度控制指令信号，即模拟信号，驱动器有各种控制参数可以随时设置和调节。

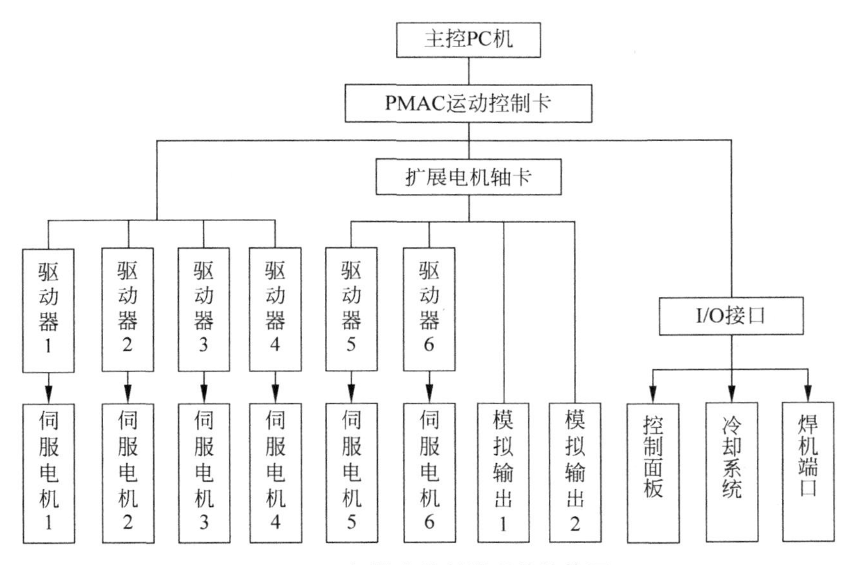

图4-26 机器人控制器硬件结构图

2. 网络运动控制器结构

目前，基于总线网络形式的控制器是工业机器人的控制系统的主流技术，工控机作为上位机，进行人机交互。运动控制器完成运动程序编译、位置运动控制，电气伺服部分采用交流伺服电机，如图4-27所示。

1）示教器

示教器以微型计算机为平台，安装Windows CE系统，主要完成按键采集处理和人机交互，具有网络通信接口。

2）控制器

系统选用网络式控制器，可以同步控制多轴，实现复杂的多轴协调运动。控制器与示教器、驱动器采用网络连接，减少走线，提高了稳定性。控制器可采用倍福、Trio、固高和新时达等运动控制器。其特点如下：

倍福：德国Beckhoff开发的一种可与TwinCAT自动化软件构成完整的、相互兼容的

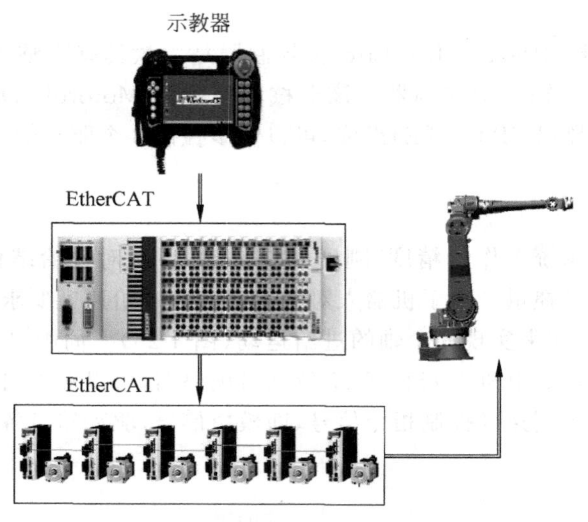

图 4-27　机器人电气控制系统的硬件结构图

控制系统。适用于各种信号和现场总线，可为所有常用的 I/O 信号和现场总线系统提供全系列现场总线组件。基于 EtherCAT 的以太网解决方案，具有性能优异和操作简单的特点。与 TwinCAT 自动化软件所提供的运动控制解决方案相结合，可实现高动态性单轴和多轴定位任务的运动控制。

Trio：是英国 Trio 公司开发的基于总线形式的运动控制器，运动控制和逻辑算法有机结合，轻松实现多种运动形式的运动控制，包括直线/圆弧/螺旋线插补、电子凸轮、电子齿轮、同步跟踪、运动叠加、虚拟轴控制等。具有良好的可扩展性，提供多种功能模块，并且可实现多任务运行等。

固高：采用多核实时多任务系统，具备高速的数据处理能力，运动控制和强大的逻辑管理功能，实时性能可达微秒级，开放式平台适用几乎所有行业复杂工艺的开发。具有 Super-EtherCAT 专用控制接口，实现 32 轴硬实时运动控制，其中 8 轴为高速同步轴，控制周期 250μs，支持点位、Jog、电子齿轮、电子凸轮、4 轴直线插补、2D、3D 圆弧插补、螺旋线插补、刀向跟随、速度前瞻等运动控制功能，其余 24 轴支持位置模式、速度模式、力矩模式等。并且具有强大的 I/O 扩展功能，支持 65535 个 I/O 点。

新时达：总线型高性能伺服驱动器，支持 RS485/Modbus/EtherCAT 通信协议。具有扩展性能优异、快速响应、精准定位、振动抑制、自动参数设计、可编程、操作便利、饱和极限提速、电子凸轮、龙门同步、捕捉比较等功能特点，广泛应用于点胶、机床、机器人、封装、印刷、切割、贴片、横织、植毛、弹簧、雕刻、焊接等领域。

4.5.2　机器人控制器软件结构

本控制系统以 Windows 操作系统为软件环境，利用面向对象的编程语言 VS 开发而成。

工业机器人的软件系统是一个多任务处理控制软件，由于控制系统硬件采用“PC 机＋运动控制器”的主从分布式结构体系，在控制系统软件设计时，依据软件工程的思想进行总体设计。控制系统的软件结构如图4-28所示,包括四大模块:人机界面模块、代码编译模块、运动控制模块和辅助功能模块。

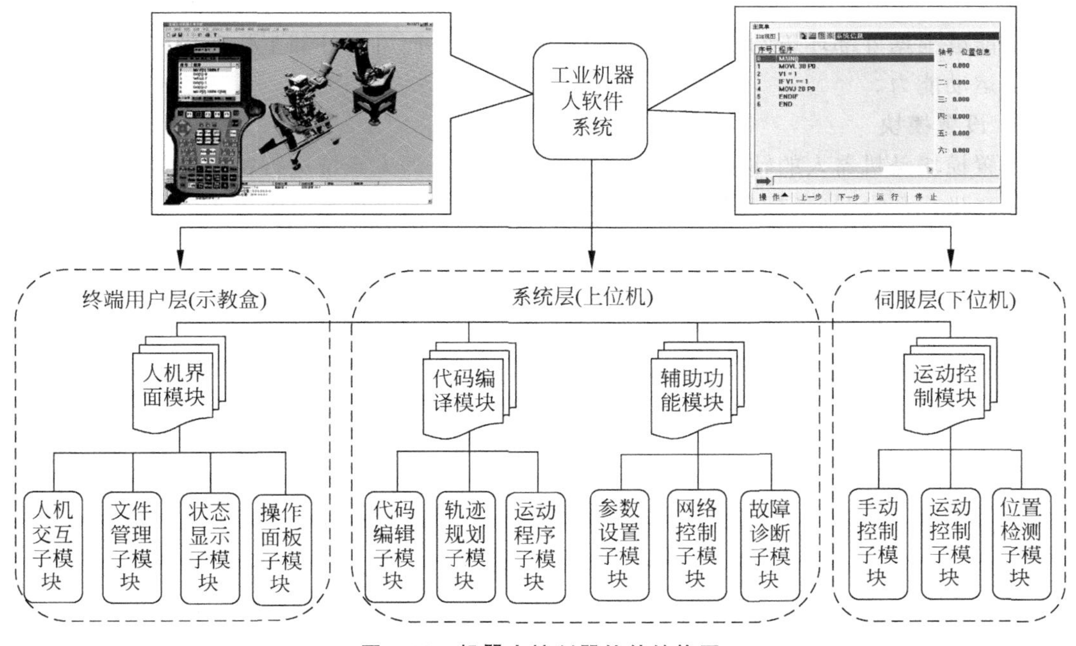

图4-28 机器人控制器软件结构图

人机交互界面系统功能分为程序、数据、I/O、设置和运动五个部分。程序设计按5个功能模块进行设计,在每一模块下设计程序实现子模块功能。这样,设计的机器人软件各模块功能如下:

1. 初始化模块

初始化模块是机器人启动时,需要进行预先设置的部分,包括系统设置、数据调入、端口设置和程序调入等。在初始化完毕后,机器人进入系统主界面,等待系统的外部指令。

2. 数据模块

数据模块是机器人的位置变量和逻辑变量的管理部分。机器人在程序编写时需要进行相应的变量控制,包括逻辑变量的创建、赋值和判断,位置变量的创建、赋值等编辑和控制。

同时在机器人示教过程中,结合机器人的运动模块能够通过手控盒按键自动记录机器人的当前位置和姿态。

3. 程序模块

程序模块是机器人启动完毕进入主界面后的操作模块,实现程序选择、新建、复制、删除、修改和程序内容编辑等功能。其中程序指令输入部分和程序编译部分是该模块的核心,前者完成机器人运动程序(运动指令、逻辑指令和端口操作指令)的编写和编辑;后者则对运动程序进行编译工作,把机器人语言翻译成系统硬件能够识别的指令语言,是软件的底层部分。

4. IO模块

I/O模块是机器人的外部端口管理部分,也是机器人能够在自动化设备中使用的一个重要因素。机器人不仅能够自身完成高性能的运动，还应该具有与外部环境进行交互的能力。

I/O 模块包括数字量输入输出和模拟量输入输出部分，在实际的机器人工作单元中，机器人应能够根据外部环境的变量特点进行信息交互，从而可与外部工作环境相融合，实现机器人的运动能力。

5. 设置模块

设置模块是机器人的辅助管理部分，此部分可对机器人系统进行密码设置（不同用户密码管理）、坐标系设置（坐标系切换、用户坐标系创建、工具坐标系设置等）、语言切换、用户设置（用户创建、删除和用户登录）、报警设置和处理等功能。

6. 运动模块

运动模块是机器人的运动控制模块，也是机器人软件的核心部分。运动模块包括机器人的单关节运动和基础坐标系的多轴联动，其运动控制可由机器人的手控盒和程序控制。同时在运动模块可进行速度设置、运动坐标系切换和机器人归零位等控制功能。

4.6 小结

本章对工业机器人的驱动和控制系统进行了介绍，详细介绍了步进电机、直流伺服电机、交流伺服电机和直接驱动电机的性能和驱动器特点。在此基础上对工业机器人的各种控制方式进行了阐述，同时介绍了机器人的相关控制理论和方法，最后以一种采用"PC＋运动控制器"的工业机器人控制系统设计为例，对控制系统的硬件和软件结构设计进行了介绍。

习题

1. 工业机器人驱动系统按动力源分为哪几类？请叙述它们各自的特点和应用情况。
2. 请描述工业机器人常用电机驱动器，及其应用对比情况。
3. 基于 PC＋实时系统＋高速总线板卡或 IO 板卡的集中式运动控制器是目前工业机器人应用的主流技术，请简述其原理。
4. 工业机器人控制器包括哪些基本功能？
5. 工业机器人的示教器的主要功能是什么？
6. 目前机器人的伺服控制模式主要哪些？请分别用框架图说明。
7. 机器人控制器的 PID 参数如何调整？
8. 请简述机器人变结构控制、模糊控制和自适应控制的原理和特点。
9. 基于 IPC 的工业机器人控制系统包括哪几部分？请绘图说明基于总线网络形式控制器的工业机器人的控制系统结构。
10. 工业机器人的软件系统包括哪些模块？各模块的功能是什么？

参考文献

[1] 牛宗宾. 工业机器人交流伺服驱动系统设计[D]. 哈尔滨：哈尔滨工业大学，2013：1-3.
[2] 杨晶. 基于 Windows 的工业机器人实时控制软件的研发[D]. 哈尔滨：哈尔滨工业大学，2012：7-17.
[3] 丁学恭. 机器人控制研究[M]. 杭州：浙江大学出版社，2006：64-65.
[4] 黄文嘉. 工业机器人运动控制系统的研究与设计[D]. 杭州：浙江工业大学，2014：3-5.
[5] 郭洪红. 工业机器人技术[M]. 西安：西安电子科技大学出版社，2012：138-140.
[6] 王天然，曲道奎. 工业机器人控制系统的开放体系结构[J]. 机器人，2002，24(3)：256-261.
[7] 王政. 开放式工业机器人控制系统及运动规划[D]. 哈尔滨：哈尔滨工业大学，2012：8-13.
[8] 马琼雄，吴向磊，等. 基于 IPC 的开放式工业机器人控制系统研究[J]. 机电产品开发与创新，2008，21(1)：15-17.
[9] 陈友东，王田苗，等. 工业机器人嵌入式控制系统的研制[J]. 机器人技术与应用，2010，5：10-13.
[10] 李瑞峰，陈健，葛连正. 基于 Windows CE 的弧焊机器人控制系统[J]. 华中科技大学学报，2011，39：21-23.
[11] 王晓珏. WF160 工业机器人的模糊滑模控制方法研究[D]. 哈尔滨：哈尔滨工业大学，2012：4-5.
[12] 秋夷. 滑模变结构控制策略在机器人控制中的应用研究[D]. 秦皇岛：燕山大学，2010：20-29.

第 5 章

机器人软件及操作

工业机器人一般由机器人本体、控制柜和示教编程器组成，使用多轴电缆连接各个控制部分，形成一个完整的机器人系统。在本体上安装有作为机器人执行器的电机。控制箱里包括控制器、驱动器和 I/O 接口卡等。示教编程器作为机器人的人机交互接口，可以进行运动程序的编制和运行，I/O 的查看和设置等。机器人要求具有较高的重复定位精度和轨迹精度。

为了扩大机器人的应用领域，要求机器人具有简洁的通用编程语言，机器人语言应简单易懂，尽量降低使用者的操作难度。本章针对机器人的编程语言及操作进行阐述。

5.1 机器人编程

5.1.1 工业机器人编程方式

机器人编程就是针对机器人为完成某项作业进行程序设计。由于国内外尚未制定统一的机器人控制代码标准，因此编程语言也是多种多样。当前机器人广泛应用于焊接、装配、搬运、喷涂及打磨等领域，任务的复杂程度不断增加，而用户对产品的质量、效率的追求越来越高。在这种情况下，机器人的编程方式、编程效率和质量显得越来越重要。降低编程的难度和工作量，提高编程效率，实现编程的自适应性，从而提高生产效率，是机器人编程技术发展的目标之一。目前，在工业生产中应用的机器人主要编程方式有以下几种形式。

1. 在线编程

在线编程也称为示教方式编程，示教方式是一项成熟的技术，易于被熟悉操作者所掌握，而且用简单的设备和控制装置即可完成。示教时，通常由操作人员通过示教盒控制机器人工具末端到达指定的位置和姿态，记录机器人位姿数据并编写机器人运动指令，完成机器人在正常加工中的轨迹规划、位姿等关节数据信息的采集、记录。

示教盒示教具有在线示教的优势，操作简便直观。示教盒主要有编程式和遥感式两种。例如，采用机器人对汽车车身进行点焊，首先由操作人员控制机器人达到各个焊点对各个点焊轨位置过人工示教，在焊接过程中通过示教再现的方式，再现示教的焊接轨迹，从而实现车身各个位置各个焊点的焊接。但在焊接中车身的位置很难保证每次都完全一样，故在实际焊接中，通常还需要增加激光传感器等对焊接路径进行纠偏和校正。常用的辅助示教工具包括激光传感器、视觉传感器、力觉传感器和专用工具等。

示教方式编程具有以下缺点。

(1) 机器人的控制精度依赖于操作者的技能和经验。

(2) 难以与外部传感器的信息相融合。

(3) 不能用于某些危险的场合。

(4) 在操作大型机器人时，必须考虑操作者的安全性。

(5) 难以与其他操作同步。

另外，随着工业机器人技术的发展，研究人员研发了一种拖动示教方法，机器人在操作者的拖动下可按照操作者的工作习惯进行示教。与传统的用示教器对机器人示教相比，直接对机器人进行拖动示教的方法无须操作者掌握任何机器人知识和经验，操作简单且快速，极大地提高了示教的友好性、高效性。目前拖动示教主要采用以下几种方案。

1) 通过同构机器人

该方案是设计一套与工业机器人同结构的示教臂，示教臂采用轻质材料，无驱动方式，方便操作者对示教臂的灵活操作，并通过示教臂各关节编码器记录示教臂的运动轨迹，最后把数据传送至工业机器人使其运动(图 5-1)。

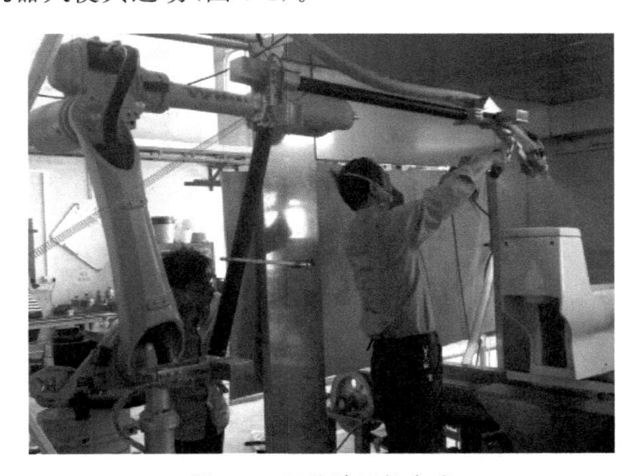

图 5-1　示教臂示教方式

2) 机器人结构改进

机械臂一般由铝合金、钛合金或者碳纤维制成。关节的设计大都采用模块化设计，采用轻质材料、新型减速器等部件，使操作者能够对末端进行位置操作，该方式一般是一种质量轻、耗能少、惯性小的柔性机械臂，如 UR、Baxter 等。

3) 机器人控制方式改进

该方式是示教者在机器人末端上施加一定方向的力，通过电流检测输出 6 个分量的数据，控制机器人做相应的动作，然后记录位置，完成示教工作。广泛应用于机器人手术、机械手臂研究、手指力研究以及精密装配、自动磨削、轮廓跟踪、双手协调等作业中，涉及航空航天、机械加工及汽车等各种行业。

2. 离线编程

离线编程是指用机器人程序语言预先进行程序设计，而不是用示教的方式编程，适合于结构化环境。与在线编程相比，离线编程具有以下优点：

(1) 减少停机的时间，当对下一个任务进行编程时，机器人可仍在生产线上工作。

(2) 使编程者远离危险的工作环境,改善了编程环境。

(3) 使用范围广,可以对各种机器人进行编程,并能方便地实现优化编程。

(4) 便于和 CAD/CAM 系统结合,做到 CAD/CAM/ROBOTICS 一体化。

(5) 可使用高级计算机编程语言对复杂任务进行编程。

(6) 便于修改机器人程序。

机器人离线编程是利用计算机图形学的成果,通过对工作单元进行三维建模,在仿真环境中建立与现实工作环境对应的场景,采用规划算法对图形进行控制和操作,在不使用实际机器人的情况下进行轨迹规划,进而产生机器人程序。其关键步骤如图 5-2 所示。

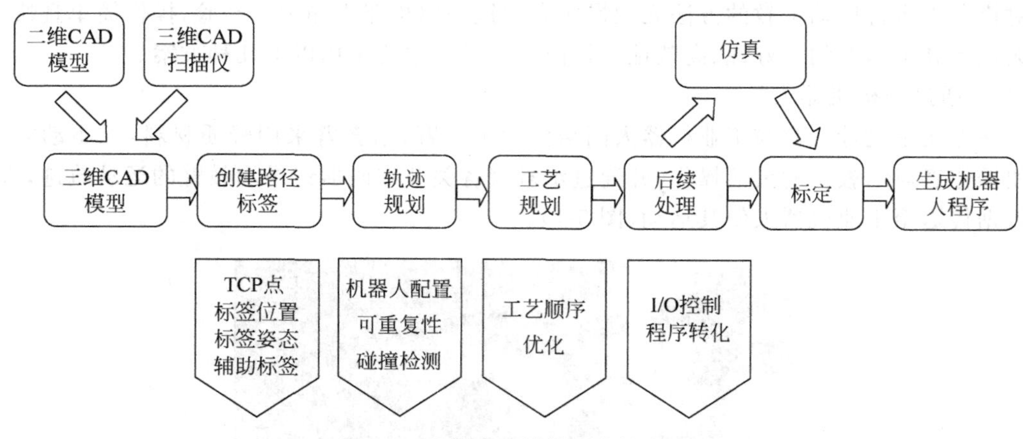

图 5-2 机器人离线编程关键步骤

离线编程软件功能一般包括几何建模功能、基本模型库、运动学建模功能、工作单元布局功能、路径规划功能、自动编程功能、多机协调编程与仿真功能。目前市场上常用的离线编程软件有:加拿大 Robot Simulation 公司开发的 Workspace 离线编程软件;以色列 Tecnomatix 公司开发的 ROBCAD 离线编程软件;美国 Deneb Robotics 公司开发的 IGRIP 离线编程软件;ABB 机器人公司开发的基于 Windows 操作系统的 RobotStudio 离线编程软件。此外日本安川公司开发了 MotoSim 离线编程软件,FANUC 公司开发了 Roboguide 离线编程软件,可对系统布局进行模拟,确认 TCP 的可达性,是否干涉,也可进行离线编程仿真,然后将离线编程的程序仿真确认后下载到机器人中执行。

值得注意的是在离线编程中,所需的补偿机器人系统误差、坐标数据很难得到,因此在机器人投入实际应用前,需要再做调整。另外,目前市场上的离线编程软件还没有一款能够完全覆盖离线编程的所有流程,而是几个环节独立存在。对于复杂结构的弧焊,离线编程环节中的路径标签建立、轨迹规划、工艺规划是非常繁杂耗时的。拥有数百条焊缝的车身要创建路径标签,为了保证位置精度和合适的姿态,操作人员可能要花费数周的时间。尽管像碰撞检测、布局规划和耗时统计等功能已包含在路径规划和工艺规划中,但到目前为止,还没有离线编程软件能够提供真正意义上的轨迹规划,而工艺规划则依赖于编程人员的工艺知识和经验。

3. 自主编程

自主编程是指机器人借助外部传感设备对工作轨迹自动生成或自主调整的编程方式。随着技术的发展,各种跟踪测量传感技术日益成熟,人们开始研究以加工工件的测量信息为反馈，由计算机控制工业机器人进行加工路径的自主示教技术。主要有以下几种。

1）基于激光的自主编程

基于激光的路径自主规划其原理是将激光传感器安装在机器人的末端，形成“眼在手上”的工作方式，如图 5-3 所示。利用焊缝跟踪技术逐点测量焊缝的中心坐标，建立焊缝轨迹数据库，在焊接时作为焊枪的运动路径。

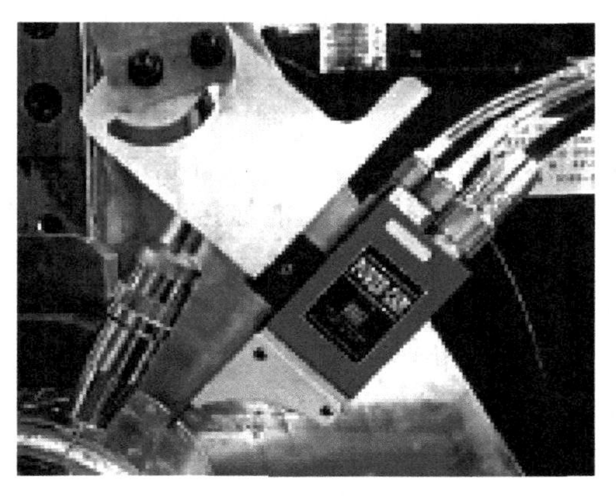

图 5-3 机器人基于激光的路径自主编程

2）基于视觉的自主编程

基于视觉反馈的自主示教是实现机器人路径自主规划的关键技术，其主要原理是：在一定条件下，由主控计算机通过视觉传感器沿焊缝自动跟踪，采集并识别焊缝图像，计算出焊缝的空间轨迹和方位（位姿），并按优化焊接要求自动生成机器人焊枪的位姿参数。

3）基于多传感器信息融合的自主编程

有研究人员采用力传感器、视觉传感器以及位移传感器构成一个高精度自动路径生成系统。系统配置如图 5-4 所示，该系统集成了位移、力、视觉控制，引入视觉伺服，可以根据传感器反馈信息来执行动作。该系统中机器人能够根据记号笔所绘制的线自动生成机器人路径，位移传感器用来保持机器人 TCP 标点的位姿，视觉传感器用来使得机器人自动跟随曲线，力传感器用来保持 TCP 标点与工件表面距离恒定。

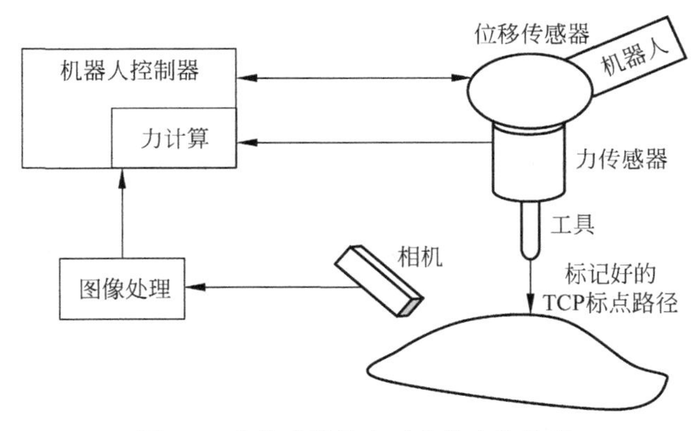

图 5-4 多传感器信息融合的自主编程

4）基于增强现实的编程技术

增强现实技术源于虚拟现实技术，是一种实时地计算摄像机影像的位置及角度并加上相应图像的技术，这种技术的目标是在屏幕上把虚拟世界套在现实世界并互动。增强现实技术使得计算机产生的三维物体融合到现实场景中，加强了用户同现实世界的交互。将增强现实技术用于机器人编程具有革命性意义。

增强现实技术融合了真实的现实环境和虚拟的空间信息，它在现实环境中发挥了动画仿真的优势并提供了现实环境与虚拟空间信息的交互通道。例如，一台虚拟的飞机清洗机器人模型被应用于按比例缩小的飞机模型。控制虚拟的机器人针对飞机模型沿着一定的轨迹运动，进而生成机器人程序，之后对现实机器人进行标定和编程。

基于增强现实的机器人编程技术(RPAR)能够在虚拟环境中没有真实工件模型的情况下进行机器人离线编程。由于能够将虚拟机器人添加到现实环境中，所以当需要原位接近时该技术是一种非常有效的手段，这样能够避免在标定现实环境和虚拟环境中可能碰到的技术难题。增强现实编程的架构由虚拟环境、操作空间、任务规划以及路径规划的虚拟机器人仿真和现实机器人验证等环节组成。该编程技术能够发挥离线编程技术的内在优势，比如减少机器人的停机时间、安全性好、操作便利等。由于基于增强现实的机器人编程技术采用的策略是路径免碰撞、接近程度可缩放，所以该技术可以用于大型机器人的编程，而在线编程技术则难以做到。

综上所述，在线编程方式简单易学，适合应用于复杂度低、工件几何形状简单的场合；离线编程方式适合加工任务复杂的场合，比如复杂的空间曲线、曲面等；而自主编程或辅助示教则大大提高了机器人的适应性，代表了编程技术的发展趋势。

在未来，离线编程技术将会得到进一步发展，并与CAD/CAM、视觉技术、传感技术、互联网、大数据、增强现实等技术深度融合，自动感知、辨识和重构工件和加工路径等，实现路径的自主规划、自动纠偏和自适应环境。

5.1.2　工业机器人编程语言要求和类别

机器人编程语言是一种程序描述语言，它能简洁地描述工作环境和机器人的动作，能把复杂的操作内容通过简单的程序来实现。机器人编程语言也和一般的程序语言一样，应当具有结构简明、概念统一、容易扩展等特点。考虑操作人员的方便性，机器人编程语言不仅应当简单易学，而且具有良好的对话性。

从描述操作指令的角度来看，机器人编程语言的水平可以分为以下几类。

(1) 动作级语言。动作级语言以机器人末端操作器的动作为中心来描述各种操作，要在程序中说明每个动作，这是一种最基本的描述方式。

(2) 对象级语言。对象级语言允许较粗略地描述操作对象的动作、操作对象之间的关系等。使用这种语言时，必须明确地描述操作对象之间和机器人与操作对象之间的关系，比较适用于装配作业。

(3) 任务级语言。任务级语言只要直接指定操作内容即可，为此，机器人必须具有思考能力，这是一种水平很高的机器人程序语言。

目前为止，已经有多种机器人语言，其中有的是研究室里的实验语言，有的是实用的机器人语言。目前,国外常用的机器人语言如表5-1所示。

表 5-1 国外常用的机器人语言

序号	语言名称	国家	研究单位	说明
1	AL	美国	Stanford Artificial Intelligence Laboratory	机器人动作及对象描述,机器人语言开始
2	AUTOPASS	美国	IBM Watson Research Laboratory	组装机器人语言
3	LAMA-S	美国	MIT	高级机器人语言
4	VAL	美国	Unimation	PUMA机器人语言
5	RIAL	美国	AUTOMATIC	视觉传感器机器人语言
6	WAVE	美国	Stanford Artificial Intelligence Laboratory	配合视觉传感器的机器人手、眼协调控制
7	DIAL	美国	Charles Stark Draper Laboratory	具有RCC顺应性手腕控制的特殊指令
8	RPL	美国	Stanford Artificial Intelligence Laboratory	可与Unimation机器人操作程序结合
9	REACH	美国	Bendix Corporation	适用于两臂协调作业
10	MCL	美国	McDonnell Douglas Corporation	可编程机器人、NC机床、摄像机及控制的计算机综合制造用语言
11	INDA	美国、英国	SRI International and Philips	类似RTL/2编程语言的子集,具有使用方便的处理系统
12	RAPT	英国	University of Edinburgh	类似NC语言的APT
13	LM	法国	Artificial Intelligence Group of IMAG	类似PASCAL,数据类似AL
14	ROBEX	德国	Machine Tool Laboratory TH Archen	具有与NC语言EXAPT相似的脱机编程语言
15	SIGLA	意大利	Olivetti	SIGMA机器人语言
16	MAL	意大利	Milan Polytechnic	两臂机器人装配语言,方便、易于编程
17	SERF	日本	三协精机	SKILAM装配机器人语言
18	PLAW	日本	小松制作所	RW系统弧焊机器人语言
19	IML	日本	九州大学	动作级机器人语言

5.1.3 HJG30编程语言应用

机器人的编程语言各个生产厂家各不相同,本节以哈尔滨工业大学机器人研究所研制的HJG30焊接机器人为例,对机器人的编程语言进行介绍。

1. HITSOFT编程命令

HJG30型焊接机器人采用HITSOFT编程语言,其常用的基本命令见表5-2~表5-7。

表 5-2 动作指令

指令名称	语　　句	说　　明
动作格式	MOVEJ	机器人空间点到点运动
	MOVEL	机器人空间直线运动
	MOVEC	机器人空间圆弧运动
位置变量	P[i]	用于存储位置数据的标准变量
进给率单位	%	机器人速度进给率
	mm/s	机器人直线或圆弧运动的速度
定位路径	F	机器人停止在指定位置后，开始下一步动作
	C[0-100]	机器人从指定位置逐渐移到下一动作的开始位置。编号越高，机器人移动越平滑
位置偏移	OffSet(x,y,z)	把机器人移动到被添加到位置变量里的偏移指令标定值的位置

表 5-3 寄存器和 I/O 指令

指令名称	语　　句	说　　明
寄存器	V[i]	机器人控制变量，i 为寄存器编号
位置寄存器	P[i]	机器人位置数据，i 为寄存器编号
输入/输出（数字）	DI[i]	输入数字信号
	DO[i]	输出数字信号
输入/输出（模拟量）	AI[i]	输入模拟信号
	AO[i]	输出模拟信号

表 5-4 条件分支指令

指令名称	语　　句	说　　明

比较环境条件	IF
	ELSEIF
	ELSE
	ENDIF
		表示一个比较环境条件和程序分支所在的指令或程序。可使用算子来连接（环境条件）

选择环境条件	SWITCH CASE ENDSWITCH	表示一个比较环境条件和程序分支所在的指令或程序

表 5-5 等待指令

指令名称	语　　句	说　　明
等待	WAIT	等待环境条件被满足或指定时间结束，可使用算子来连接（环境条件）
	DELAY	延时控制指令
	WHILE	等待环境条件被满足结束循环

表 5-6 无条件分支指令

指令名称	语句	说明
标号	LB[i]	表明程序分支编号
	JP LB[i]	在指定编号跳转
程序调用	CALL	调用子程序
程序结束	END	结束子程序，返回其调用的程序

表 5-7 程序控制指令

指令名称	语句	说明
中断	HOLD	中断程序

2. 编写任务程序

如图 5-5 所示，为了完成搬运工件的任务，机器人操作者应掌握程序的编写格式和步骤，熟悉示教编程器的操作，以及示教的方法。

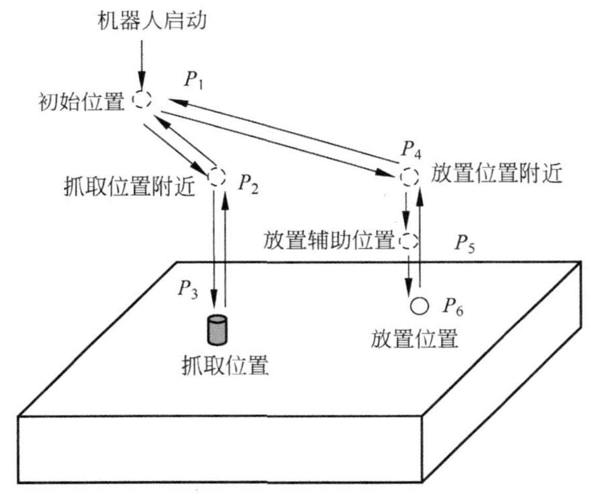

图 5-5 搬运工件流程图

分析搬运工件的布置图，确定机器人移动轨迹和各工位位置。可进行运动指令和逻辑指令编写，如表 5-8 所示。

表 5-8 搬运操作程序指令

序号	命令	注释
1	MOVEJ P[1] 50% F	移到初始位置
2	MOVEJ P[2] 50% F	移到抓取位置附近(抓取前)
3	MOVEL P[3] 50mm/s F	移到抓取位置
4	DO[1]=1	抓取工件
5	DELAY 500	等待抓取工件结束
6	MOVEL P[2] 50mm/s F	移到抓取位置附近(抓取后)
7	MOVEJ P[1] 50% F	移到初始位置
8	MOVEJ P[4] 50% F	移到放置位置附近(放置前)

续表

序号	命　令	注　释
9	MOVEL P[5]　50mm/s F	移到放置辅助位置
10	MOVEL P[6]　50mm/s F	移到放置位置
11	DO[1]=0	放置工件
12	DELAY 500	等待放置工件结束
13	MOVEL P[4]　50mm/s F	移到放置位置附近(放置后)
14	MOVEJ P[1]　50% F	移到初始位置
15	END	结束

5.2　机器人软件设计

5.1 节介绍了机器人的语言及编程，机器人的语言主要针对操作人员。作为机器人设计人员，还需要对机器人语言进行编译，转换成机器人控制系统能够识别的驱动控制代码、数据管理代码及交互代码。

为此，本节以哈尔滨工业大学机器人研究所研制的弧焊机器人为例，详细介绍机器人的软件系统设计过程，包括上位机软件和下位机软件(BeckHoff 控制软件)。设计过程如下：

(1) 建立机器人运动模型。机器人的运动学模型是机器人进行运动控制的数学基础，也是软件设计人员必须考虑的因素。机器人运动学包括正运动学和逆运动学，分别是机器人关节角度以及机器人末端位姿的正映射和逆映射。同时，需要建立机器人的不同坐标系，包括基础坐标系、关节坐标系、工具坐标系和用户坐标系等。机器人的运动程序编写必须进行机器人相关坐标系的转换和计算，工业机器人的运动学分析参考 2.3 节，这里不再赘述。

(2) 上位机软件系统。上位机软件主要完成机器人和操作者的人机交互功能，处理操作者的控制指令，显示机器人运行状态等。一般来说，机器人的上位机软件应具有程序编辑、数据管理、I/O 端口控制、系统功能设置和机器人运动等相关功能模块。并且机器人软件应具有与机器人下位控制器、机器人手控盒和其他外部装置的通信功能，并且具有较高的实时性。

(3) 下位机软件系统。下位机软件系统主要完成机器人的运动控制、外部 I/O 端口控制的工作，是机器人运动控制的核心部件。下位机软件应具有更高的实时性，能够实时监测机器人的运行状态，并与上位机软件相连接。

5.2.1　上位机软件设计

弧焊机器人的 PC 机软件系统以 Windows 操作系统为软件环境，利用面向对象的编程语言 VS 开发而成，是一个多任务处理控制软件。由于控制系统硬件采用“PC 机+运动控制器”的主从分布式结构体系，在控制系统软件设计时，依据软件工程的思想进行总体设计。编写机器人程序软件时主要考虑以下因素：

(1) 稳定性：软件具有查错、排错和报警功能，增加安全防护功能，提高程序运行的稳定性。

(2) 模块化：程序按模块化、分层次设计，结构清晰，各功能模块相对独立，便于调试和编写。并且在保证系统性能的前提下，使操作界面美观、简洁和实用。

(3) 扩展性：程序每个模块具有开放接口和功能增加接口，便于软件更新和升级。

1. 整体框架

图 5-6 为示教器运行流程图。示教器运行有两个线程，主线程用于界面显示，通信线程用于控制器与示教器之间数据的发送和接收，线程之间和各界面间的数据通过定义的静态变量、消息等方式在各界面之间进行数据交互。

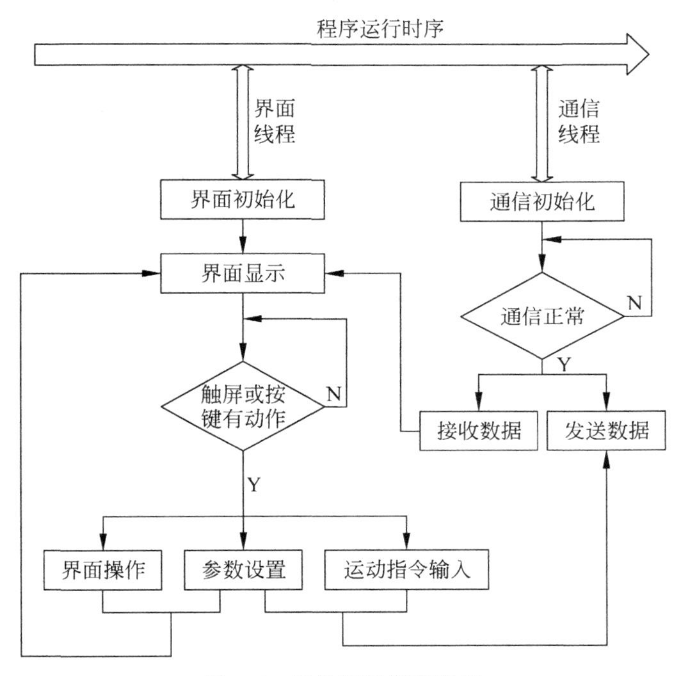

图 5-6 示教器运行流程图

2. 人机界面结构

示教器界面关系如图 5-7 所示，包括状态显示、功能选择和系统信息三部分。

3. 通信协议

示教器与控制器之间传递的有周期性的数据，也有非周期性的数据。控制器向示教器传递周期性的数据包含机器人的实时关节位置和末端位姿、机器人的运动状态和错误信息等数据。示教器向机器人控制器下发随机性的指令信息、数据程序、机器人参数等信息。

采用 socket 建立示教器与控制器之间的数据通信，控制器开机后，通信建立完成，在关机之前通信一直保持。

控制器与示教器之间传递的数据如图 5-8 所示。示教器周期性地向控制器传送机器人运动状态数据；控制器向示教器传送余下的几种数据。

示教器与控制器间的数据传递以 100ms 为一个周期，示教器向控制器下发的数据格式为：CMD-指令代码-指令数据-结束符。首先将要发送的数据转化成字符串，然后进行发送，当在一个周期内有指令时，发送控制指令，控制器端对接收的字符串进行处理，分离出命

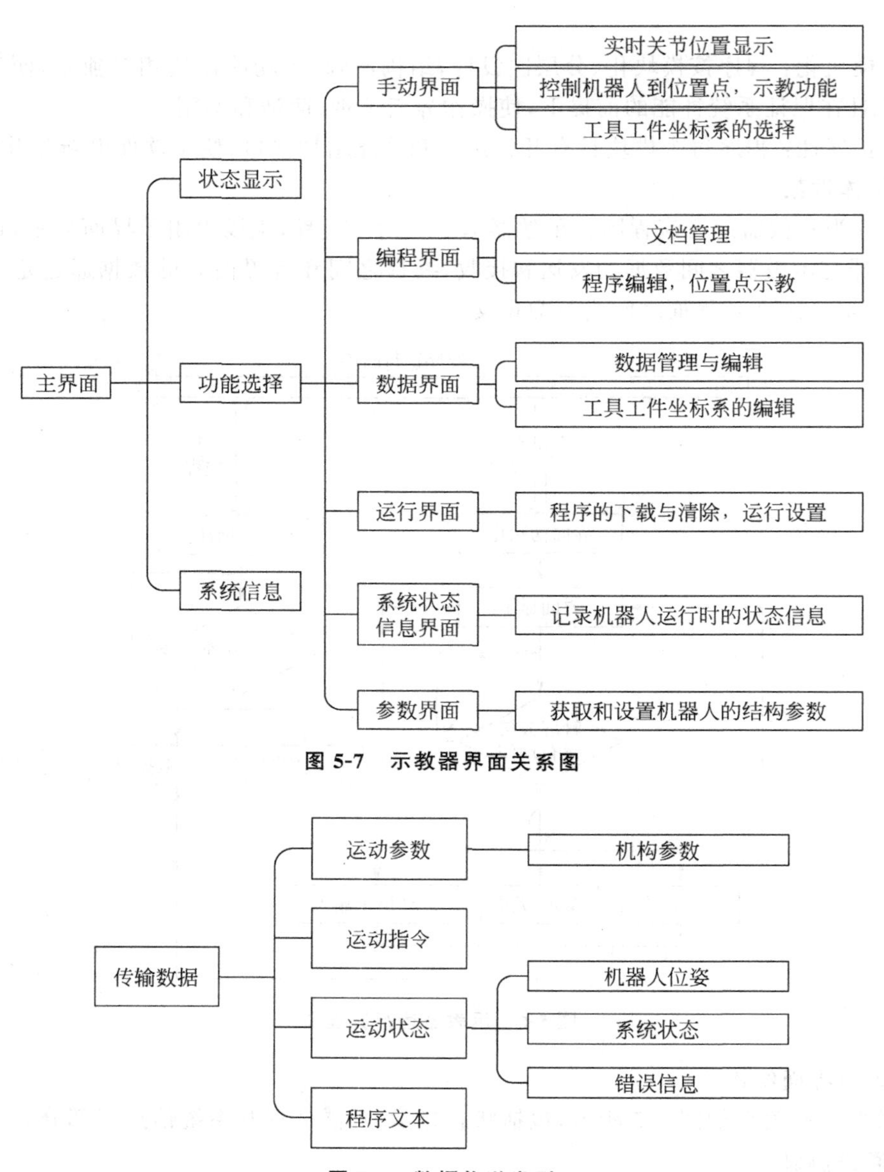

图 5-7 示教器界面关系图

图 5-8 数据传送类型

令代码和数据，进行相应的运动。控制器端向示教器端发送的数据格式为：各轴关节角度-末端位姿-使能状态-错误代码-运行模式-程序下载状态-程序运行行号，示教器端根据数据的发送顺序对接收的数据进行分解，在示教器界面上进行显示。

4. 控制器端数据分解流程

控制器端数据分解流程如图 5-9 所示。

5.2.2 下位机软件设计

机器人的下位机控制器采用倍福可编程控制器，结合其 TwinCAT3 控制软件可进行机

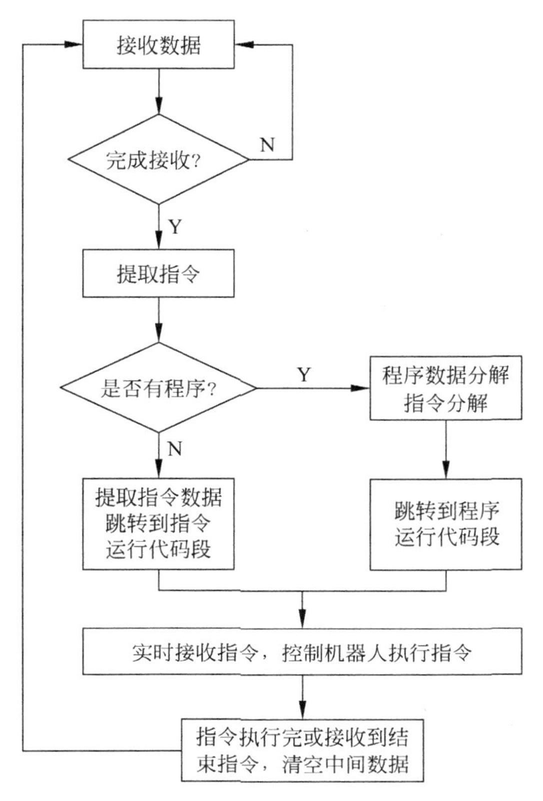

图 5-9 数据分解及运行流程图

器人下位机运动程序的编写。TwinCAT3 将模块化思想及其灵活的软件架构融入到整个平台。用户可以选择不同的编程语言来实现这些应用。除了经典的 PLC 编程语言的 IEC 61131-3,用户现在也可以用高级语言 C 或 C++,以及 MATLAB/Simulink。

机器人控制系统是基于上位机控制器进行的轨迹规划和控制部分,轨迹规划就是对其轨迹的控制,即控制机器人末端的位姿、速度、加速度关于时间按照某种规律变化;在给定的几何路径、姿态、速度、加速度的条件下,输出插补点的位姿关于时间的序列。一般的工业机器人,如弧焊、点焊、搬运机器人,机械臂末端预定的位姿、轨迹是通过离线或示教的方法实现的,即根据指定的目标点位,设定点位之间的关系,如关节插补、直线插补、圆弧插补等,并且设定通过这些预定点位的速度、加速度,机器人控制器就可以根据这些运动学变量规划机器人末端的轨迹。

具体的规划方法可分为关节空间法和笛卡尔空间法,根据不同的运动要求,选择相应的规划方式,无论哪种规划方式,都需要考虑各个轴或末端轨迹的启动和停止算法,实现位置、速度、加速度的连续。另外,对于曲线间的拟合点处,为保证轨迹规划的连续性,采用曲线间的过渡算法,实现过渡期间位置、速度、加速度的连续。

1. 系统功能

(1) 运动功能:点到点、直线插补、圆弧插补、曲线间过渡插补;

(2) 控制方式:位置、速度、加速度、姿态;

(3) 操作模式:示教、再现、程序编译;

(4) 多轴运动控制方式：串联、并联、混联等；

(5) 坐标系统：关节坐标、直角坐标、工件坐标、基坐标、工具坐标等；

(6) 控制轴数：最多 256 轴；

(7) 控制伺服：EtherCAT 通信、以太网通信等；

(8) 异常检出功能：急停异常、伺服异常、限位异常等；

(9) 多传感器集成：力矩传感器、视觉传感器等。

2. 系统软件

机器人控制系统软件部分是基于上位机控制器进行的开发过程，搭建控制系统软件框架，实现周期性控制伺服轴运动。具体的实现过程分为主程序、指令解释和规划模块、轨迹插补模块、运动学模块。

1) 主程序

主程序的功能主要是开启与结束整个程序，数据通信、传递，调用功能模块等，其框架结构如图 5-10 所示。在上位机控制器中，主程序以 2ms 的循环周期运行，建立与示教器间的通信，实时接收指令信息，发送机器人当前状态信息；建立与伺服驱动器间的通信，实时接收伺服轴的状态信息，等待发送运动信息；通信建立后，系统进行各个控制变量的初始化操作，完成开机的准备工作。系统接收到指令信息，判断是否是急停指令，如果是，则调用急停模块，伺服轴停止运动，伺服使能关闭，抱闸开启，故障排除后，执行复位模块；如果否，则调用指令对应的功能模块，完成指令内容。

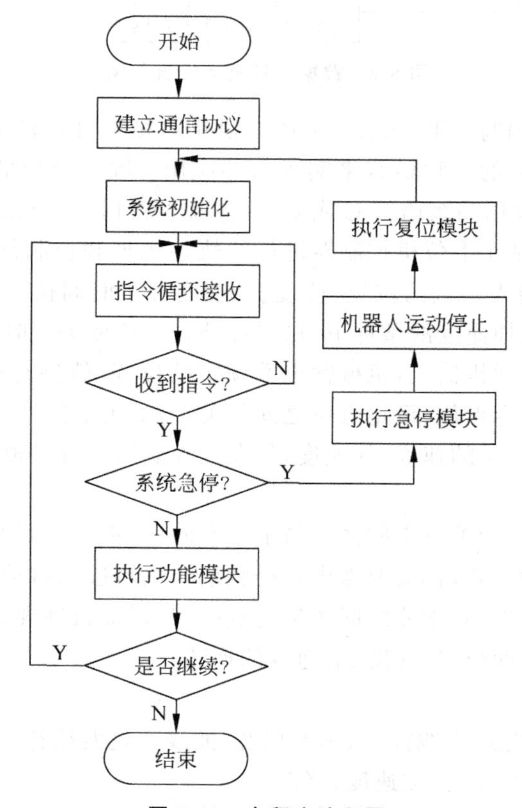

图 5-10 主程序流程图

2）指令解释和规划模块

该模块的主要功能是对指令进行解释和分类，将指令分为编译的程序指令和示教器的按键指令，进一步明确指令需要调用的功能模块，如图5-11所示。对于按键指令，用户通过示教器上的按键对控制系统进行操作，包括伺服轴使能、关节轴点动、末端线性点动、程序停止等，分别对应不同的功能模块，对指令解释后，调用相应模块即可。对于程序指令，用户通过在线或离线编译，生成程序语言，发送到控制系统，系统解读指令；对于功能性指令，如判断、循环、时间等待等，规划成需要的运动指令，提取运动参数，按规划顺序排列，依次调用轨迹插补模块，控制机器人运动。

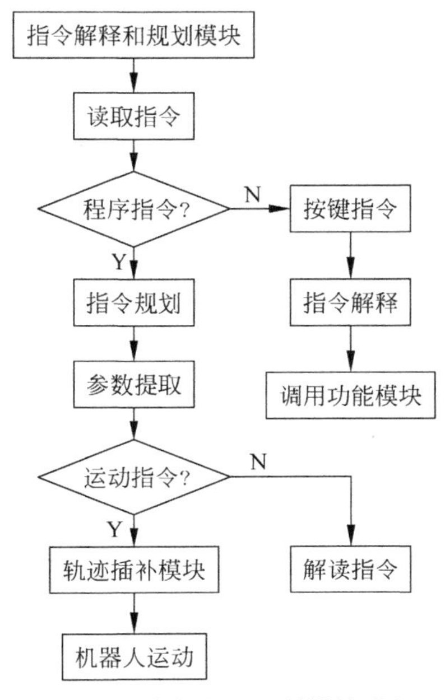

图5-11 指令解释和规划模块流程图

3）轨迹插补模块

该模块的主要功能是对轨迹进行插补，包括关节插补（MOVEJ）、直线插补（MOVEL）、圆弧插补（MOVEC）、过渡曲线插补、姿态插补等，如图5-12所示。模块执行过程中，读取运动指令，判断该运动指令是否有曲线过渡，如果有曲线过渡，则读取下一行运动指令，进行过渡曲线规划，采用双5次多项式规划位置、速度、加速度，计算过渡曲线两端规划后的位姿，然后规划非过渡段曲线轨迹，进而调用伺服控制模块；如果没有曲线过渡，则直接规划曲线轨迹，即位置、速度、加速度，进而调用伺服控制模块。轨迹插补模块如图5-13所示。

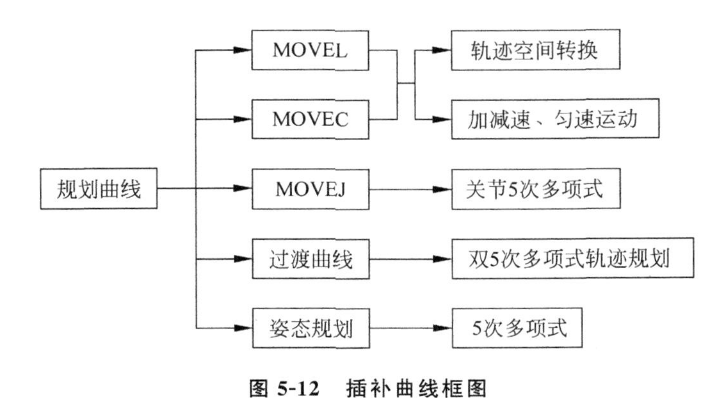

图5-12 插补曲线框图

4）运动学模块

该模块的主要功能是进行运动学解算，如图5-14所示，正运动学模块，输入为关节角度，输出为末端位姿；逆运动学模块，输入为末端位姿，输出为关节角度。这里的运动学模块可根据具体的应用要求编写相应的运动学程序。

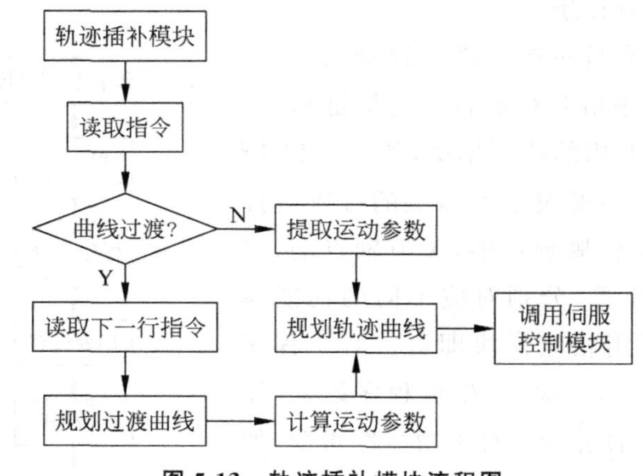

图 5-13 轨迹插补模块流程图

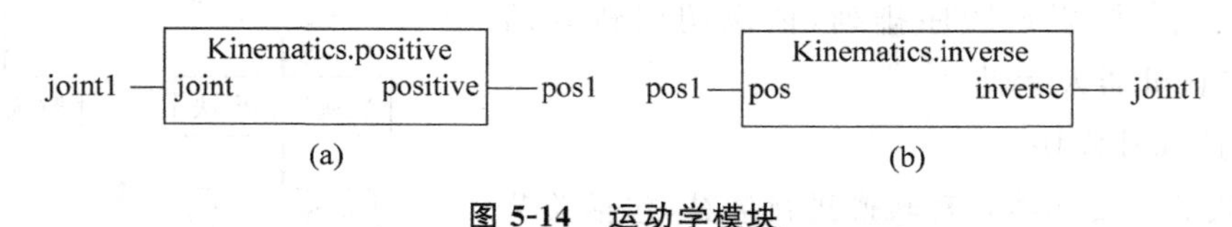

图 5-14 运动学模块

(a) 正运动学模块；(b) 逆运动学模块

5.3 工业机器人系统仿真

仿真技术是机器人领域中的一个重要组成部分，机器人仿真系统作为机器人设计和研究过程中安全可靠、灵活方便的工具也发挥着越来越重要的作用，通过仿真实验来研究机器人的各种性能和特点，已经是机器人理论研究的必备方法，仿真实验的结果也为机器人提供了有效的参考依据。目前国内外比较通用的仿真软件有 MATLAB、ADAMS、V-REP 以及 ROS 系统等，本节对上述仿真软件进行简述。

5.3.1 MATLAB 仿真

对工业机器人的研究过程中，常会遇到大量的数学运算和矩阵计算，尤其在对机器人进行运动分析和仿真时，会存在大量的矩阵计算，而 MATLAB 相对一般的数学软件具有强大的矩阵计算能力，并且简单的程序编程也为我们提供了方便，减少了工作量。除了利用其强大的数学运算能力外，利用它的附加工具箱(Toolbox)拓展了 MATLAB 的应用领域，例如控制系统设计与分析、图像处理、信号处理与通信等方面，使得 MATLAB 的功能更加强大，应用更加广泛。

MATLAB 中的 Robotics Toolbox 是 Peter Corke 专门针对机器人的数学研究而开发的工具包，其中包含了在对机器人进行研究时的重要功能函数，为机器人的数学建模提供了方便，并为机器人的运动学、动力学、轨迹规划等问题以及图形仿真实验提供了研究环境，

Robotics Toolbox 工具箱包含了大量优秀的函数来处理对机器人的数学建模、正逆运动学求解等问题，其简洁、高效的数据表达和运动仿真能力让机器人算法具有良好的可视化。

在对机器人进行运动学研究时，矩阵法是对描述位姿的一种常用方法。采用矩阵法进行坐标的旋转变换时，都需要对正余弦进行大量的运算，尤其是在进行坐标的复合变换时，多个齐次矩阵的相乘，使得手工运算难度增大。而在 Robotics Toolbox 中提供的 Transl 以及 Rot 函数就可以很方便、容易地分别实现平移、旋转变换。

在对机器人进行运动仿真时，通常需要先建立机器人数学模型，我们可将其本体机构看作是由很多关节连接起来的，因此在进行数学建模时，需要先建立起各关节的连杆模型，在 Robotics Toolbox 工具箱中，可调用 Link 函数来构建各关节，Link 函数的一般形式为

L＝Link([alpha A theta D sigma], CONVENTION)

其中，参数 alpha 表示机器人关节连杆的扭角，参数 A 表示各关节连杆长度，参数 theta 表示各关节的转角，参数 D 表示相邻两连杆间的偏距，参数 sigma 代表关节的变化类型(0 表示相邻连杆之间的关节为转动关节，1 表示两相邻连杆之间的关节为平移关节)，参数 CONVENTION 有 standard(标准 D-H 参数)和 modified(改进 D-H 参数)两个选项。因此只要建立好机器人的连杆坐标系就可以确定 D-H 参数，从而可对任意型号的工业机器人进行数学建模。

根据焊接机器人的 D-H 参数，可以编制下面的 MATLAB 机器人模型，图 5-15 即为焊接机器人的数学模型。

```
L(1)=Link([-pi/2 a1 0 d0]);
L(2)=Link([0 a2 -pi/2 0]);
L(3)=Link([-pi/2 a3 0 0]);
L(4)=Link([pi/2 0 0 d1]);
L(5)=Link([-pi/2 0 0 0]);
L(6)=Link([0 0 0 d2]);
Robot6=SerialLink(L,'name','Robot');
Robot6.plot([0 0 0 0 0 0]);
```

在对机器人进行运动仿真时，Robotics Toolbox 提供了 drivebot 函数，如图 5-15 所示，可以在其提供的界面友好的 GUI 窗口便捷地对机器人各个关节进行独立的驱动，以手动的方式移动机器人。机器人工具箱中主要包括 Link 类和 SerialLink 类。其中，Link 对象保存与机器人连杆相关的所有信息，例如运动学参数、刚体动力学参数、电机和传动参数等；SerialLink 类表示串联臂型机器人的具体类，可以进行运动学计算、动力学计算、动画演示等。

5.3.2 ADAMS 仿真

ADAMS 软件是虚拟样机领域非常优秀的软件。它的功能很强大，给用户提供了友好的界面，具有快速简便的建模功能，以及强大的函数库、交互式仿真和动画显示等功能。利用 ADAMS 软件对机器人进行运动学仿真分析，可以将仿真的数据应用在机器人物理样机上进行调试，检测机器人结构设计是否合理，机器人运行中是否出现碰撞、干涉等，为机器人

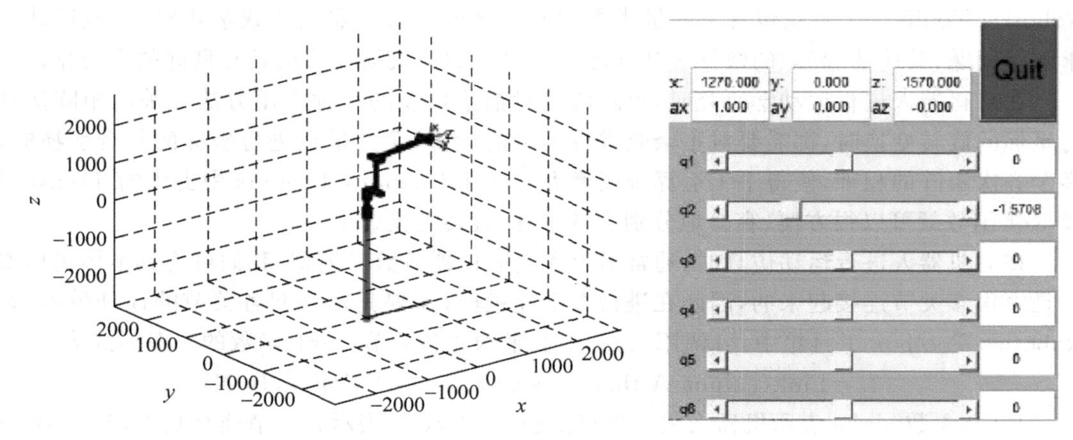

图 5-15 MATLAB 机器人模型结构图

物理样机调试提供一种快捷、方便的途径。机器人动力学仿真的主要任务是讨论机器人关节驱动力矩与机械臂运动之间的关系。动力学分析不仅为实现所需的运动和运动控制提供依据，同时，能够为提高机器人动态特性提供依据。

利用 ADAMS 软件对机器人进行刚体动力学仿真可以方便地得到特定工况下机器人电机驱动力矩；利用无路径搜索的动力学仿真，求解机器人在惯性空间的最大驱动力矩，为电机的选型提供参考；而通过对机器人大臂进行刚柔混合动力学仿真可以为大臂的优化设计提供很好的参考意见。利用 ADAMS 建立六轴工业机器人虚拟样机的关键步骤如下：

（1）利用 SolidWorks 对六轴工业机器人各刚性体的质量、重心和转动惯量进行测量；

（2）在 SolidWorks 装配体文件中将各刚性体另存为 x_t 文件；

（3）将 x_t 文件作为零件导入 ADAMS 中，并设置对应的重心位置、质量和转动惯量；

（4）设置各刚性件的关节约束和驱动，所搭建的 ADAMS 虚拟样机如图 5-16 所示。

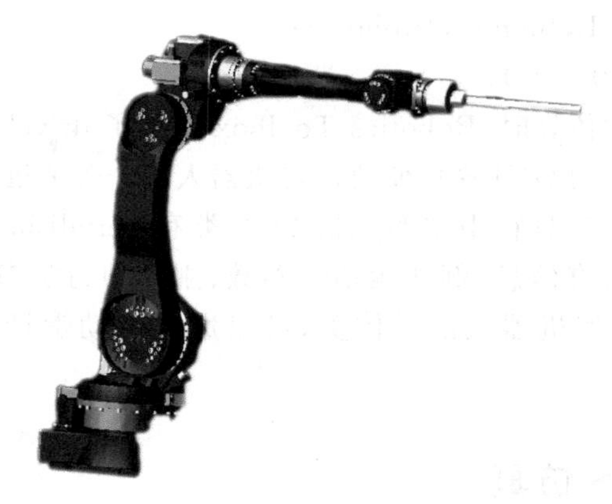

图 5-16 ADAMS 虚拟样机示意图

设置完毕可进行工业机器人的仿真，从而得到运动副上的位移、速度、加速度、作用力和力矩等数据，并生成各种数据曲线。

5.3.3　V-REP 仿真

V-REP 是由瑞士 Coppelia 公司开发的一款机器人仿真软件。V-REP 让使用者可以模拟整个机器人系统或其子系统，通过详尽的应用程序接口（API），可以轻易地整合机器人的各项功能，并且支持多种编程语言。V-REP 是基于分布式控制架构的、免费的、完善的开发环境。采用 V-REP 软件进行工业机器人的运动仿真，模型建立过程如图 5-17 所示。

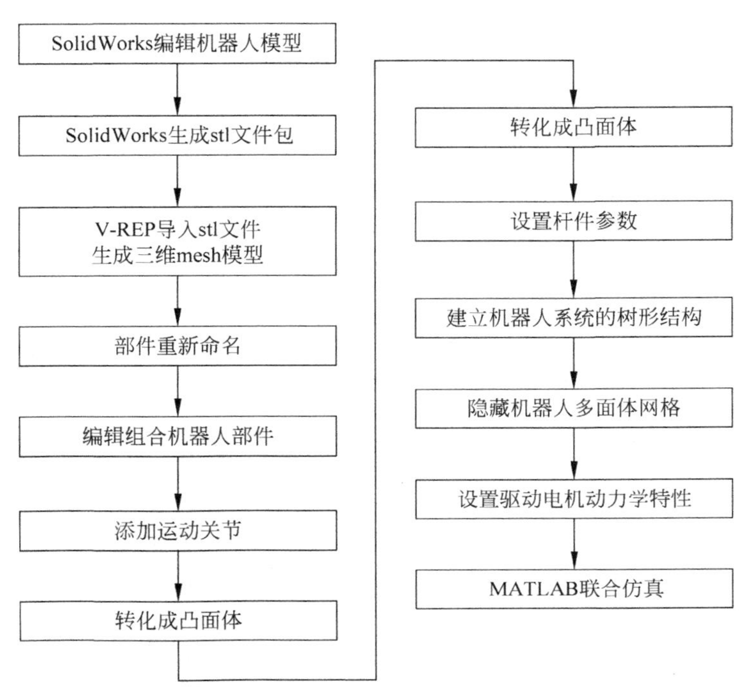

图 5-17　工业机器人 V-REP 运动仿真方案

所搭建的工业机器人平台如图 5-18 所示。

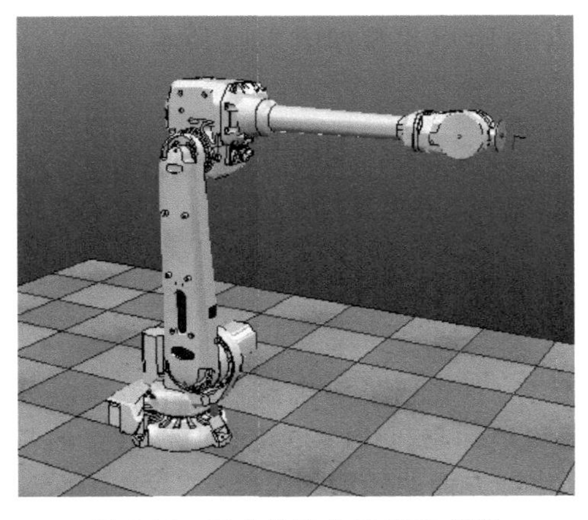

图 5-18　工业机器人 V-REP 模型

5.3.4 ROS 系统仿真

ROS 是一个开源的机器人操作系统。它提供了很多关于机器人的硬件抽象，以及常用功能的实现，使得机器人的开发更加便捷迅速，很快在机器人研究领域成为研究热潮。ROS 中有很多封装好的代码，用于实现一些常用功能，可以使人们在开发机器人中把研究重点放在核心算法的研究和改进上，极大地提高机器人开发效率。

ROS 设计的初衷是提高机器人的开发效率，使得人们对于机器人的开发主要集中在关键问题的研究上，能够快速开发出用于实验验证的机器人。它是一种分布式的处理框架。程序在运行时，所有的进程以及它们所进行处理的数据都会通过一种点对点的网络表现出来，这一级主要包括节点(node)、消息(message)、主题(topic)、服务(service)。节点就是执行计算任务的进程。节点之间的通信通过消息传递。消息以一种订阅和发布的方式进行，每一种消息都是一种严格固定的数据结构。

ROS 中采用的是机器人描述格式(Unified Robot Description Format，URDF)来构建机器人，URDF 使用 XML 标签来描述机器人的每个组件，以 URDF 形式先描述机器人基座(在 URDF 中将基座看作一个固定的连杆)的名称和类型、连接到基座的连杆，之后逐一说明连杆和关节的内容。连杆 link 标签描述连杆的名称、大小、重量和惯性等，在 URDF 中可以输入 CAD 文件用于可视化界面的模型显示，如 STL 和 DAE。所以可以使用三维建模软件建立各个连杆的三维模型，然后通过 link 标签将模型导入；joint 标签描述连杆之间的关节，包括关节的名称、类型，并且定义连接两杆的父子关系。limit 标签还可以设置关节运动的极限，例如给予关节的力、速度和角度等物理量的限制。还有很多标签用于描述机器人的一些其他特征，如颜色、材料等。在完成 URDF 文件的编写后，还可以通过 RViz3D 可视化工具来验证文件的正确与否。工业机器人的 ROS 模型如图 5-19 所示。

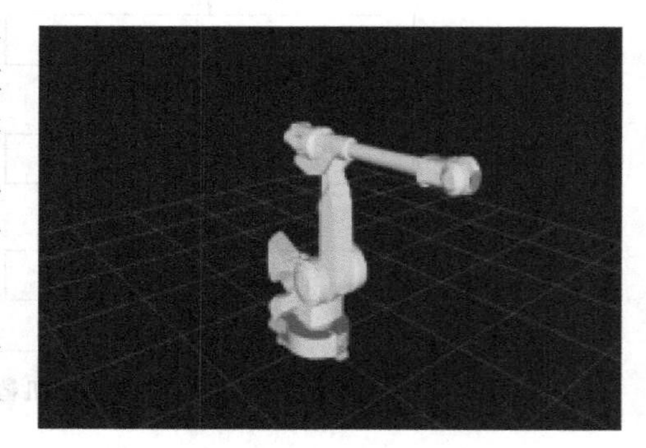

图 5-19 工业机器人 ROS 模型

5.4 机器人操作

5.4.1 弧焊机器人简介

为了进行机器人操作任务，首先要了解机器人的相关知识、HJG30 型机器人的安全操作规程和日常维护、机器人的坐标系、HITRSOFT 编程语言的基本命令、示教编程器的使用操作方法、示教模式的操作等方面的知识和技能。

HJG30 型机器人是由哈尔滨工业大学机器人研究所设计的 30kg 弧焊机器人。机器人具有空间位置和姿态的调整能力，即具有 6 个自由度。并且机器人具有较高的位置精度、控制精度和操作安全性能等。机器人采用工业型手臂结构，包括转动、摆动、摆动、转动、摆动和转动关节，共有6个自由度，全部关节皆为转动型关节，而且前3个关节都集中在腕部。关节型机器人的特点是结构紧凑，所占空间体积小，相对的工作空间较大，是工业机器人中使用最多的一种结构，可以到达机器人工作空间的任一位置和姿态。机器人的结构如图5-20所示。

机器人的控制系统由示教器、多轴运动控制卡和6个伺服控制器等构成，运动控制卡通过计算机网线相连。机器人6个关节的绝对位置码盘值均输入多轴运动控制卡，作为位置反馈信号，用于实现位置伺服控制。机器人关节驱动采用松下交流伺服电机，控制器为基于网络总线的六路驱动器控制，控制信号来自相邻BeckHoff控制器的开关信号。

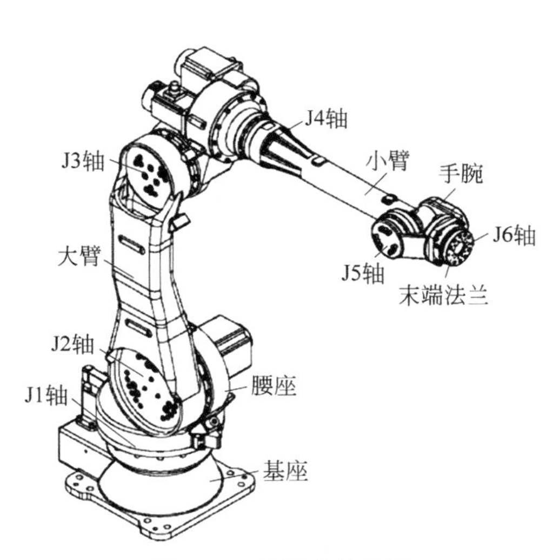

图5-20　机器人结构图

图5-21　机器人控制柜结构图

1. 控制柜

机器人控制柜如图5-21所示，控制柜内部安装有机器人的控制系统、驱动系统。其各项主要参数如下：

外形尺寸：600mm×600mm×1200mm；

数字输入/输出(I/O)：专用信号(硬件)有10个输入和4个输出；

通用信号(标准)有32个输入和32个输出；

驱动单元：交流(AC)伺服电机的伺服包；

存储容量：1000程序点，1000条命令(包括程序点)。

控制柜的正面装有主电源开关和门锁，柜门的右上角装有急停键，示教编程器挂在急停键下方的挂钩上。

2. 示教编程器

示教编程器如图5-22所示，示教编程器外形尺寸为260mm×200mm×60mm。

在示教编程器上装有急停按钮、手压开关、状态指示灯和各种操作按键等。其中，手压开关和急停按钮起保护作用，操作者在示教模式工作时可随时控制机器人的伺服上电状态。状态指示灯的作用是显示机器人的运行、暂停和报警的状态，当指示灯变红之后，提示操作者进行相关的检查。在机器人示教盒的面板之上布置了相关的功能按键，可以完成机器人程序编写、数字编辑、速度修改和运动控制等功能。

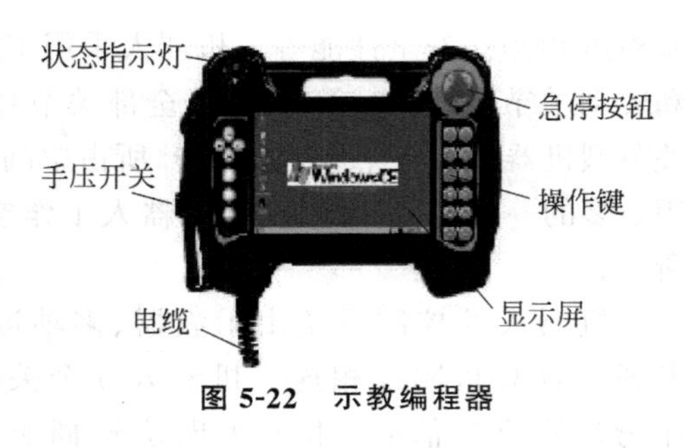

图 5-22 示教编程器

5.4.2 机器人操作安全注意事项

1. 操作人员的安全注意事项

使用前(安装、运转、保养、检修)，应务必熟读并全部掌握机器人说明书和其他附属资料，在熟知全部设备知识、安全知识及注意事项后再开始使用。安全注意事项分为“危险”“注意”“强制”“禁止”四类分别记载(表 5-9)。

表 5-9 机器人操作安全类型

分类	说明
危险	误操作时有危险，可能发生死亡或重伤事故
注意	误操作时有危险，可能发生中等程度伤害、轻伤事故或物件损坏
强制	必须遵守的事项
禁止	禁止的事项

即使是属于“注意”类的事项，也会因情况不同而产生严重后果，故任何一条“注意”事项都极为重要，请务必严格遵守。

另外，在机器人的最大动作范围内均具有潜在的危险性。使用机器人的所有人员(安全管理员、安装人员、操作人员和维修人员)必须时刻树立安全第一的思想，确保所有人员的安全。

注意：

(1) 在机器人的安装区域内禁止进行任何危险作业。如任意触动机器人及其外围设备，将会有造成伤害的危险。

(2) 未经许可的人员不得接近机器人和其外围的辅助设备。不遵守此提示可能会由于触动机器人控制柜、工件、定位装置等而造成伤害。

(3) 不要强制扳动机器人的轴，否则可能会造成人身伤害和设备损坏。

(4) 不要倚靠在机器人或其他控制柜上，不要随意地按动操作键，否则可能会使机器人产生未预料的动作，从而引起人身伤害和设备损坏。

(5) 在操作期间，不允许非工作人员触动机器人，否则可能会使机器人产生未预料的动作，从而引起人身伤害和设备损坏。

2. 使用机器人的安全注意事项

(1) 当往机器人上安装一个工具时，务必先切断(OFF)控制柜及所装工具上的电源并锁住其电源开关，而且要挂一个警示牌。安装过程中如接通电源，可能会因此造成电击，或会产生机器人的非正常运动，从而引起伤害。

(2) 不要超过机器人的允许范围，否则可能会造成人身伤害和设备损坏。

(3) 无论何时，如有可能，都应在作业区外进行示教工作。

(4) 当在机器人动作范围内进行示教工作时，则应遵守下列警示：始终从机器人的前方进行观察；始终按预先制定好的操作程序进行操作；始终具有一个当机器人万一发生未预料的动作而进行躲避的想法。确保操作人员在紧急的情况下有退路，否则可能误操作机器人，造成伤害事故。

(5) 在操作机器人前，应先按下机器人控制柜前门上及示教编程器右上方的急停按钮，以检查“伺服准备”的指示灯是否熄灭，并确认其电源确已关闭。如果紧急情况下不能使机器人停止，则会造成机械的损害。

(6) 在执行下列操作前，应确认机器人动作范围内无任何人：接通机器人控制柜的电源时；用示教编程器移动机器人时；试运行时；再现操作时。

(7) 示教机器人前先执行下列检查步骤，如发现问题则应立即更正，并确认所有其他必须做的工作均已完成：一要检查机器人运动方面的问题；二要检查外部电缆的绝缘及护罩是否损坏。

(8) 示教编程器使用完毕后，务必挂回到机器人控制柜的挂钩上。如示教编程器遗留在机器人、系统夹具或地面上，则机器人或装载其上的工具将会碰撞它，因此可能引起人身伤害或设备损坏。

5.4.3　机器人操作

1. 主界面

主界面包含机器人的使能状态显示、示教器与控制器通信连接状态显示、机器人手动自动状态显示、机器人运动状态信息显示和各个子界面切换按钮等内容(图5-23)。

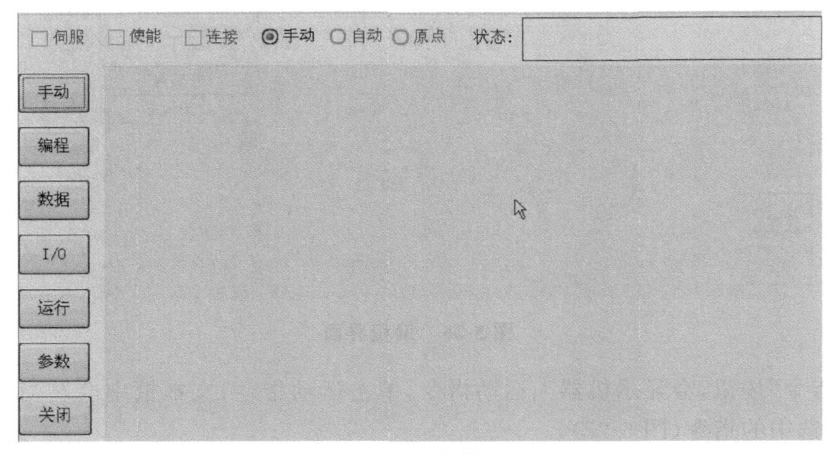

图5-23　主界面

2. 手动界面

单击“手动”按钮显示手动界面(图 5-24),手动界面显示实时的机器人各个关节角的转角、机器人的末端位姿和运行速度。手动状态下通过示教器上的按键控制机器人运动,有两种运动模式:关节空间运动和笛卡尔空间运动。在手动界面可以设置当前的工件坐标和工具坐标。单击“回零点”按钮可控制机器人返回初始位置。单击“状态转换”按钮,控制机器人在关节空间运动和笛卡尔空间运动两种模式之间的转换,单击“转到”按钮显示手动界面,选中文本框的位置值,按住右侧的“转到”按钮,可使机器人运动到选中的位置点,示教按钮可以将选中的位置点修改为机器人当前的位置,关闭退出界面,转到手动界面。

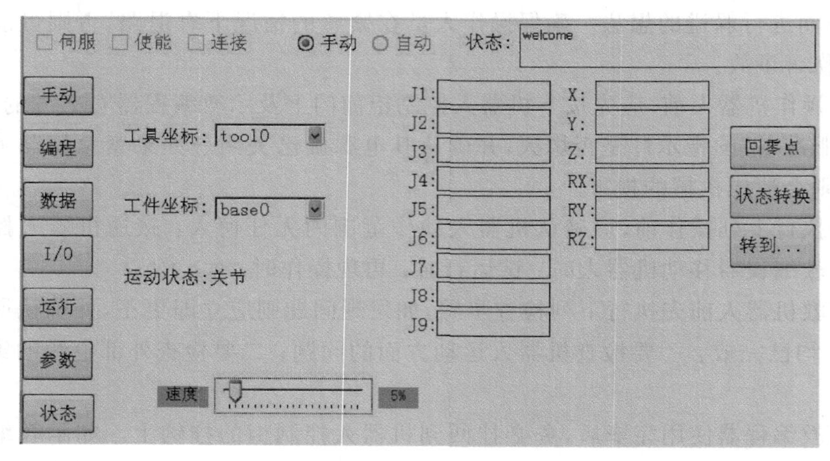

图 5-24 手动界面

3. 编程界面

单击“编程”按钮显示编程界面(图 5-25),单击右侧的“文件”按钮显示文件处理的一些功能按钮,单击“新建”按钮建立一个新的程序编辑文件,如图 5-26 所示。

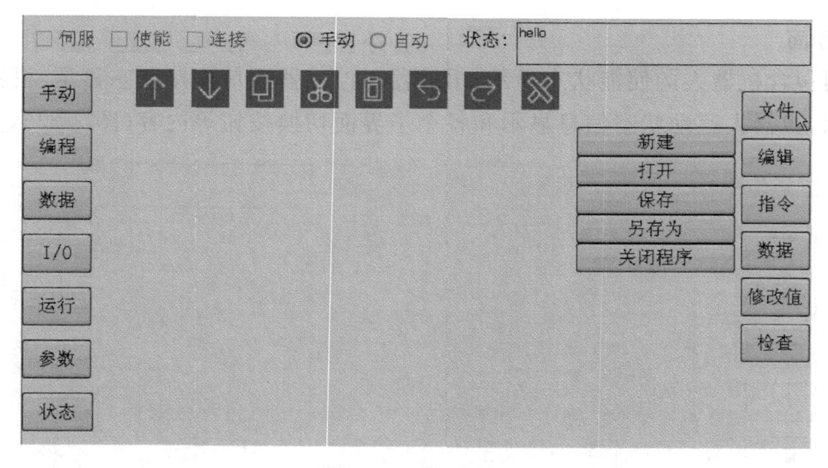

图 5-25 编程界面

单击“指令”按钮,会显示机器人运动指令,单击运动指令,文本框中会在当前选中文本的下方插入选中的指令(图 5-27)。

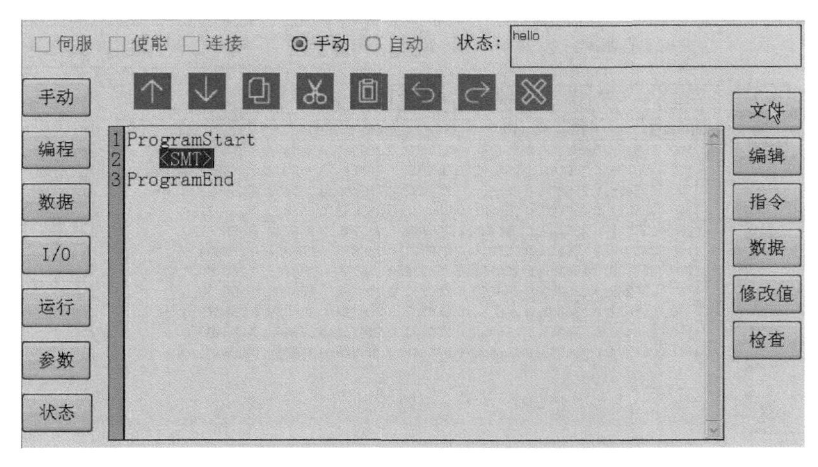

图 5-26 新建程序界面

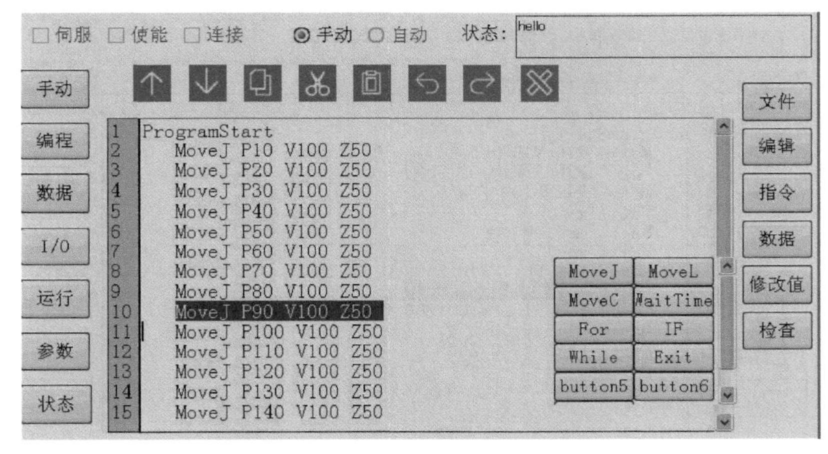

图 5-27 程序指令编写界面

单击文本框中的程序部分，会自动选中一句运动指令或一个数据变量，双击或单击"编辑"按钮会出现指令编辑界面，选中不同的参数，会在下面的列表框中列出程序中所有对应的数据，可以进行选择修改。

4. 数据界面

单击主界面上的"数据"按钮，显示数据界面，如图 5-28 所示。

单击界面上方不同的数据类型，会显示对应的数据变量。右侧的按钮可以对选中的数据进行编辑。单击"增加"按钮为当前选中的数据类型增添一个系统默认值的新数据；单击"示教"按钮将当前选中的位置点数据修改为当前机器人实际的末端位姿或转角值；单击"编辑"按钮对选中的数据值进行修改；单击移动到按钮，控制机器人运动到当前选中的位置点处；单击"删除"按钮，删除当前选中的数据。

5. 运行界面

单击左侧"运行"按钮，显示运行界面(图 5-29)，程序编辑界面的程序会显示在运行界面的文本框中。单击"下载"按钮，将程序下载到控制器中。使机器人使能，然后通过示教器

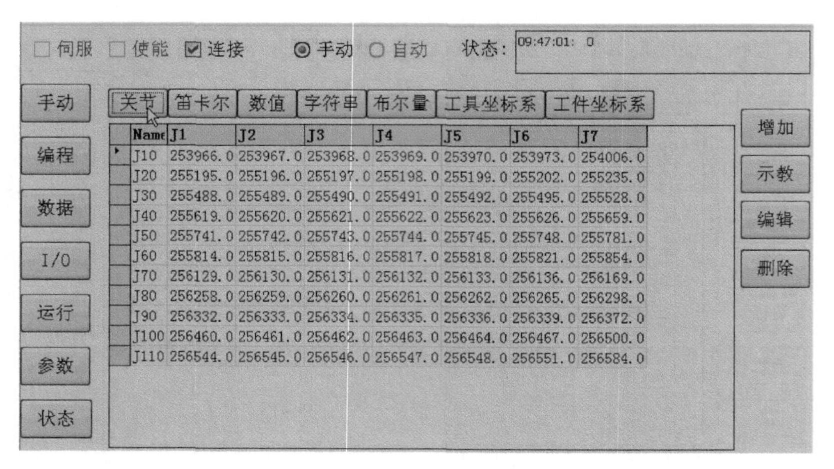

图 5-28 数据界面

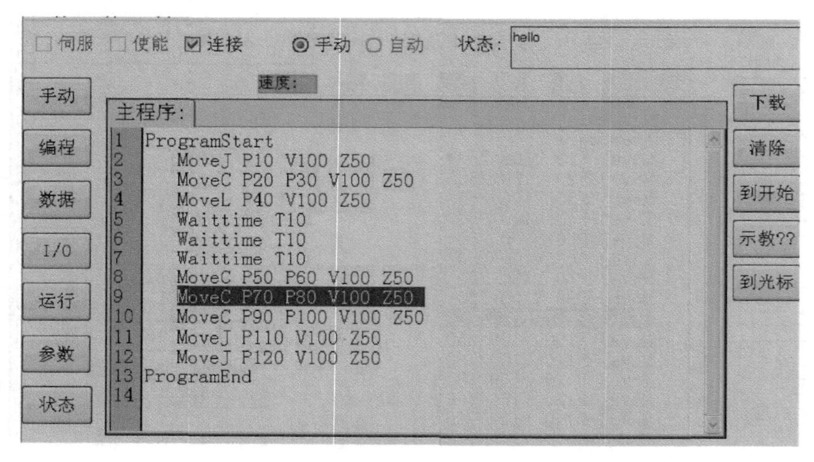

图 5-29 运行界面

的“运动”“停止”“单步”等按钮，来控制机器人按程序进行运动。单击“清除”按钮，控制器中的程序被清空。单击“到开始”按钮，程序指针转移到程序头，单击“到光标”按钮，程序指针移动到当前光标的位置，程序运行时从当前光标位置处开始运行。程序运行的过程中，光标会跟踪机器人的当前运行指令。

6. 参数设置界面

该操作通过“获取参数”和“设置参数”两个按钮来获取与修改机器人的 D-H 参数(图 5-30)。

5.4.4 设备的维护

机器人在装配调试完毕后，都有一定的使用寿命，包括机械系统的轴承、减速机、控制器和控制柜线路等部件的寿命。上述部件故障属于机器人重大故障，需要生产厂家进行更换。同时机器人还存在着常规故障，包括电池、润滑和继电器等小部件。在机器人运行过程中，对非重大故障进行定期检查维护，不仅能够保持机器人的最佳性能，还可以增加机器人的

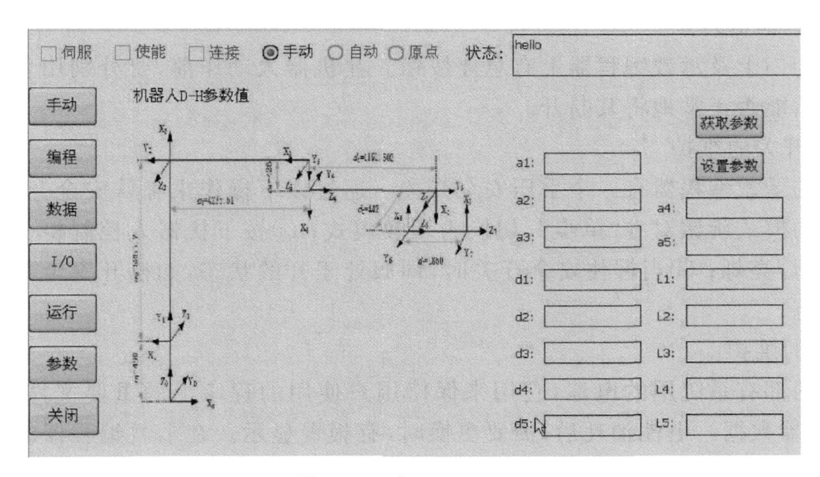

图 5-30 参数设置界面

寿命。

对机器人的维护可分为以下几种：

1. 日常维护

注意： 通电时请不要触摸冷却风扇等设备，否则会有触电、受伤的危险。

设备的日常维护工作如表 5-10 所示。

表 5-10 日常维护工作

维护设备	维护项目	维护时间	备注
控制柜本体	检查控制柜的门是否关好	每天	
	检查密封构件部分有无缝隙和损坏	每月	
柜内风扇以及背面导管式风扇	确认风扇转动	适当	打开电源时
急停按钮	动作确认	适当	接通伺服时
安全开关	动作确认	适当	示教模式时
电池	确认电池有无报警显示及信息显示	适当	

1）机器人控制柜的维护

（1）检查控制柜门是否关闭。

机器人控制柜的设计是全封闭的构造，使外部油烟气体无法进入控制柜。要确保控制柜门在任何情况下都处于完好关闭状态（即使在控制柜不工作时）。当维护等原因开关控制柜门时，必须将电源开关手柄置于 OFF 后再开柜门。

（2）检查密封构造部分有无缝隙和损坏。

打开时，检查控制柜边缘部的密封垫有无破损，检查机器人控制柜内部是否有异常污垢。如有，待查明原因后，尽早清扫。在控制柜门关闭的状态下，检查有无缝隙。

2）冷却风扇的维护

如果冷却风扇转动不正常，控制柜内温度会升高，机器人控制柜会出现故障，所以应检查冷却风扇。控制柜内的风扇和背面导管式风扇在接通电源时转动，所以要经常检查风扇是否转动，感觉排风口和吸风口的风量，确认其转动是否正常。

3）急停按钮的维护

在控制柜门上及示教编程器上有急停按钮。在机器人动作前，要分别用急停按钮确认在伺服接通后能否正常地将其断开。

4）安全开关的维护

控制器的示教编程器有一个手压安全开关。通过以下操作来确认安全开关是否有效：①把控制柜的模式旋钮对准“单步”，切换为示教模式；②按下机器人控制柜上的上电按钮后，伺服 ON 灯亮烁；③当握住安全开关时，伺服处于开的状态，如松开安全开关时伺服将变为关的状态。

5）电池的维护

控制柜内部有系统用的电池，它用来保持用户使用的程序上的重要文件数据（CMOS数据）和编码器数据。电池消耗后，需要更换时，有报警显示。在示教编程器的画面上将显示“存储器电池已消耗”的信息。

2. 定期维护

更换驱动装置润滑脂。每年更换 J1、J2、J3、J4、J5、J6 轴减速器、电机座齿轮箱和手腕部分润滑脂。更换润滑脂的基本步骤如下：

（1）切断电源。

（2）移去润滑脂出口的直通式压注油杯，将机器人体内的陈旧润滑脂倒出。

（3）通过润滑脂入口提供润滑油脂，直至新的润滑脂从润滑脂出口流出。

（4）将直通式压注油杯装到润滑脂出口上，重新使用直通式压注油杯时，用密封胶密封直通式压注油杯。

注释：如果未能正确润滑操作，润滑腔体的内部压力可能会突然增加，这有可能损坏密封部分，从而导致润滑脂泄漏和异常操作。因此，在执行润滑操作时，请遵守下述注意事项：

（1）执行润滑操作前，打开润滑脂出口（移去润滑脂出口的插头或直通式压注油杯）。

（2）缓慢地提供润滑脂，不要过于用力，使用手动泵。

（3）仅使用具有指定类型的润滑脂。如果使用了指定类型之外的其他润滑脂，可能会损坏减速器或导致其他问题。

（4）润滑完成后，确认在润滑脂出口处没有润滑脂泄漏，而且润滑腔体未加压，然后闭合润滑脂出口。

（5）为了避免润滑而导致的意外，应将地面和机器人上的多余润滑脂彻底清除。

5.5 小　　结

本章系统介绍了工业机器人的编程方式和编程语言，给出了以 PC＋BeckHoff 为控制结构的机器人软件设计流程。同时对哈尔滨工业大学机器人研究所设计的 30kg 焊接机器人的操作和编程进行了详细介绍。并且介绍了当前主要的工业机器人仿真系统，阐述了机器人的机械系统、控制系统和软件系统的原理及操作流程，加深了读者对机器人使用的印象，可提高学生对机器人的实践操作能力。

习　　题

1. 工业生产中应用的机器人主要编程方式有哪几种，请叙述其各自的工作原理。

2. 请用框图说明工业机器人多传感器信息融合的自主编程。

3. 从描述操作指令的角度来看，机器人编程语言的水平可以分为哪几种形式？简述其特点。

4. 请列出 HITSOFT 编程语言的运动指令及格式。

5. 编写工业机器人程序软件时主要考虑哪几个因素？

6. 请按照题图设计工业机器人路径并编程，要求：(1)机器人从初始位置→抓取物体→放置物体；(2)机器人能够避障，保护工件和工作台的安全。

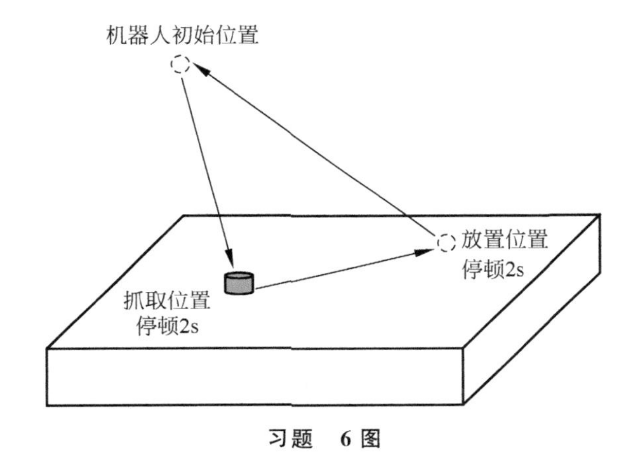

习题　6 图

7. 目前国内外比较通用的工业仿真软件有 MATLAB、ADAMS、V-REP 以及 ROS 系统，请说明其特点。

8. 机器人操作安全注意事项有哪些？

9. 请叙述工业机器人的维护要素。

参 考 文 献

[1] 张轲，谢姝. 工业机器人编程技术及发展趋势[J]. 焊接与切割，2015，12：16-18.

[2] 郭显金. 工业机器人编程语言的设计与实现[D]. 武汉：华中科技大学，2013：1-17.

[3] Heping Chen，Weihua Sheng. Transformative CAD based industrial robot programgeneration[J]. Robotics and Computer-Integrated Manufacturing，2011，27(5)：942-948.

[4] Fusaomi Nagata，Sho Yoshitake. Development of CAM system based on industrial robotic servo controller without using robotlanguage[J]. Robotics and Computer-Integrated Manufacturing，2013，29(2)：454-462.

[5] Wenlei Xiao，Ji Huan，Shuxiang Dong. A STEP-compliant Industrial Robot Data Model for Robot off-line Programming Systems[J]. Robotics and Computer -Integrated Manufacturing，2014，30(2)：

114-123.

[6] 赵川.工业机器人轨迹规划及运动仿真系统研究[D].西安：西安理工大学，2017：24-27.

[7] 刘佩森，靳杏子.基于 ADAMS 的工业机器人建模与动力学仿真[J].成都工业学院学报，2018，21(4)：9-13.

[8] 许浩燕，ABBA Gabriel.一个多功能机器人仿真软件 V-REP[J].机械工程与自动化，2018，2：47-49.

[9] 李浩，郑智贞.基于 ROS 的工业机器人轨迹规划和仿真[J].组合机床与自动化加工技术，2018，12：59-62.

第 6 章 工业机器人综合应用技术

工业机器人是机械与现代电子技术相结合的自动化设备，具有很好的灵活性和柔性。自从20世纪50年代末60年代初在美国出现第一代工业机器人以来，这种高新技术一直受到科技界和工业界的高度重视，目前，全世界已有100多万台工业机器人在不同领域中应用。尤其在机械制造、电子与电器、汽车、石化、食品、医药、物流等行业有着广泛的应用，主要用于喷涂、焊接、冲压、搬运、装配等作业。

6.1 工业机器人安全

工业机器人具有高速、高精度的特点，大量应用于焊接、喷涂、装配和码垛等领域。2017年全球工业机器人产值高达147亿美元，占机器人总产值的63%，在国民经济领域中工业机器人占据主导地位。然而在众多的中小企业中，工业机器人仍然得不到广泛应用。主要原因在于：①工业机器人工作站成本高；②由于安全原因，工业机器人与操作者需要物理隔离。另外，随着制造业产品的定制化需求，对于复杂的生产领域(精密装配)，目前还离不开人工配合，独立工作的工业机器人难以满足制造业的混流生产要求。因此，实现传统工业机器人的人机协同作业，消除人和工业机器人之间物理隔离，必将推动工业机器人在中小企业的大量应用。

随着机器人的广泛应用，安全性问题也随之产生。通常，工业机器人的自由度多，运行功率大，工作环境复杂，所做的动作也较为复杂，在其工作空间中有着不可预料的状况，机器人很可能与周围的物件发生碰撞，导致物件或者机械手损坏。更为严重的是与进入其工作空间的人发生碰撞，造成对工作人员的伤害，产生不可挽回的严重后果。为此，有必要解决机器人的安全性问题。由于一般工业机器人没有与人共处所需的安全性能，因此，为了防止工业机器人在运行过程中伤及到人，国际标准化组织规定，工业机器人必须与工作人员相分离。然而，随着现代社会的发展和科技的进步，很多复杂的作业需要群体协同作业或者人机协同作业才能完成，这就要求机器人能与人和谐相处，并具有一定的人机交互能力。因此，机器人的安全性问题在一定程度上已经制约了机器人的进一步发展和应用。

为保证机器人的安全，工业机器人安全规范(GB/T 20867—2007)规定机器人及其系统安全至少应包括：①限制运动范围的功能；②紧急停机和安全停机的功能；③慢速运动功能；④具有安全防护和联锁功能。目前，在工业生产中，工业机器人所采取的安全防护措施主要有：①在机器人关节部位放置安全挡块，限制机器人在安全范围内运动，或降低运行速度和功率,以此来减少发生危险的可能;②在机器人周围安装隔离防护栏或罩子等隔离装置将人与机器人隔离;③安装自动检测装置,当有人误入机器人工作空间时,机器人能及时检测到并停机;④安装防止越程装置和急停装置等。以上措施可在一定程度上保证机器人的安全性,然而当需要维修或者人机协同作业时,安全性仍难以保证。

目前,机器人安全性研究主要分为事前控制和事后控制两方面。事前控制也称事前主动预防控制,指在机器人发生碰撞前采取相应的安全措施来避免碰撞发生。事后控制指机器人发生碰撞后采取安全控制措施减少或消除碰撞造成的伤害,保护被碰对象。

事前控制主要通过在机器人上安装传感器(如超声波、视觉、光电传感器等)来检测人机相对位置,预判人机相对运动,评估危险指数,并采取相应的安全措施避免碰撞的发生。例如,Moritat、Zelinskyt 等提出在检测到机器人即将发生碰撞时调整机器人姿态并采用适当的控制算法避免碰撞或使潜在碰撞伤害最小。这些措施可较好地提高机器人的安全性,但一些传感器易受外部环境的影响,且需要处理的信息量较大(如视觉传感器等),对潜在危险检测的准确性有一定的影响。此外,还有一种基于危险指数最小化原则来规划机器人安全路径的方法,保证机器人的安全性,然而该法需要大量的环境数据及大量的运算,限制了它的实用性。

事后控制是在机器人发生碰撞时采取安全措施,其主要目的在于保护被碰对象的安全及避免机器人因过大冲击而损坏。事后控制主要方法有:采用力控制、位置控制算法限制接触力;机械本体上包裹黏弹性材料减小撞击力;设计机械结构使其具有较好的柔顺性、轻量化。

6.2 工业机器人通信

工业机器人作为一种标准工作单元,常应用于工业领域的制造工作站,需要与外部设备或总控系统进行信息交互(图 6-1)。工业机器人现场应用一般包括机器人工作站、制造生产线、外围传感器和控制开关等部件。其中,传感器包括视觉、力觉、光电开关等;控制开关包括急停按钮和指示灯等。制造生产线控制器包括 PLC 控制器、工控机、人机交互机等。光电开关、控制开关类的外围接口采用 I/O 模式与机器人或制造线通信,视觉传感器、PLC 控制器与机器人工作站常采用总线式通信,而 PLC 控制器与制造线常采用 I/O 和总线的组合方式。

在工业机器人技术发展的过程中,相关生产企业认识到将工厂作为一个整体并实现其自动化能够实现最佳经济效益,而不是只提高单个生产设备的自动化水平。同时要求上层管理系统能够对底层设备进行管理,因此采集的数据量也越来越多,数据传输速率也要求越来越高。传统现场总线技术因无法实现信息互访、成本高速率慢、支持的应用非常有限等原因逐渐被淘汰,而以太网技术由此开始进入工业自动化领域,并称之为工业以太网。

工业以太网可以与商用以太网兼容,但不同的是,工业以太网要求设备可以正常工作在恶劣的工业环境中,而且温度、湿度、抗干扰、电磁兼容性、机械强度等方面有较高的要求。目前工业以太网的应用主要集中于高端数控机床、高精度运动控制等场合。目前国际上各大企业和标准组织推出了十几种工业以太网标准,主要有 Modbus/TCP、EtherNet/IP、

ProfiNET、PowerLink、EtherCAT 以及中国研制的 EPA 等。随着实时性要求的不断提高，实时工业以太网技术被提出，工业机器人正向高速、高精、高可靠性的方向发展。

工业以太网作为工业机器人领域不可或缺的角色，已经成为新一代工业机器人的核心技术之一，对未来智能工厂的发展起到了关键性作用。工业以太网的市场占有率逐年上升，无论是现代化制造生产线的新建，还是改造老旧设备，工业以太网都将是首先要考虑使用的。工业以太网除了担负传感器数据传输、生产设备控制等功能外，还将在实现生产设备自律协调作业、获取生产设备大数据并得以应用等方面起到巨大的作用。随着越来越多的设备接入到工厂的整个网络中，对工业以太网技术提出了更高的要求，包括环境适用性、可靠性、现场安全性、实时性、网络安全性、网络冗余、数据传输速率、带宽利用率、成本、便捷性、传输距离等方面。

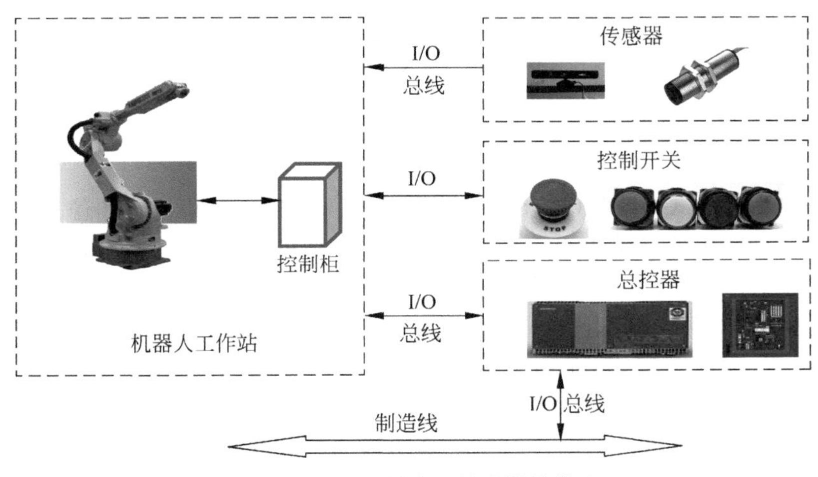

图 6-1 工业机器人通信连接结构图

6.3 工业机器人传感及控制

工业机器人作为一种标准工作单元，其智能程度不仅取决于自身的控制性能，亦与外部传感设备及其交互能力相关。高级工业机器人是具有力、触觉、距离和视觉反馈的机器人，能够在不同于典型工业车间场合的非结构化环境中自主操作。

6.3.1 工业机器人传感器

机器人传感器主要包括机器人的视觉、触觉和位置觉等，工业机器人应根据不同的作业任务配置相关的传感器。同时工业机器人要求所配置的传感器具有精度高、稳定性好、质量小、体积小、便于安装等特点。工业机器人常用的传感器有以下几类：

1. 视觉传感器

视觉传感器是将景物的光信号转换成电信号的器件，主要由一个或者两个图像传感器组成，有时还要配以光投射器及其他辅助设备。视觉传感器的主要功能是获取足够的机器视觉系统要处理的原始图像。图像传感器可以使用激光扫描器、线阵和面阵 CCD 摄像机或者 TV 摄像机，也可以是最新出现的数字摄像机等。在此基础上，计算机对获取的图像进行处理，得到所需要的测量特征，以完成对目标的信息检测。

视觉传感系统一般包括图像采集单元、图像处理单元、图像处理软件、通信接口单元等（图 6-2）。

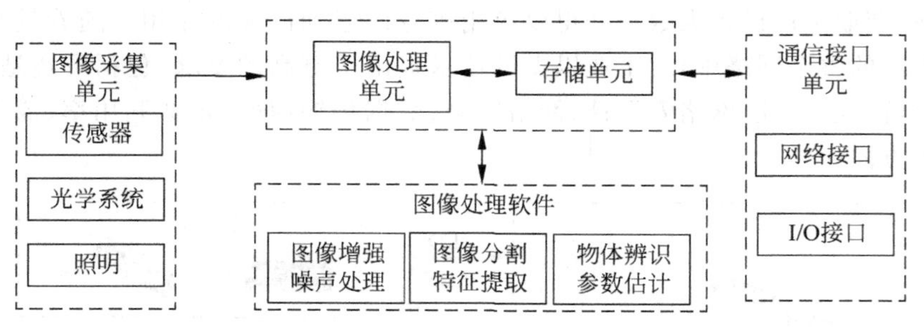

图 6-2　视觉传感器系统结构图

图像采集单元是 CCD/CMOS 图像传感器和图像采集卡的集成。图像采集单元将光学图像转换为数字图像，然后输出至图像处理单元。图像处理单元用来完成图像处理任务，主要包括处理器和存储器。

图像处理单元对采集到的图像/视频数据进行预处理、压缩和有选择地存储，结合图像处理软件对图像进行处理和分析。

图像处理软件一般包括底层的图像处理函数库和上层针对具体应用的图像处理及分析程序。利用图像处理技术，可以方便快捷地开发针对具体任务的机器视觉应用程序。

通信接口单元是相机的另一个重要组成部分，主要完成相机和计算机或其他计算控制设备之间的图像数据传递及控制信息交流任务。用户可以通过通信接口对智能相机进行参数设置，完成数据和程序的上传；相机则通过通信接口向其他设备传送图像或分析图像的结果。有的智能相机还提供数字 I/O 接口。I/O 接口主要用作控制信号的输入/输出，方便相机和其他自动化设备的连接。

机器视觉是计算机科学的重要研究领域之一，结合光、机、电综合应用检测识别技术，发展十分迅速。主要研究范畴包括图像特征检测、轮廓表达、基于特征的分割、距离图像分析、形状模型及表达、立体视觉、运动分析、颜色视觉、主动视觉、自标定系统、物体检测、二维与三维物体识别及定位等。其应用范围也日益扩大，涉及机器人、工业检测、物体识别、医学图像分析、军事导航和交通管理等诸多领域。随着计算机、人工智能、信息处理以及其他相关领域学科的发展，机器视觉理论的研究和应用会得到更深入广阔的发展。

视觉检测识别技术是精密测试技术领域内最具有发展潜力的新技术，它综合运用了电子学、光电探测、图像处理和计算机技术，将机器视觉引入工业检测识别中，具有非接触、速度快、柔性好等突出优点。因此，视觉检测识别在各个领域得到了广泛的应用。基于视觉的工件自动检测识别系统应用于工件自动检测识别，较红外检测技术、超声波检测技术、射线检测技术、全息摄影检测技术等有优越性，在节省时间和劳动力、提高效率和准确性方面都有着明显的优势。统计表明，大约有 80％的信息是通过视觉或视觉传感器获取的。基于视觉还具有以下优点：首先，即使在丢失了绝大部分信息后，其所提供的关于周围环境的信息仍然比激光雷达、超声波等更多、更准确；其次，视觉的采样周期比超声波、激光雷达等短，所以更适合于工件的在线检测、识别、定位等。基于这些优点，人们对该领域进行了大量研究，并取得了一定的成果。

2. 触觉传感器

触觉传感器是用于机器人中模仿触觉功能的传感器，按功能可分为接触觉、接近觉、压觉、滑觉和力觉五类传感器。

1）接触觉传感器

接触觉传感器主要用以判断机器人（主要指四肢）是否接触到外界物体或测量被接触物体的特征。接触觉传感器有微动开关、导电橡胶、含碳海绵、碳素纤维、气动复位式装置等类型。

2）接近觉传感器

通过接近觉传感器，机器人能够感觉到距离几毫米到十几厘米远的对象物或障碍物，能够检测出物体的距离、方位或对象表面的性质，这是一种非接触式传感器。常用的接近觉传感器测量原理如图 6-3 所示。

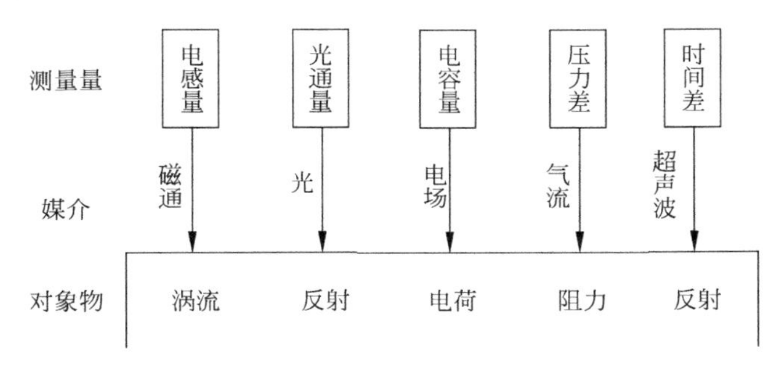

图 6-3 接近觉传感器类型和测量原理

3）压觉传感器

压觉传感器实际是接触觉传感器的引申。目前，压觉传感器主要有以下几类：①利用某些材料的内阻随压力变化而变化的压阻效应，制成压阻器件，将它们密集配置成阵列，即可检测压力的分布，如压敏导电橡胶或塑料等。②利用压电效应器件，如压电晶体等，将它们制成类似人的皮肤的压电薄膜，感知外界压力。它的优点是耐腐蚀、频带宽和灵敏度高等。但缺点是无直流响应，不能直接检测静态信号。③利用半导体力敏器件与信号电路构成集成压敏传感器。常用的有两种：压电型（如 ZnO/SI-IC）、电阻型 SIC（硅集成）和电容型 SIC。其优点是体积小、成本低，便于同计算机接口；缺点是耐压载差、不柔软。④利用压磁传感器和扫描电路与针式差动变压器式接触觉传感器构成压觉传感器。压磁器件有较强的过载能力，但体积较大。

4）滑觉传感器

滑觉传感器用于判断和测量机器人抓握或搬运物体时物体所产生的滑移。它实际上是一种位移传感器。按有无滑动方向检测功能可分为无方向性、单方向性和全方向性三类：①无方向性传感器有探针耳机式，它由蓝宝石探针、金属缓冲器、压电罗谢尔盐晶体和橡胶缓冲器组成。滑动时探针产生振动，由罗谢尔盐晶体转换为相应的电信号。缓冲器的作用是减小噪声。②单方向性传感器有滚筒光电式，被抓物体的滑移使滚筒转动，导致光敏二极管接收到透过码盘(装在滚筒的圆面上)的光信号，通过滚筒的转角信号而测出物体的滑动。③全方向性传感器采用表面包有绝缘材料并构成经纬分布的导电与不导电区的金属球。

检测滑动的方法有以下几种：

(1) 根据滑动时产生的振动检测；

(2) 把滑动位移变成转动，检测其角位移；

(3) 根据滑动时手指与对象物体间动静摩擦力检测；

(4) 根据手指压力的分布改变来检测。

5) 力觉传感器

机器人用力觉传感器是用来检测机器人自身与外部环境力之间相互作用力的传感器，包括力传感器和力矩传感器。常用的力觉传感器原理包括应变式、压磁式、光电式、振弦式等类型。对于机器人与外部环境有力接触的情况下，要求机器人作业时应具有力控制功能。通常将机器人的力传感器分为以下三类：

(1) 关节力传感器：安装在机器人关节处，测量驱动器本身的输出力和力矩，用于控制中的力反馈。

(2) 腕力传感器：安装在机器人末端，能够直接测出作用在末端操作器上的各向力和力矩。

(3) 指力传感器：安装在机器人手指上，用来测量手爪夹持物体时的受力情况。

典型的力觉传感器分为以下几类：

(1) 应变式力觉传感器。

应变式力觉传感器通过测量由于转矩作用在转轴上产生的应变来测量转矩。图 6-4 为应变式力觉传感器，在沿轴向 $\pm 45^\circ$ 方向上分别粘贴有 4 个应变片，感受轴的最大正、负应变，将其组成全桥电路，则可输出与转矩成正比的电压信号。应变式力觉传感器具有结构简单、精度较高的优点。贴在转轴上的电阻应变片与测量电路一般通过集流环连接。因为集流环存在触点磨损和信号不稳定等问题，应变式力觉传感器不适于测量高速转轴的转矩。

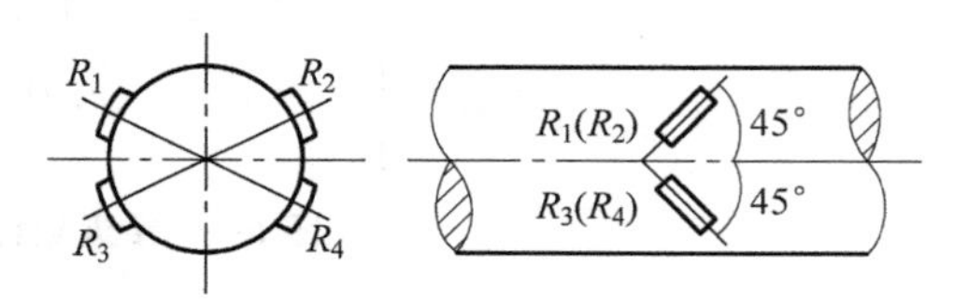

图 6-4 应变式力觉传感器

(2) 压磁式力觉传感器。

当铁和镍等强磁体在外磁场作用下被磁化时，磁偶极矩变化使磁畴之间的界限发生变化，晶界发生位移，从而产生机械形变，其长度发生变化，或者产生扭曲现象；反之，强磁体在外力作用下，应力引起应变，铁磁材料使磁畴之间的界限发生变化，晶界发生位移，导致磁偶极矩变化，从而使材料的磁化强度发生变化。前者为磁致伸缩效应，后者为压磁效应。利用后一种现象，便可以测量力和力矩。应用这种原理制成的应变计有纵向磁致伸缩管等。

铁磁材料制成的转轴，具有压磁效应，在受转矩作用后，沿拉应力方向磁阻减小，沿压应力方向磁阻增大。如图 6-5 所示，转轴未受转矩作用时，铁芯 B 上的绕组不会产生感应电势。当转轴受转矩作用时，其表面上出现各向异性磁阻特性，磁力线将重新分布，而不再对称，因此在铁芯 B 的线圈上产生感应电势。转矩越大，感应电势越大，在一定范围内，感应电势与转矩成线性关系。这样就可通过测量感应电势 e 来测定轴上转矩的大小。压磁式力觉传感器是非接触测量，使用方便，结构简单可靠，基本上不受温度影响和转轴转速限制，而且输出电压很高，可达10V。

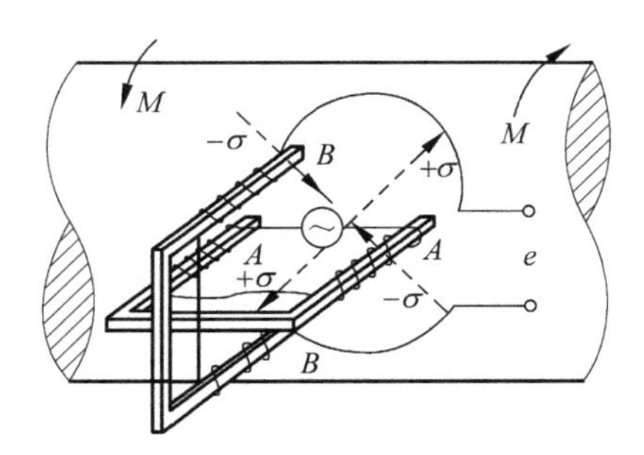

图6-5　压磁式力觉传感器

(3) 光电式力觉传感器。

如图6-6所示，在转轴上安装两个光栅圆盘，两个光栅盘外侧设有光源和光敏元件。无转矩作用时，两光栅的明暗条纹相互错开，完全遮挡住光路，无电信号输出。当有转矩作用于转轴上时，由于轴的扭转变形，安装光栅处的两截面产生相对转角，两片光栅的暗条纹逐渐重合，部分光线透过两光栅而照射到光敏元件上，从而输出电信号。转矩越大，扭转角越大，照射到光敏元件上的光越多，因而输出电信号也越大。

(4) 振弦式力觉传感器。

如果将弦的一端固定，而在另一端上加上张力，那么在此张力的作用下，弦的振动频率发生变化。利用这个变化能够测量力的大小，利用这种弦振动原理也可以制作力觉传感器。图6-7是振弦式力觉传感器。在被测轴上相隔距离l的两个面上固定安装着两个测量环，两根振弦分别被夹紧在测量环的支架上。当轴受转矩作用时，两个测量环之间产生一相对转角，并使两根振弦中的一根张力增大，另一根张力减小，张力的改变将引起振弦自振频率的变化。自振频率与所受外力的平方根成正比，因此测出两振弦的振动频率差，就可知转矩大小。

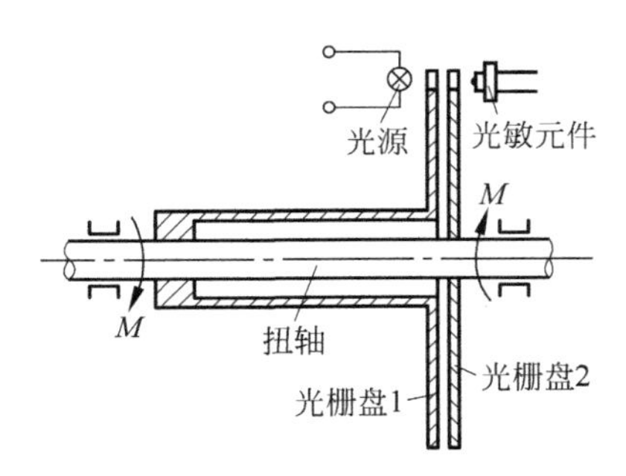

图6-6　光电式力觉传感器

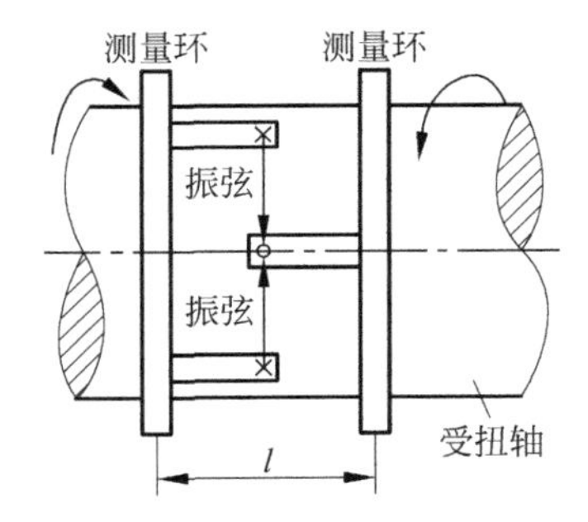

图6-7　振弦式力觉传感器

(5) 位置传感器。

位置感觉和位移感觉是机器人的基本要求，它可以通过多种传感器来实现。机器人常用的位置传感器有电位器式位移传感器、电容式位移传感器、电感式位移传感器、光电式位移传感器、霍尔元件位移传感器、磁栅式位移传感器和机械式位移传感器等。

光电编码器是一种光电式位移传感器，是工业机器人的位置反馈常用的传感器，其分辨率完全能够满足机器人的控制精度要求，也是一种非接触式传感器。它是一种通过光电转换将输出轴上的机械几何位移量转换成脉冲或数字量的传感器，是目前应用最多的传感器。在伺服系统中，由于光电码盘与电机同轴，电机旋转时，光栅盘与电机同速旋转。经发光二极管等电子元件组成的检测装置检测输出若干脉冲信号。通过计算每秒光电编码器输出脉冲的个数就能反映当前电机的转速。此外，为判断旋转方向，码盘还可提供相位相差 90°的两个通道的光码输出，根据双通道光码的状态变化确定电机的转向。

光电编码器可分为绝对式编码器和相对式编码器，前者只要电源加到传感器的机电系统中，编码器就能给出实际的线性或旋转位置。因此，机器人关节采用绝对式编码器不需要校准，只要一通电，机器人就知道其所处的实际位置。相对式编码器只能提供相对于某基准点的位置信息，断电后不能记住机器人当前位置，所以，采用相对编码器的工业机器人在工作之前，必须进行零位校准。

6.3.2　工业机器人智能控制系统

尽管机器人技术已经发展了 60 多年，但其一直未能脱离基于编程示教再现技术的机器人作业方式，现有机器人适用于静态、结构化、确定性的无人环境完成固定时序、重复性作业。随着柔性化生产模式的发展，以及复杂环境、工件不确定性误差、作业对象的复杂性等因素，要求基于传感器的机器人智能作业技术越来越普遍，这也是新一代工业机器人应用的发展趋势。

工业机器人采用多传感器系统，使其具有一定的智能，而多传感器信息融合技术则提高了机器人的认知水平。多感觉智能机器人的组成如图 6-8 所示。该系统由机器人本体、控制器、驱动器、多传感器系统、计算机系统和机器人组成。本节介绍两种工业机器人的智能应用技术

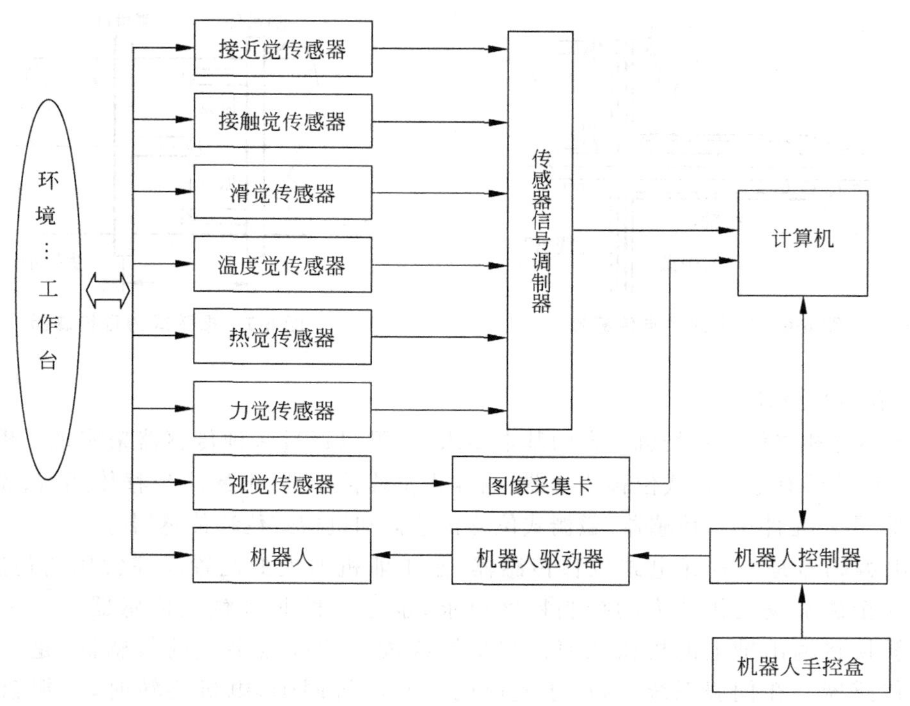

图 6-8　多感觉智能机器人系统结构图

6.3.3 基于视觉的机器人目标抓取系统

基于视觉的工业机器人目标抓取是机器人的智能应用方法之一，系统融合了视觉测量、机器人系统标定、手眼标定、机器人控制等技术。该系统采用图 6-9 所示的设计方案，共包括双目视觉系统、六自由度机器人、手爪系统和目标模拟系统 4 部分。

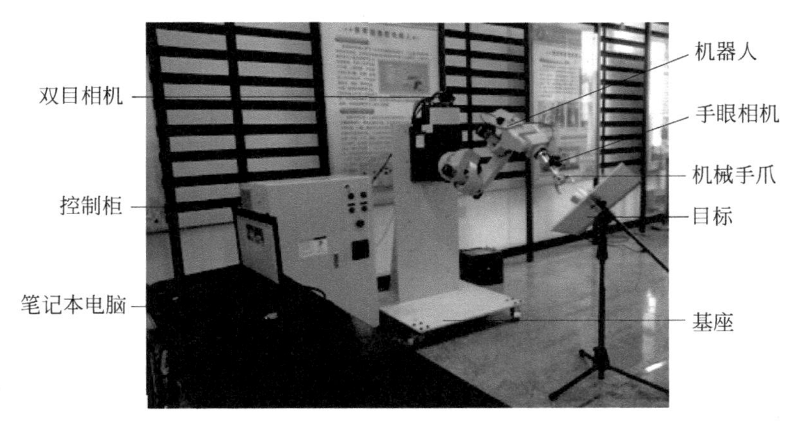

图 6-9 机器人目标抓取系统总体结构图

其中，双目相机测量目标的位置和姿态，机器人系统进行目标跟踪和手爪定位，手爪系统包括位置检测和目标抓取部分，目标模拟系统包括安装支架和目标，可进行目标位置和姿态的手动调整。

本系统首先采用双目立体视觉在机器人作业范围内检测目标物体的三维空间初始位置及姿态，目标识别方案如图 6-10 所示；然后定位机器人末端执行器到目标物体附近，启动单目视觉位姿控制算法；利用单目视觉检测和跟踪目标的边缘轮廓特征，结合执行器相对于目标物体的三维姿态实现机器人对目标物体的跟踪抓取控制。机器人在进行目标自主跟踪和抓取作业时，采用的方案如图 6-11 所示。

（1）双目相机基于灰度图像形状匹配的方式对目标进行识别，测量目标在视线坐标系下的位置和姿态。

（2）对双目相机和基础坐标系进行位姿标定，根据视线坐标系和基础坐标系的转换矩阵，计算目标在基础坐标系的位置。

（3）根据基础坐标系和机器人坐标系的转换矩阵，计算目标在机器人坐标系的位置，控制机器人对目标进行位置跟踪。

（4）跟踪结束后基于目标在机器人坐标系的位置，确定手爪抓取目标时的初始位姿。

（5）根据机器人运动学逆解，计算机器人各关节的运动角度，控制机器人各关节运动到达设计的初始位姿。

（6）根据手爪位置的单目相机对目标进行精确位姿计算，对机器人进行位姿调整，进行目标对接和抓取。

本系统采用局域网的多层次结构的机器人视觉控制策略（图 6-12），由人机交互层、运动规划层、运动控制层和伺服控制层构成，其中后面三层构成本地实时控制器。利用上位计

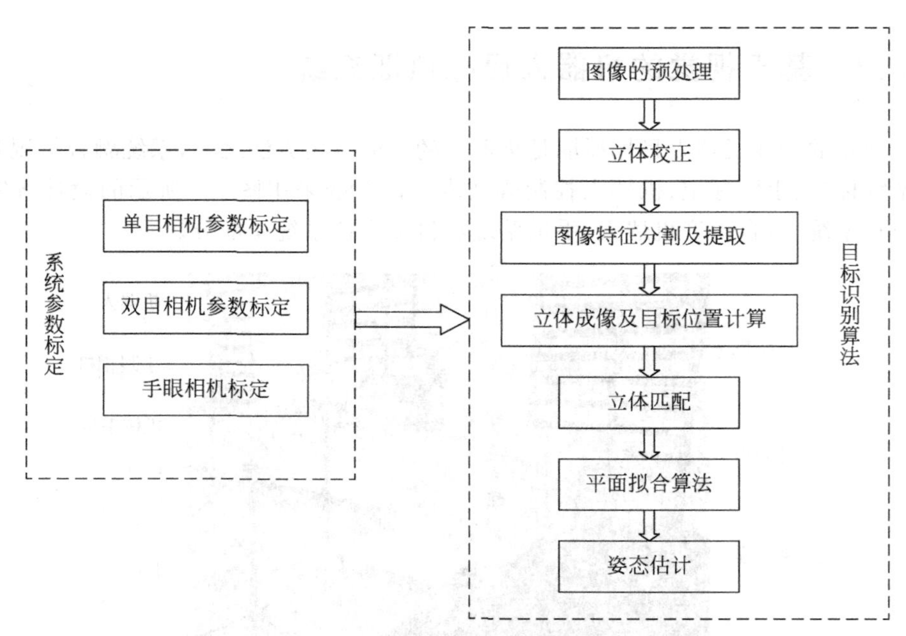

图 6-10 基于双目视觉的目标识别方案

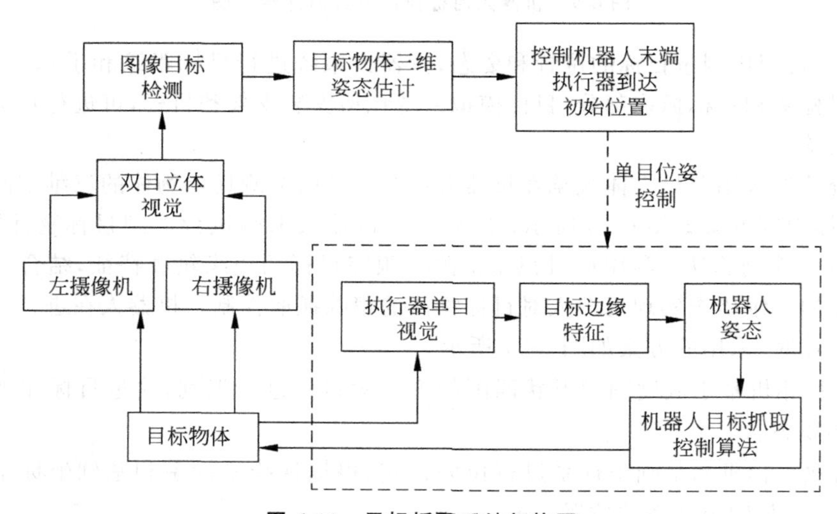

图 6-11 目标抓取系统架构图

算机作为人机交互层，完成视觉测量、运动命令生成、手爪控制和人机交互。本地实时控制器实现在线运动规划和实时运动控制，根据在线视觉测量结果控制机器人运动及目标抓取。最上层为智能与人机交互层，用于进行人机交互、任务规划、与计算机辅助设计系统的连接以及视觉等信号的处理。该层形成机器人运动所需要的空间直线、圆弧的特征参数，其中空间直线只需要起点和终点的位姿参数，空间圆弧只需要起点、终点和一个中间点的位姿参数。其次是运动规划层，根据空间直线、圆弧的特征参数，进行在线运动规划、逆运动学求解、选出控制解等，形成各关节电机的位置。下一层为运动控制层，以从运动规划层接收到的关节电机位置作为给定，以测量到的关节电机的实际位置作为反馈，通过插值和 D/A 转

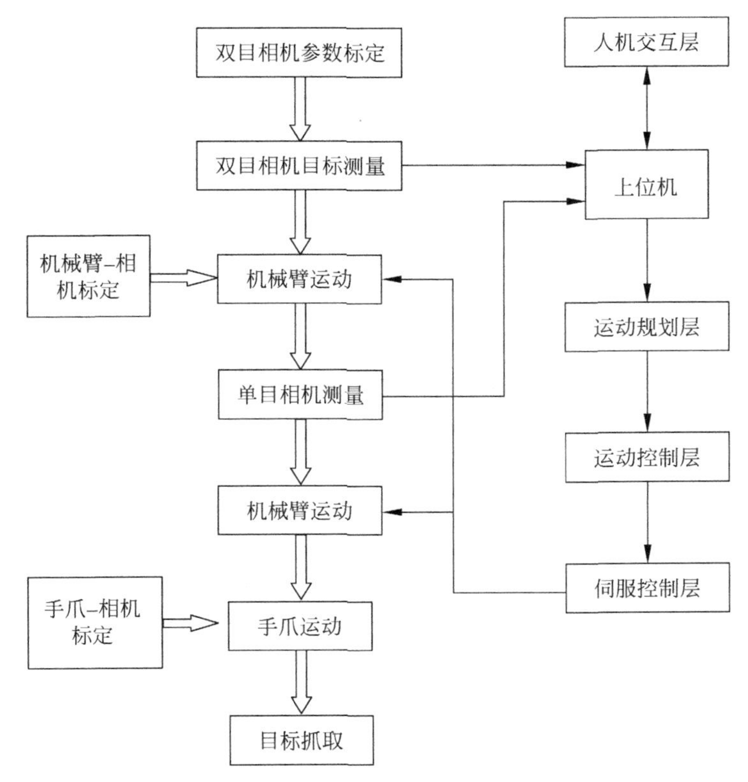

图 6-12　机器人目标抓取控制方案

换形成模拟量的速度信号。运动控制层实现位置闭环控制。最下层为伺服控制层，以运动控制层的速度信号作为给定，以测量到的关节电机的实际速度作为反馈，由伺服控制与放大器实现速度伺服控制。运动规划层、运动控制层和伺服控制层构成机器人的本地实时控制器。

6.3.4　基于力觉的机器人打磨作业系统

机器人力觉传感器及机器人技术应用的飞速发展，得益于专家学者对机器人力控制技术的长久研究和众多成果的积累。本节从柔顺行为控制技术角度出发，介绍三种柔顺控制技术原理，分别为顺应控制、阻抗控制和力/位置混合控制。

1. 顺应控制

由于力只有在两个物体相接触后才能产生，因此力控制是首先将环境考虑在内的控制问题。所谓顺应控制是指末端执行器与环境接触后，在环境约束下的控制问题。如图 6-13 所示，要求在曲面 S 的法线方向施加一定的力 F，然后以一定的速度 v 沿曲面运动。

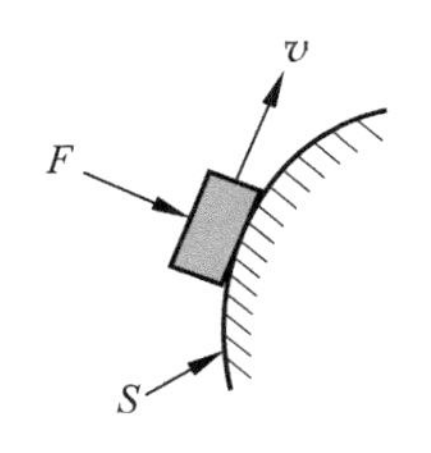

图 6-13　顺应控制

顺应控制又叫依从控制或柔顺控制，它是在机器人的操作手受到外部环境约束的情况下，对机器人末端执行器的位置和力的双重控制。顺应控制对机器人在复杂环境中完成任务是很重要的，例如装配、铸件打毛刺、旋转曲柄、开关带铰链的门或盒盖、拧螺钉等。

顺应控制可分为被动式和主动式两种。

1）被动式顺应控制

被动式顺应控制是设计一种柔性机械装置，把它安装在机器人的腕部，用来提高机器人顺应外部环境的能力，通常称为柔顺手腕。这种装置的结构有很多种类型，比较成熟的典型结构是一种称为 RCC（Remote Center Compliance）的无源机械装置，它是一种由铰链连杆和弹簧等弹性材料组成的具有良好消振能力和一定柔顺性的无源机械装置。该装置有一个特殊的运动学特性，即在它的中心杆上有一个特殊的点，称为柔顺中心（Compliance Center），如图 6-14 所示。若对柔顺中心施加力，则使中心杆产生平移运动，若把力矩施加到该点上，则产生对该点的旋转运动。当受到力或力矩作用时，RCC 机构发生偏移变形和旋转变形，可以吸收线性误差和角度误差，因此可以顺利完成装配任务。该点往往被选作工作坐标的原点。

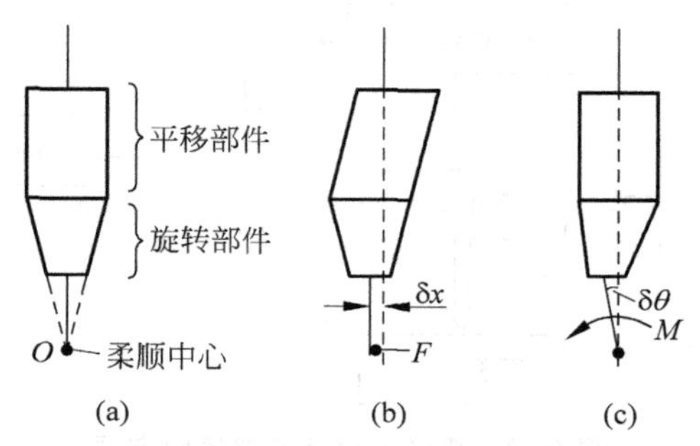

图 6-14　RCC 无源机械装置

(a) RCC；(b) 平移；(c) 旋转

被动方法的顺应控制是非常廉价和简单的，因为不需要力/力矩传感器，并且预设的末端执行器轨迹在执行期间也不需要变化。此外，被动柔顺结构的响应远快于利用计算机控制算法实现的主动重定位。但是每个机器人都必须设计和安装一个专用的柔顺末端执行器，因此在工业上的应用缺乏灵活性；由于没有力的测量，它也不能确保不会出现很大的接触力。

2）主动式顺应控制

末端件的刚度取决于关节伺服刚度、关节机构的强度和连杆的刚度。因此可以根据末端件预期的刚度计算出关节刚度。通过设计适当的控制器，可以调整关节伺服系统的位置增益，使关节的伺服刚度与末端件的刚度相适应。

假设末端件的预期刚度用 $\boldsymbol{K}_{\mathrm{p}}$ 描述，在指令位置 $\boldsymbol{x}_{\mathrm{d}}$ 处（顺应中心）形成微小的位移 $\Delta\boldsymbol{x}$，则作用在末端件的力为

$$\boldsymbol{F}=\boldsymbol{K}_{\mathrm{p}}\Delta\boldsymbol{x} \tag{6-1}$$

式中，$\boldsymbol{F}$、$\boldsymbol{K}_{\mathrm{p}}$ 和 $\Delta\boldsymbol{x}$ 都是在作业空间描述的，$\boldsymbol{K}_{\mathrm{p}}$ 为 6×6 的对角阵，对角线上的元素依次为三个线性刚度和三个扭转刚度，沿力控方向取最小值，沿位置控制方向取最大值，末端件上的力表现为关节上的力矩，即

$$\boldsymbol{\tau}=\boldsymbol{J}^{\mathrm{T}}(\boldsymbol{q})\boldsymbol{F} \tag{6-2}$$

根据机器人的雅可比矩阵的定义，有

$$\Delta \boldsymbol{x} = \boldsymbol{J}(\boldsymbol{q})\Delta \boldsymbol{q} \tag{6-3}$$

由式(6-1)、式(6-2)和式(6-3)可以写出

$$\boldsymbol{\tau} = \boldsymbol{J}^{\mathrm{T}}(\boldsymbol{q})\boldsymbol{K}_{\mathrm{p}}\boldsymbol{J}(\boldsymbol{q})\Delta \boldsymbol{q} = \boldsymbol{K}_{\mathrm{q}}\Delta \boldsymbol{q} \tag{6-4}$$

令 $\boldsymbol{K}_{\mathrm{q}} = \boldsymbol{J}^{\mathrm{T}}(\boldsymbol{q})\boldsymbol{K}_{\mathrm{p}}\boldsymbol{J}(\boldsymbol{q})$，称为关节刚度矩阵，它将方程(6-1)中在作业空间表示的刚度变换为以关节力矩和关节位移表示的关节空间的刚度。也就是说，只要将手爪在作业空间的刚度矩阵 $\boldsymbol{K}_{\mathrm{p}}$ 代入方程(6-4)，就可以得到相应的关节力矩，实现顺应控制。

2. 阻抗控制

阻抗控制的概念是 Hogan 在 1985 年提出的，他利用 Norton 等效网络概念，把外部环境等效为导纳，而将机器人操作手等效为阻抗，这样机器人的力控制问题便变为阻抗调节问题。阻抗由惯量、弹簧、阻尼三项组成，期望力为

$$\boldsymbol{F}_{\mathrm{d}} = \boldsymbol{K}\Delta \boldsymbol{x} + \boldsymbol{B}\Delta \dot{\boldsymbol{x}} + \boldsymbol{M}\Delta \dot{\boldsymbol{x}} \tag{6-5}$$

式中，$\Delta \boldsymbol{x} = x_{\mathrm{d}} - \boldsymbol{x}$，$\boldsymbol{x}_{\mathrm{d}}$ 为名义位置，$\boldsymbol{x}$ 为实际位置。它们的差 $\Delta \boldsymbol{x}$ 为位置误差，$\boldsymbol{K}$、$\boldsymbol{B}$、$\boldsymbol{M}$ 为弹性、阻尼和惯量系数矩阵，一旦 $\boldsymbol{K}$、$\boldsymbol{B}$、$\boldsymbol{M}$ 确定，则可得到笛卡尔坐标的期望动态响应。计算关节力矩时，无须求运动学逆解，而只需计算正运动学方程和雅可比矩阵的逆 $\boldsymbol{J}^{-1}$。

在图 6-15 中，$\boldsymbol{x}_{\mathrm{E}}$ 为期望位置；$\boldsymbol{K}_{\mathrm{E}}$ 为期望弹性矩阵。当阻尼反馈矩阵 $\boldsymbol{K}_{\mathrm{f2}} = 0$ 时，称为刚度控制。刚度控制是用刚度矩阵 $\boldsymbol{K}_{\mathrm{p}}$ 来描述机器人末端作用力与位置误差的关系。

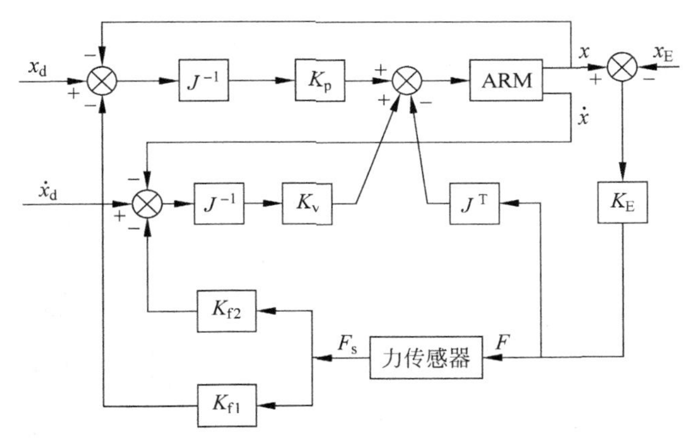

图 6-15 阻抗控制结构图

阻抗控制本质上还是位置控制，因为其输入量为末端执行器的位置期望值 $\boldsymbol{x}_{\mathrm{d}}$(对刚度控制而言)和速度的期望值 $\dot{\boldsymbol{x}}_{\mathrm{d}}$(对阻抗控制而言)。但由于增加了力反馈控制环，使其位置偏差 $\Delta \boldsymbol{x}$ 和速度偏差 $\Delta \dot{\boldsymbol{x}}$ 与末端执行器与外部环境的接触力的大小有关，从而实现力的闭环控制。这里力-位置和力-速度变换是通过刚度反馈矩阵 $\boldsymbol{K}_{\mathrm{f1}}$ 和阻尼反馈矩阵 $\boldsymbol{K}_{\mathrm{f2}}$ 来实现的。

3. 力/位置混合控制

机器人力/位置混合控制可同时实现机器人末端的接触力和位置跟踪控制，它利用接触力和位置的正交原理，将机器人末端运动在笛卡尔坐标下分解。在不受约束方向上采用位置控制，在受约束方向上采用力控制，此类力控制方法按力偏差进行控制的，为力反馈控制方式，可控制机器人末端作用力跟随期望值变化，但控制器的结构依赖于机器人与环境的动力学特性和运动学结构，当机器人在受限不同的空间之间运动时，控制器的必结构必须根据

接触状态作调整，以防产生由非接触导致的系统非线性。

图 6-16 为机器人的力/位置混合控制框图，系统的输入为力、位置的偏差，选择矩阵 $\boldsymbol{S}$ 为对角阵，对应参数为 0 或 1，$\boldsymbol{I}$-$\boldsymbol{S}$ 为其互逆矩阵，实现空间的垂直关系。通过雅可比矩阵 $\boldsymbol{J}$ 的转换过程，将力和位置的偏差信息转换为相应的关节力矩变量，再经过 PI 调节器 $\boldsymbol{K}_{\mathrm{p}}$、$\boldsymbol{K}_{\mathrm{f}}$ 参数整定，在机器人关节处叠加，从而实现了力和位置的同时控制。

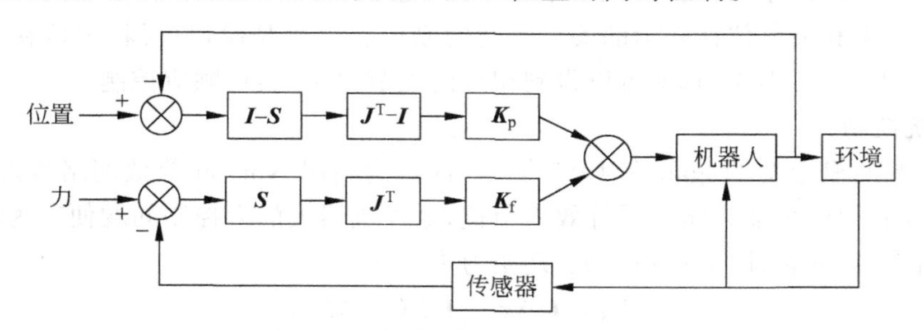

图 6-16　力/位置混合控制结构图

下面基于力控制技术需求，介绍一种工业机器人的打磨作业系统，并说明该系统主要组成部分及功能。

1）机器人打磨系统构成

机器人打磨系统包含机器人及其控制器、上位机控制器及 PC 机、六轴力矩传感器系统和打磨工具系统，如图 6-17 所示。机器人末端与六维力矩传感器刚性连接，六维力矩传感器下固定有打磨工具系统，工具系统中包含刚性电主轴和砂轮打磨头，电主轴运转过程需要气泵产生的气体冷却。

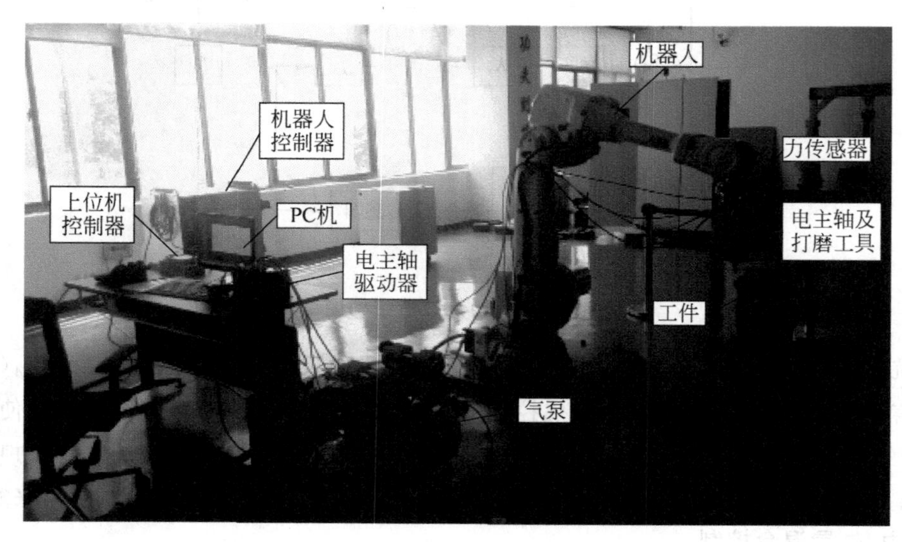

图 6-17　机器人打磨实验平台

打磨系统将上位机控制器作为主控制器，其软件集成在 PC 机上，可进行整个软件系统的编写。上位机控制器连接力传感器，接收实时力信息，经阻抗控制策略计算出修正量。机器人控制器作为下位机向上位机控制器发送实时位姿信息，并接收修正的位姿信息修改当前的运动轨迹，控制机器人进行法向力恒定打磨加工。

2）力传感器

力传感器用于实时监测打磨工具与工件的接触力，系统选用ATI公司研发的六维力传感器，可以提供 x、y、z 方向的力和相应扭矩。传感器集成信号调理、数据采集和EtherCAT通信接口。传感器数据信息可通过电缆传送至上位机控制器，在上位机控制器端实现参数设置和数据读取，采集频率可达3000Hz。该传感器采用基于抗噪声的硅应变技术，提供的信号是传统应变片的75倍，导致近零噪声失真。

将力传感器应用于打磨力控制系统中时，其对接触力的响应精度和速度，影响整个控制系统对打磨力的控制精度。该传感器三个方向的力采集精度为1/8N，根据打磨加工实际情况，对应的位置精度约为0.00127mm，满足机器人力控制系统的需求；采样频率为3000Hz，实际打磨系统的软件采样频率为1000Hz，满足软件系统的要求。

3）电主轴及打磨工具

采用机器人夹持打磨工具、工件固定的加工方式，这里选用电主轴YD-4240为打磨工具提供旋转动力。该主轴是一款高速高刚度精密的永磁无刷电主轴，其由精密陶瓷滚动轴承支撑，油脂润滑，不用水冷却，直接用过滤的干燥压缩空气冷却，高转速、低噪声，运转平稳可靠，具有较好的负载特性。在手动模式下，可调节主轴转速，转速范围为1000～40000r/min。打磨工具选用米思米的带柄砂轮EVPA，采用陶瓷结合剂和PA磨粒固结而成，适用于铸铁件、碳钢、合金钢的成形磨削。

搭建硬件系统时，电主轴安装在机器人末端，与力传感器安装面配合，需要设计电主轴的装夹方式，一般装夹方式为与机器人末端轴垂直或平行。需要根据电主轴、力矩传感器和机器人末端法兰的实际外形尺寸，以及打磨系统的具体要求，选择合适的装夹方式。平行装夹方式可增加打磨头的灵活性，因此本系统使用平行安装，节省空间。根据选定的装夹方式，设计相应的电主轴夹具。

4）机器人打磨控制

在实际机器人打磨控制策略实现过程中，机器人每运动一定的距离，会产生一次在线位置修正，是一个顺序执行的过程。而力信息的采集是实时的，频率比较高，为监测力信息的变化过程，需要实时进行力信息的处理，并与机器人位置修正同步。控制过程如图6-18所示。

图6-18中，F_{max} 为打磨工件的最大允许力，ΔS 为机器人位置修正偏差。

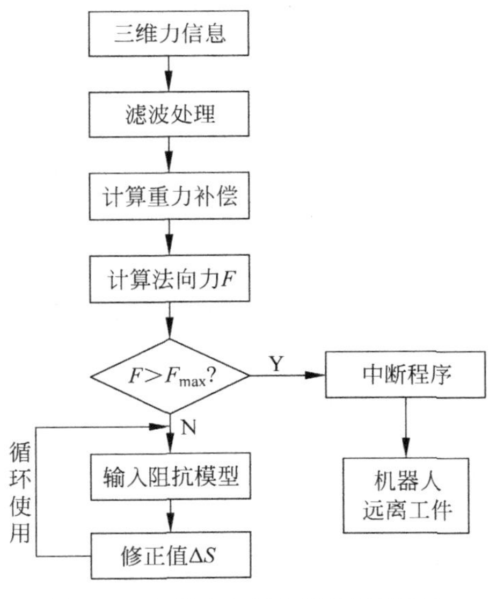

图6-18　机器人力控打磨控制流程图

6.4　工业机器人典型应用

工业机器人是现代制造业重要的自动化装备，是制造业实现数字化、智能化和信息化的重要载体。工业机器人及以其为主体的自动化成套设备是提升制造业发展水平和竞争力的重要途径。针对工业机器人积极研发新产品,突破机器人本体、减速器、伺服电机、控制器、驱动器与传感器等关键零部件及系统集成设计制造等技术瓶颈,将是工业机器人的重要发展方向。随着企业市场竞争的多元化、人工成本增加、产品质量要求更高、生产更加柔性化,工业机器人作为先进装备制造业中不可替代的重要装备,已成为中国工业自动化技术与应用的生力军。目前,工业机器人在焊接、搬运、喷涂和装备领域已经得到大量的应用,本节对机器人的典型应用进行阐述。

6.4.1 焊接机器人

工件焊接从一开始就是工业机器人的主要应用领域,机器人技术的迅猛发展,有力地促进了焊接自动化的进程。全世界的工业机器人约 1/4 用于焊接。近来在国内外兴起的"先进制造技术"热潮,焊接机器人的应用就占有很重要的地位。它不仅是实现生产自动化的手段,而且是工厂向计算机集成制造(CIM)过渡的基础。本节重点介绍焊接机器人的技术性能现状及焊接机器人系统应用的有关问题。

焊接机器人是从事焊接的工业机器人,多为弧焊机器人和点焊机器人,集中于汽车、摩托车和工程机械制造行业。为了适应不同的用途,机器人最后一个轴的机械接口通常是一个连接法兰,可接装不同工具或末端执行器。焊接机器人就是在工业机器人的末轴法兰装接焊钳或焊(割)枪的,使之能进行焊接、切割或热喷涂。

当前,焊接机器人的发展主要集中于提高智能化水平,一方面,通过在机器人上安装如视觉、力觉、听觉等传感器,使机器人能根据工件和环境的变化,自动修正运动路径、焊枪姿态、焊接参数,使之具有更强的自适应能力;另一方面是开发功能更多、更强的机器人离线编程软件。随着机器人在生产中应用的增多,离线编程变得十分必要。今后的焊接机器人发展方向主要是赋予软件更多的自主功能,如具有优化避免碰撞的路径、焊枪姿态、焊接参数的自主规划的功能,并使焊枪能连续而稳定地运动,即机器人的关节在运动时尽可能远离其极限位置和奇异空间。同时还需依赖工业机器人本身的发展,主要是提高机器人运动轨迹的精度和稳定性,特别是用于精密激光焊接与切割的机器人对这些性能要求更高。

1. 焊接机器人组成

焊接机器人主要包括机器人和焊接设备两部分。机器人由机器人本体和控制柜(硬件及软件)组成。而焊接设备,以弧焊及点焊为例,则由焊接电源(包括其控制系统)、送丝机(弧焊)、焊枪(钳)等部分组成。对于智能机器人还应有传感系统,如激光或摄像传感器及其控制装置等。图 6-19 表示弧焊机器人和点焊机器人的基本组成。

2. 焊接机器人的主要结构形式及性能

世界各国生产的焊接机器人基本上属于关节式机器人,绝大部分有 6 个轴。其中,1~3 轴可将末端工具送到不同的空间位置,而 4~6 轴解决工具姿态的不同要求。焊接机器人本体的机械结构主要有两种形式:一种为平行四边形结构;另一种为串联式关节结构。

串联式结构的主要优点是上、下臂的活动范围大,机器人的工作空间几乎能达一个球体。因此,这种机器人可倒挂在机架上工作,以节省占地面积,方便地面物件的流动。但是这种倒置式机器人的 2、3 轴为悬臂结构,降低了机器人的刚度,一般适用于负载较小的机器

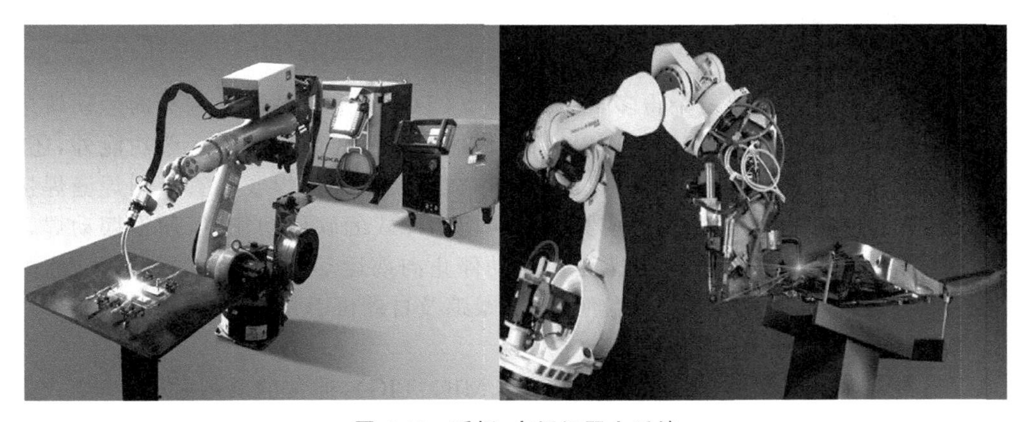

图 6-19 弧焊、点焊机器人系统

人，用于电弧焊、切割或喷涂。平行四边形机器人其上臂是通过一根拉杆驱动的。拉杆与下臂组成一个平行四边形的两条边，故而得名。早期开发的平行四边形机器人工作空间比较小（局限于机器人的前部），难以倒挂工作。但自 20 世 80 年代后期以来开发的新型平行四边形机器人，已能把工作空间扩大到机器人的顶部、背部及底部，又没有侧置式机器人的刚度问题，从而得到普遍的重视。这种结构不仅适合于轻型机器人也适合于重型机器人。

3. 点焊机器人的特点

1）点焊机器人的基本功能

点焊对所用机器人的要求不是很高，这是因为点焊只需点位控制，至于焊钳在点与点之间的移动轨迹没有严格要求。这也是机器人最早只能用于点焊的原因。点焊机器人不仅要有足够的负载能力，而且在点与点之间移位时速度要快、动作要平稳、定位要准确，以减少移位的时间、提高工作效率。

点焊机器人需要多大的负载能力，取决于所用的焊钳形式。对于用于与变压器分离的焊钳，30～45kg 负载的机器人就足够了。但是，这种焊钳一方面由于二次电缆线长，电能损耗大，也不利于机器人将焊钳伸入工件内部焊接；另一方面，电缆线随机器人运动而不停摆动，电缆损坏较快。因此，目前较多采用一体式焊钳。这种焊钳连同变压器质量在 70kg 左右。考虑到机器人要有足够的负载能力，能以较大的加速度将焊钳送到空间位置进行焊接，一般都选用 100～150kg 负载的重型机器人。为了适应连续点焊时焊钳短距离快速移位的要求，新的重型机器人增加了可在 0.3s 内完成 50mm 位移的功能。

2）点焊机器人的焊接设备

点焊机器人的焊接装备，由于采用了一体化焊钳，焊接变压器装在焊钳后面，所以变压器必须尽量小型化。对于容量较小的变压器可以用 50Hz 工频交流，而对于容量较大的变压器，已经开始采用逆变技术把 50Hz 工频交流变为 600～700Hz 交流，使变压器的体积减小、重量减轻，变压后可以直接用 600～700Hz 交流电焊接，也可以进行二次整流用直流电焊接，焊接参数由定时器调节。新型定时器已经微机化，因此机器人控制柜可以直接控制定时器，不需另配接口。点焊机器人的焊钳通常用气动的焊钳，气动焊钳两个电极之间的开口度一般只有两级冲程，而且电极压力一旦调定后不能随意变化。

4. 弧焊机器人的特点

1）弧焊机器人的基本功能

弧焊过程比点焊过程要复杂得多，工具中心点（TCP），也就是焊丝端头的运动轨迹、焊枪姿态、焊接参数都要求精确控制。所以，弧焊机器人除了前面所述的一般功能外，还必须具备一些适合弧焊要求的功能。弧焊机器人在作“之”字形拐角焊或小直径圆焊缝焊接时，其轨迹应能贴近示教的轨迹之外，还应具备不同摆动样式的软件功能，以便作摆动焊，而且摆动在每一周期中的停顿点处，机器人也应自动停止向前运动，以满足工艺要求。此外，还应具有接触寻位、自动寻找焊缝起点位置、电弧跟踪及自动再引弧等功能。

2）弧焊机器人用的焊接设备

弧焊机器人多采用气体保护焊方法（MAG、MIG、TIG），通常的晶闸管式、逆变式、波形控制式、脉冲或非脉冲式等的焊接电源都可以装到机器人上进行电弧焊。由于机器人控制柜采用数字控制，而焊接电源多为模拟控制，所以需要在焊接电源与控制柜之间加一个接口。近年来，国外机器人生产厂都有自己特定的配套焊接设备，这些焊接设备内已经插入相应的接口板。应该指出，在弧焊机器人工作周期中，电弧时间所占的比例较大，因此在选择焊接电源时，一般应按持续率为100%来确定电源的容量。

送丝机构可以装在机器人的上臂上，也可以放在机器人之外，前者焊枪到送丝机之间的软管较短，有利于保持送丝的稳定性；而后者软管较长，当机器人把焊枪送到某些位置，使软管处于多弯曲状态，会严重影响送丝的质量。所以送丝机的安装方式一定要考虑保证送丝稳定性的问题。

5. 焊接机器人应用

国际上，20世纪80年代是焊接机器人在生产中应用发展最快的10年。国内企业从20世纪90年代开始，应用焊接机器人的步伐也显著加快。应该明确，焊接机器人必须配备相应的外围设备组成一个焊接机器人系统才有意义。国内外应用较多的焊接机器人系统有以下几种形式。

1）焊接机器人工作站

如果工件在整个焊接过程中无须变位，就可以用夹具把工件定位在工作台面上，这种系统较为简单。但在实际生产中，更多的工件在焊接时需要变位，使焊缝处在较好的位置（姿态）下焊接。对于这种情况，变位机与机器人可以是分别运动的，即变位机变位后机器人再焊接；也可以是同时运动的，即变位机一边变位，机器人一边焊接，也就是常说的变位机与机器人协调运动，这时变位机的运动及机器人的运动相符合，使焊枪相对于工件的运动既能满足焊缝轨迹，又能满足焊接速度及焊枪姿态的要求。实际上这时变位机的轴已成为机器人的组成部分，这种焊接机器人系统可以多达7～20个轴或更多。

图6-20为一种典型的工业机器人焊接工作站，系统包括焊接机器人、焊接控制设备、焊钳和工件输送、控制单元。其中焊接机器人增加了一个扩展轴，即底部移动机构，扩大了机器人的工作范围。

2）焊接机器人生产线

比较简单的焊接机器人生产线是把多台工作站（单元）用工件输送线连接起来组成一条生产线。这种生产线仍然保持单站的特点，即每个站只能用选定的工件夹具及焊接机器人的程序来焊接预定的工件，在更改夹具及程序之前的一段时间内，这条线是不能焊其他工件

图 6-20　机器人焊接工作站

的。另一种是焊接柔性生产线(FM5-W)。柔性生产线也是由多个站组成的,不同的是被焊工件都装卡在统一形式的托盘上,而托盘可以与线上任何一个站的变位机相配合并被自动卡紧。焊接机器人系统首先对托盘的编号或工件进行识别,自动调出焊接这种工件的程序进行焊接。这样每一个站无须作任何调整就可以焊接不同的工件。焊接柔性线一般有一个轨道子母车,子母车可以自动将固好的工件从存放工位取出,再送到有空位的焊接机器人工作站的变位机上。也可以从工作站上把焊好的工件取下,送到成品件流出位置。整个柔性焊接生产线由一台调度计算机控制。

点焊机器人更多是组成焊接生产线,由多台机器人通过协调控制,实现对复杂零部件的焊接。图 6-21 是奇瑞汽车侧围机器人点焊生产线,由 60 多台机器人组成,每个机器人完成不同部位的焊接,汽车部件随生产线流动,传输到不同的工位,完成不同焊接区域的焊接。点焊机器人的编程可采用示教编程,但是工作量大、调整周期长。目前有专业的离线编程仿真软件,可以实现整个生产线的机器人布局及离线运动规划。

图 6-21　汽车侧围点焊机器人生产线

工厂选用哪种自动化焊接生产形式,必须根据工厂的实际情况及需要而定。焊接专机适合批量大、改型慢的产品,而且工件的焊缝数量较少、较长,形状规矩(直线、圆形)的情况;

焊接机器人系统一般适合中、小批量生产，被焊工件的焊缝可以短而多，形状较复杂；柔性焊接线特别适合产品品种多、每批数量又很少的情况，目前国外企业正在大力推广无(少)库存、接订单生产(JIT)的管理方式，在这种情况下采用柔性焊接线是比较合适的。

6. 焊接机器人应用技术发展

机器人的优势是重复性好、稳定性高，但是只能刻板地重复执行预先编好的程序，对外界环境变化的适应性明显不足。目前机器人焊接正朝着能够自主进行过程优化方向发展，其技术发展主要有以下方面。

1）焊接路径的自主化编程

为了克服机器人焊接过程中各种不确定性因素对焊接质量的影响，要求机器人不仅能实现空间焊缝的自动实时跟踪，而且还能实现焊接参数的在线调整。未来机器人焊接应该像人一样，能够自动识别任意非结构化环境下的焊缝，并自主进行路径规划和编程。机器人焊接路径将由示教编程、离线编程走向在线自主编程。目前弧焊机器人已经普遍装配了焊缝跟踪传感器，能够实现焊缝的纠偏，如图 6-22 所示。

图 6-22　弧焊机器人的焊缝跟踪

2）焊接工艺的精细化控制

加强适用于机器人焊接的新工艺开发，充分利用机器人动作稳定、姿态可控的优势，创新焊接工艺过程，进一步提高焊接效率和焊接质量。研究新型的精密电流波形控制、新型复合热源、激光等离子同轴复合、旁弧热丝等离子弧焊。研究优质高效的热/质/力解耦的适于机器人焊接的新工艺。

3）增材/等材/减材一体化融合制造

多机器人多工艺融合制造工艺以增材为主，等材、减材交替辅助，一体化高效融合制造新理念，其关键技术是智能任务分解与调度、多机器人智能协作、在线质量监控。针对航天运载系统中新一代铝合金、镁合金等轻金属机构的整体制造，通过多机器人协作开展丝材熔积的增材/等材/减材高效融合三维制造技术(图 6-23)，已经突破了传统分立的各种冷热加工模式。可见发挥增材制造、等材制造、减材制造各种优势的一体化融合制造技术，是未来构件成形制造技术的发展趋势。

4）人机共融焊接

人机共融焊接是人机互动、共同完成焊接任务。多信息交流，利用基于机器学习的智能推理，对人和机器的指令的权重进行协调，完成焊接动作。同时，人机共融的行为也由最初与零件的简单交互发展到与环境、人和其他机器人的复杂交互。人机互动、语言互动是人机融合的第一要点；人机协同，机器人和人可以共同工作是第二要点；人机融合，不光有语言

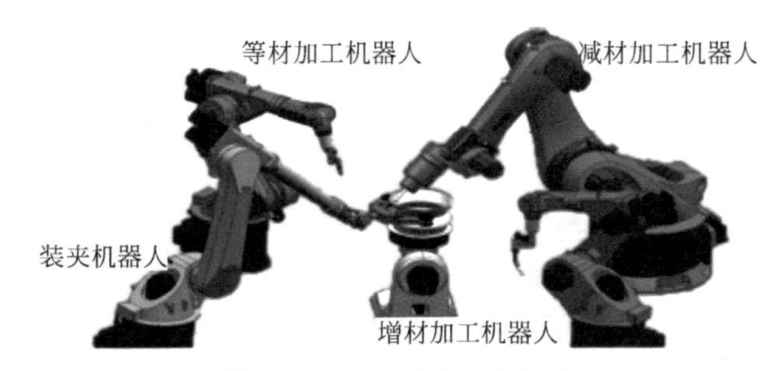

图 6-23 多机器人协作焊接

互动,还有情感互动与智慧交流是第三要点。综上所述,焊接技术的发展如图 6-24 所示。

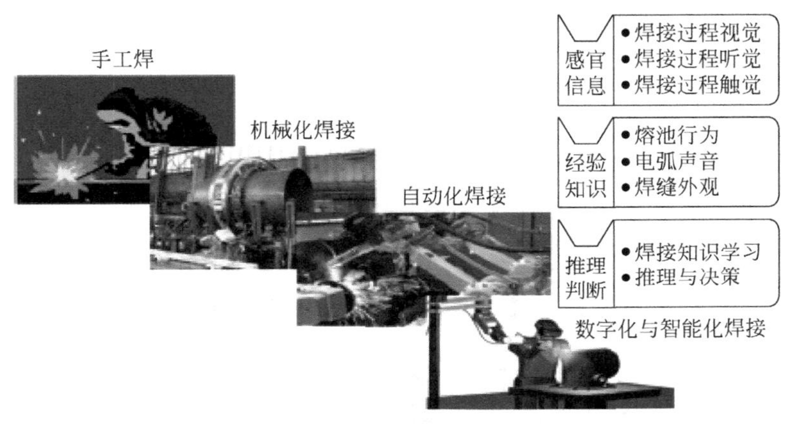

图 6-24 机器人焊接技术的发展

6.4.2 搬运机器人

最早将机器人技术用于物体码放和搬运的是日本和瑞典。20 世纪 70 年代日本第一次将机器人用于码垛作业。1974 年瑞典 ABB 公司研发了全球第一台全电控式工业机器人 IRB6,主要用于工件的取放和物料的搬运。随着计算机技术、工业机器人技术以及智能控制技术的发展,码垛机器人的技术也日趋成熟。目前全球码垛机器人供应商主要包括德国库卡、瑞典 ABB、日本的 FANUC 和 NACHI 等。由于码垛机器人属于工业机器人的范畴,因此对于国外的码垛机器人来说,其基本技术与其他串联型工业机器人类似,只是在机器人构型和控制方面针对码垛行业的需要进行了针对性设计。码垛行业的特殊性要求机器人不需要具备很高的重复定位精度,但要具备较快的运动速度。

1. 物料搬运机器人

在柔性制造中,机器人作为搬运工具获得了广泛的应用。图 6-25 为一教学型搬运生产线,由传送带、料仓及两台关节型搬运机器人和中央控制计算机组成。两台机器人构成小型物料传输系统:一台机器人服务于自动上料机和传送带之间,提供物料工件;另一台位于传送带和机械加工机器人之间,负责上、下料。图 6-26 所示为数控车床装备的上下料机器人,机器人可以完成数控机床装卸工件。机器人也可以沿着导轨行走,服务于多台机床,活动范围几十米。

图 6-25 搬运机器人

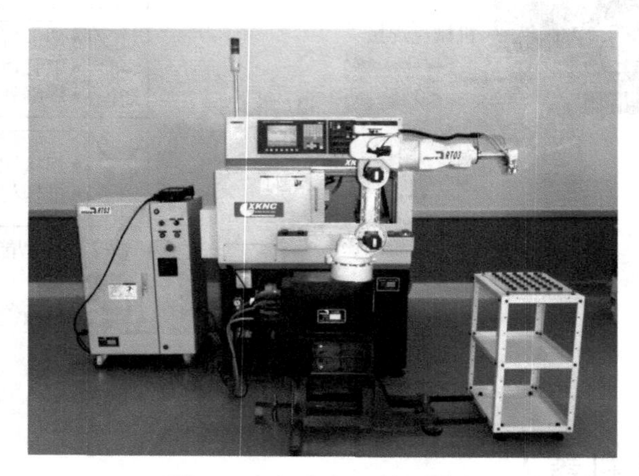

图 6-26 机床上下料机器人

2. 物料码垛机器人

目前我国化工、食品、物流仓储等行业的码垛作业大部分由人工搬运和机械式码垛机完成。人工搬运一次性投入少，伸缩性强，是目前我国许多生产企业主要的搬运方式。随着近几年国内劳动力成本的快速上升，靠人工搬运码垛的成本也在大幅增加。另外，人工搬运已经远远不能满足生产速度要求，耗时又耗费人力资源。机械式码垛机在我国也有着广泛应用，但由于受体积、结构等因素的限制，机械式码垛机存在占地面积大、程序更改麻烦、能耗大等缺点，不符合我国加工制造领域多品种、小批量的发展趋势。码垛机器人具有操作简单、定位精度高、适应性强、工作范围大、占地面积小和适应性强等特点，广泛应用于食品、化工和物流仓储等领域。对于国内众多的加工制造企业来说，采用价格低、实用和可靠的国产经济型码垛机器人无疑是大幅降低设备投资成本的重要措施。因此许多企业，特别是一些劳动密集型的大中型加工企业迫切需要引进码垛机器人自动化系统。

柴油发动机缸盖一般由碳钢铸造而成，工件自重通常可达 50kg。人工码垛装箱重复性动作多、劳动强度大且生产效率低。首钢莫托曼机器人有限公司设计制造的机器人发动机缸盖搬运码垛装箱系统，将缸盖从机加工生产线上转运到料箱内并进行紧密码放。该系统是一种集成化的系统，包括机器人、视觉定位检测系统、缸盖及层垫抓手、码垛软件、通信系统及其他辅助系统，极大地提高了生产效率，将工人从繁重的劳动中解脱出来。机器人负责从输送轨道上抓取工件，放到料箱内预定位置。视觉定位检测系统检测料箱位置、输送线来料工件位置。缸盖及层垫抓手完成工件和层垫的抓取，将工件紧密地码放到料箱内，同时将每层工件放上层垫，主要流程如图6-27所示。

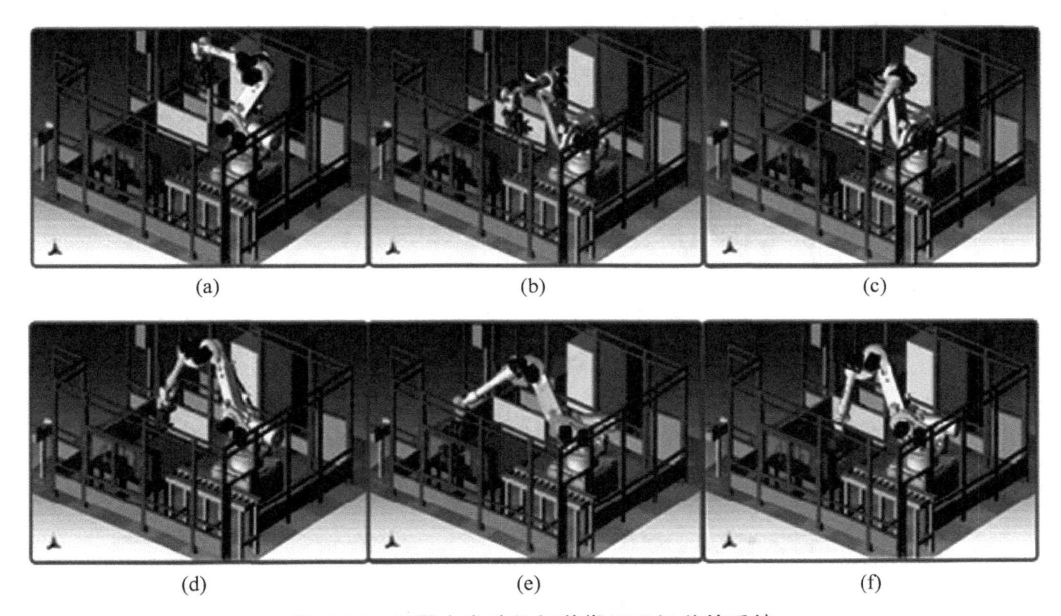

图6-27 机器人发动机缸盖搬运码垛装箱系统

(a) 料框位置视觉检测；(b) 视觉系统识别工作；(c) 自动抓取工件；(d) 紧密码放工件；(e) 吸取塑料工件并码放；(f) 逐层依次码放工件

码垛机器人成套周边设备开发涉及多项关键技术，除了机器人本体以外还需配置针对不同行业的多种作业工具和周边传输配套设备，包括多功能抓手、各类送机，以及各类升降机等(图6-28)。图6-29为4轴码垛机器人，广泛应用在物料处理生产线上，可以完成各种袋装、箱式物品的搬运和码垛。

6.4.3 喷涂机器人

涂装是产品制造的一个重要环节，关系着产品的外观质量，不仅赋予产品优良的防护、装饰性能，而且也是产品价值的重要构成因素。喷涂是涂装技术的重要工艺，喷涂房环境恶劣，涂料中的挥发性有机物、粉尘严重影响工人身体健康；同时，人工喷涂在漆膜性能、喷涂效率、涂料利用率方面的瓶颈日益显现。因此，采用喷涂机器人替代人工喷涂是必然趋势，喷涂机器人也成为了应用热点。目前，喷涂机器人已被广泛用于汽车整车及其零部件、电子产品、家具的自动喷涂。

喷涂机器人又叫喷漆机器人，是可进行自动喷漆或喷涂其他涂料的工业机器人，1969年由挪威TRALLFA公司(后并入ABB集团)发明。喷涂机器人主要由机器人本体、计算机和相应的控制系统组成，液压驱动的喷涂机器人还包括液压油源，如油泵、油箱和电机等。手臂有较大的运动空间，并可做复杂的轨迹运动，其腕部一般有2～3个自由度，可灵活运

图 6-28 码垛机器人配套设备及手爪

图 6-29 4 轴码垛机器人

动。先进的喷涂机器人腕部采用柔性手腕，既可向各个方向弯曲，又可转动，其动作类似人的手腕，能方便地通过较小的孔伸入工件内部，喷涂其内表面。目前生产喷涂机器人产品的国外公司主要是瑞典的 ABB，日本的 FANUC、YASKAWA、KAWASAKI 等，其喷涂技术已经处于应用阶段，而且为了适应市场的快速变化，过去刚性自动喷涂线都已经改为以机器人为主体的柔性自动喷涂线。

喷涂机器人有着独特的工作特点，除了具备机器人的共性功能外，需具备如下特点方能满足工业化的应用需求：

(1) 防爆功能。涂料中的可挥发性有机物(丙酮、甲苯、二甲苯、乙醚等)在密闭的喷涂房中形成具有潜在爆炸危险的气体环境，喷涂区内爆炸性气体环境为 1 区危险区域，爆炸性粉尘环境为 21 区危险区域，故喷涂机器人置于喷涂房中的执行部分(机器人本体)需要具有防爆功能。

（2）斜交/直线形非球型中空手腕结构。喷涂狭小空间或工件内表面时，斜交/直线形非球型中空手腕结构喷涂机器人运动学特性优于正交球型手腕结构机器人（焊接机器人采用的结构形式），喷枪姿态可快速灵活变换。另外，涂料管路置于中空手腕内部，避免了运动过程中管路发生缠绕及位置干涉，同时也在某种程度上防止涂料管破裂污染工件。

（3）喷涂设备集成度高。喷涂方式体系多样，根据供料压力可划分为低压喷涂方式和中高压喷涂方式。空气（静电）喷涂、静电旋杯喷涂属于低压喷涂方式，涂料颗粒雾化效果好、装饰性好，广泛应用于汽车及其零部件的涂装；混气/空气辅助（静电）喷涂、无气喷涂属于中高压喷涂方式，涂料流量大，一次成膜厚度大，涂装效率高，广泛应用于一般工业的涂装。在汽车工业应用中，为了提高喷涂节拍，减少清洗管路的时间和溶剂消耗量，在低压喷涂系统中引入了换色模块、双组分在线精确配比模块，并且由于低压供料的特点，各种模块体积小、集成度高，通过气体控制阀芯通断，可安装在喷涂机器人小臂内部或机器人附近区域，成为与喷涂机器人集成度最高的喷涂设备。

（4）喷涂工艺软件。针对集成度较高的喷涂设备，喷涂机器人可通过喷涂工艺软件进行喷涂点工艺参数（涂料流量、雾化空气压力、扇幅空气压力等，包括开关量和模拟量）的快速控制及喷涂过程（清洗、换色）的快速控制。

（5）智能跟随。为了提高生产节拍，喷涂过程中悬挂链（或其他输送设备）不停止，喷涂机器人需要跟随悬挂链进行自动喷涂。因此，喷涂机器人需要具备智能跟随的功能，即采用静态表面喷涂轨迹的示教或离线编程，在自动喷涂作业时，在工件移动方向给出一个速度值，机器人根据该速度自动规划出新的喷涂轨迹。

（6）离线编程工作站。喷涂作为一种表面处理工艺，需要喷涂机器人对工件表面进行整体喷涂。在有些应用中，示教工作是非常复杂甚至不可能实现的。采用离线编程工作站将工件表面点离散，然后生成喷涂机器人的运动轨迹，不仅提高了喷涂机器人运动轨迹生成效率，也提高了项目的可实施性。

1. 机器人自动喷涂线形式

1）通用型机器人自动线

在早期的全自动喷涂作业中，广泛采用通用机器人组成的自动线。这种自动线适合较复杂型面的喷涂作业，适合喷涂的产品可从汽车工业、机电产品工业、家用电器工业到日用品工业。因此，这种自动线上配备的机器人要求动作灵活，机器人的自由度为5～6个，如图6-30所示。

图6-30　通用型机器人

2）机器人与喷涂机自动线

机器人与喷涂机自动线一般用于喷涂大型工件，即大平面、圆弧面及复杂型面结合的工件，如汽车驾驶室、车厢或面包车等。机器人用来喷涂车体的前后围及圆弧面，喷涂机则用来喷涂车体的侧面和顶面的平面部分，但一般已经很少使用，因喷涂机器人灵活、适应性强而得到广泛使用，如图 6-31 所示。

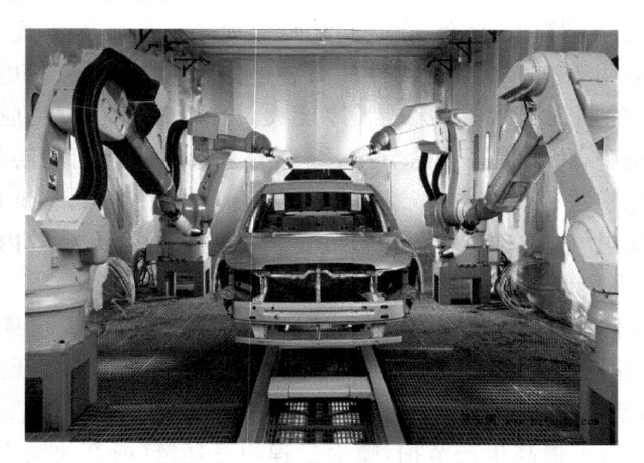

图 6-31　机器人喷涂自动线

3）仿形机器人自动线

仿形机器人是一种根据喷涂对象形状特点进行简化的通用型机器人，使其完成专门作业，一般有机械仿形和伺服仿形机器人两种。这种机器人适合箱体零件的喷涂作业。由于仿形作用，喷具的运动轨迹与被喷零件的形状一致，在最佳条件下喷涂，因而喷涂质量亦高。这种自动线的另外一个特点是工作可靠，但不适合型面较复杂零件的喷涂。仿形机器人自动线如图 6-32 所示。

图 6-32　仿形机器人自动线

4）组合式自动线

图 6-33 是典型的组合式喷涂自动线。车体的外表面采用仿形机器人喷涂，车体内喷涂采用通用型机器人，并完成开门、开盖、关门和关盖等辅助工作。

图 6-33　组合式自动线

2. 机器人自动喷涂线结构和系统功能

机器人自动喷涂线的结构根据喷涂对象的产品种类、生产方式、输送形式、生产纲领及油漆种类等工艺参数确定，并根据其生产规模、生产工艺和自动化程度设置系统功能，如图 6-34 所示。

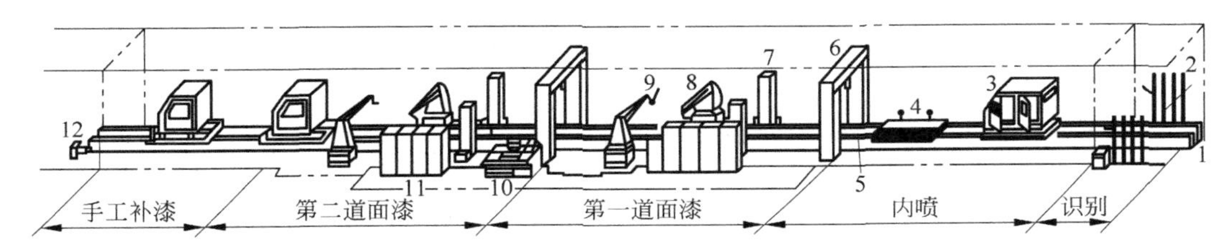

图 6-34　机器人自动喷涂线结构图

1—输送链；2—识别器；3—喷涂对象；4—运输车；5—启动装置；6—顶喷机；7—侧喷机；8—喷涂机器人；9—喷枪；10—控制台；11—控制柜；12—同步器

1）自动识别系统

自动识别系统是自动线尤其是多品种混流生产线必须具备的基本单元。它根据不同零件的形状特点进行识别，一般采用多个红外线光电开关，按能够产生区别零件形状特点的信号而布置安装位置。当自动线上被喷涂零件通过识别站时，将识别出的零件型号进行编组排队，并通过通信送给总控系统。

2）同步系统

同步系统一般用于连续运行的通过式生产线上，使机器人、喷涂机工作速度与输送链的速度之间建立同步协调关系，防止因速度快慢差异造成的设备与工件相撞。同步系统自动检测输送链速度，并向机器人和总控制台发送脉冲信号，机器人根据链速信号确定在线程序的执行速度，使机器人的移动位置与链上零件位置同步对应。

3）工件到位自动检测

当输送链上的被喷涂零件移动到达喷涂机器人的工作范围时，机器人必须开始作业。喷涂机器人开始作业的启动信号由工件到位自动检测装置给出，此信号启动喷涂机器人的喷涂程序。如果没有工件进入喷涂作业区，喷涂机器人则处于等待状态。启动信号的另一作用是作为总控系统对工件排队中减去一个工件的触发信号。工件到位自动检测装置一般采用红外光电开关或行程开关产生，作为启动信号。

4）机器人与自动喷涂机

在自动喷涂线上采用的喷涂机器人和自动喷涂机除应具备基本工作参数和功能外，另外还应具备以下功能：

（1）喷涂机器人的工作速度必须高于正常喷涂速度的150%，以满足同步时快速运行。

（2）自动启动功能。

（3）同步功能。

（4）自动更换程序功能（能接收识别信号）。

（5）通信功能。

5）总控系统

自动喷涂线的总控系统控制所有设备的运行，总控系统框图如图6-35所示，它具备以下功能：

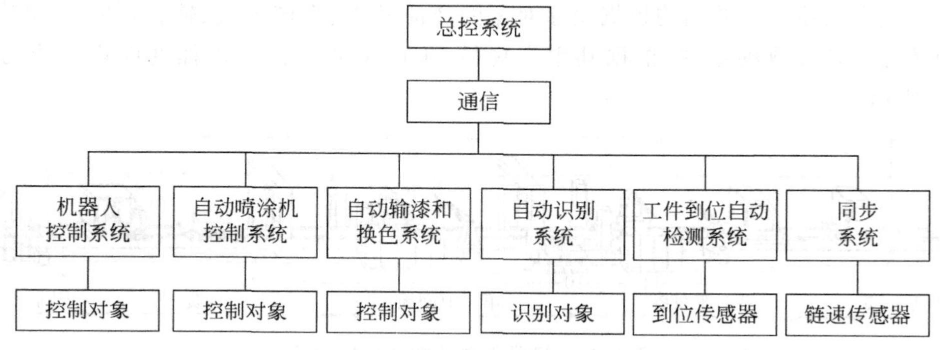

图6-35 总控系统框图

（1）全线自动启动、停止和联锁功能。

（2）喷涂机器人作业程序的自动和手动排队、接收识别信号、向喷涂机器人发送程序功能。

（3）控制自动输漆和自动换色系统功能。

（4）故障自动诊断功能。

（5）实时工况显示功能。

（6）单机离线（因故障）和联线功能。

（7）生产管理功能（自动统计产品、报表、打印）。

6）自动输漆和换色系统

为保证自动喷涂线的喷涂质量，涂料输送系统必须采用自动搅拌和主管循环，使输送到各工位喷具上的涂料浓度保持一致。对于多色种喷涂作业，喷具采用自动换色系统。这种系统包括自动清洗和吹干功能。换色器一般安装在离喷具较近的位置，这样可减少换色的时间，满足时间节拍要求，同时，清洗时浪费涂料也较少。自动换色系统由机器人控制，对于被喷零件的各种指令，则由总控系统给出。

7）自动输送链

自动喷涂线上输送零件的自动输送链有悬挂链和地面链两种。悬挂链分普通悬挂链和推杆式悬挂链。地面链的种类很多，有台车输送链、链条输送链、滚子输送链等。目前，汽车涂装广泛采用滑橇式地面链，这种链运行平稳、可靠性好，适合全自动和高光泽度的喷涂线使用。输送链的选择取决于生产规模、零件形状、重量和涂装工艺要求。悬挂链输送零件时，挂具或轨道上有可能掉异物，故一般用于表面喷涂质量要求不高和工件底面喷涂的自动线。而对大型且表面喷涂质量要求较高的零件，都采用地面链。

3. 喷涂机器人应用实例

喷涂机器人的应用范围越来越广泛，除了在汽车、家用电器和仪表壳体的喷涂作业中大量采用机器人工作外，在涂胶、铸型涂料、耐火饰面材料、陶瓷制品轴料、粉状涂料等作业中也已开展应用，现已在高层建筑墙壁的喷涂、船舶保护层的涂覆和炼焦炉内水泥喷射等作业中开展了应用研究工作。机器人喷涂作业的自动化程度越来越高，以汽车为例，已由车体外表面多机自动喷涂发展到多机内表面的成线自动喷涂。

ABB集团挪威TRALLFA机器人公司已开发出新的自动喷涂系统(图6-36)，具有自动喷涂所需要的柔性和集成的喷涂线——TRACS。其中有较大模块式喷涂系统，包括近100台机器人采用特殊示教方式，将示教程序应用到实际喷漆中，使车体喷涂具有柔性，能够喷涂车体内外表面，获得了相当令人满意的喷涂质量。其编程方式用手动CP和PTP示教、动力伺服控制示教，结合编程，可实现最佳循环时间和连续喷涂手把手示教所不能实现的复杂型面。

图6-36 ABB汽车自动喷涂系统

该线具有下列特点：

(1) 包括模块在内的每一个完整单元采用全集成化控制系统。

(2) 能喷车体所有部分，外部用专用设备，内部用机器人，具有柔性系统。

(3) 有开启发动机罩、车门和行李厢盖的操作机，该操作机能跟踪输送链并与之同步。有的开门操作机具有光学传感系统的适应性手爪，以适应多工位开门的需要。

(4) 所有机器人及开门操作机都装在移动的小车上。

(5) 全线的控制功能，包括能控制多种机器人(开门机)，机器人和开门机与输送链的同步，启动喷枪、换色、安全操作和人机通信等。

6.4.4 装配机器人

装配机器人是专门为装配而设计的机器人，主要应用在装配生产线上，取代手工作业的工序，具有精度高、柔顺性好、工作范围大、末端执行部件能实现多种复杂工作特点，不但能减轻工人的工作强度，并且还能提高实际装配的生产效率以及精度，所以在现代制造业中占有很大的比重。装配机器人的主要优点在于可以通过程序的变更，迅速适应作业内容的变化。装配机器人由机器人操作机、控制器、末端执行器和传感系统组成，在实际装配中，可以通过变化自己的动作来适应外界环境的变化，适应性较好。其中机器人的结构类型有水平关节型、直角坐标型、多关节型和圆柱坐标型等；控制器一般采用多CPU或多级计算机系统，实现运动控制和运动编程；末端执行器为适应不同的装配对象而设计成各种机械手爪、吸盘或托持器等；传感系统用来获取装配机器人与环境和装配对象之间相互作用的信息，包括视觉传感器、力觉传感器和接近觉传感器等。

常用的装配机器人主要有PUMA机器人(最早出现于1978年，工业机器人的祖始)和平面双关节型SCARA机器人两种类型。与一般工业机器人相比，装配机器人具有精度高、柔顺性好、工作范围小、能与其他系统配套使用等特点，主要用于各种电器的制造行业。SCARA机器人是装配机器人领域应用较多的类型之一。图6-37所示的是日本EPSON生产的SCARA装配机器人。

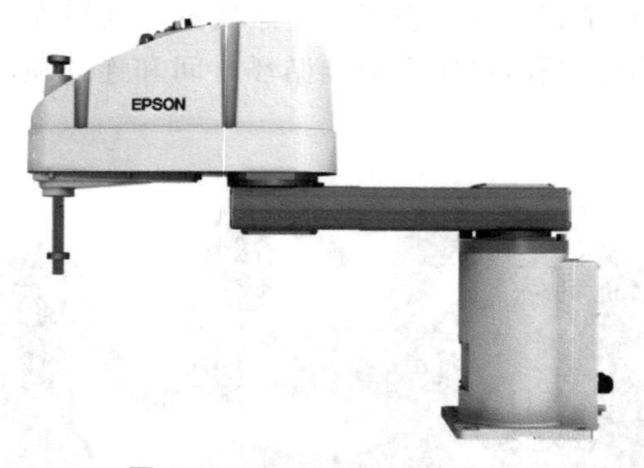

图6-37 SCARA装配机器人

为了使装配机器人能更高效地完成装配作业，在装配系统构建时必须充分考虑到装配机器人与待装配对象的相互关系及外围辅助设备的简单、实用和可靠。随着机器人技术的快速发展，用机器人装配电子印制电路板(PCB)已在电子制造业中获得了广泛的应用。日本日立公司的一条PCB装配线，装备了各型机器人共计56台，可灵活地对插座、可调电阻、IFI线圈、DIP-IC芯片、轴向和径向元件等多种不同品种的电子元器件进行PCB插装。各类PCB的自动插装率为85%，插装线的节拍为65。该线具有自动卡具调整系统和检测系统，机器人组成的单元式插装工位既可适应工作节拍和精度的要求，又使得装配线的设备利用率高，装配线装配工艺的组织可灵活地适应各种变化的要求。

图6-38所示为用机器人来装配计算机硬盘的自动化作业系统，采用2台SCARA型装配机器人作为主要装备。它具有1条传送线、2个装配工件供应单元(一个单元供应$A \sim E$五种部件；另一个单元供应螺钉)。传送线上的传送平台是装配作业的基台。一台机器人负责把$A \sim E$五种部件按装配位置互相装好，另一台机器人配有拧螺钉器，专门把螺钉按一定力的要求安装到工件上。全部系统是在超净间安装工作的。

装配机器人的发展重点包括以下几个方面：

(1) 装配机器人操作机结构的优化设计技术：探索新的高强度轻质材料，进一步提高负载/自重比，同时机构进一步向着模块化、可重构方向发展。

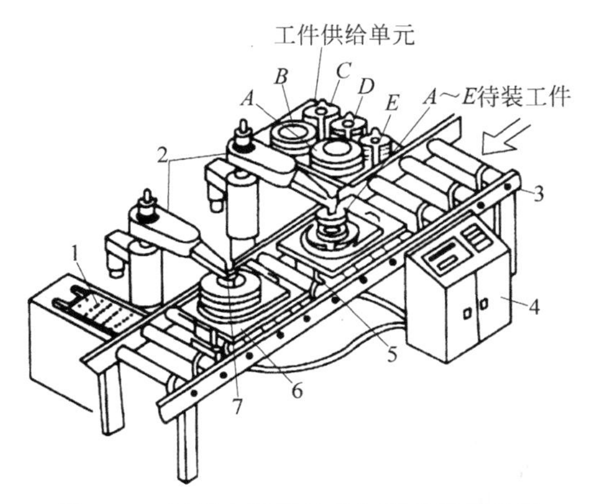

图 6-38 机器人装配计算机硬盘的系统图

1—螺钉供给单元；2—机器人；3—传送带；4—控制器；5—定位；6—定位夹具；7—拧螺钉器

（2）直接驱动装配机器人：传统机器人都要通过一些减速装置来降速并提高输出力矩，这些传动链会增加系统功耗、惯量、误差等，并降低系统可靠性，为了减小关节惯性，实现高速、精密、大负载及高可靠性。一种趋势是采用高扭矩低速电机直接驱动。

（3）机器人控制技术：重点研究开放式、模块化控制系统，人机界面更加友好，具有语言、图形编程界面。机器人控制器的标准化和网络化，以及基于 PC 机网络式控制器已成为研究热点。编程技术除进一步提高在线编程的可操作性之外，离线编程的实用化的完善成为研究重点。

（4）多传感器融合技术：为进一步提高机器人的智能和适应性，多种传感器的使用是其问题解决的关键。其研究热点在于有效可行的多传感器融合算法，特别是在非线性及非平稳、非正态分布的情形下的多传感器融合算法。另一问题就是传感系统的实用化。

（5）机器人遥控及监控技术，机器人半自主和自主技术，多机器人和操作者之间的协调控制，通过网络建立大范围内的机器人遥控系统，在有时延的情况下，建立预先显示进行遥控等。

（6）虚拟机器人技术：基于多传感器、多媒体和虚拟现实以及临场感技术，实现机器人的虚拟遥操作和人机交互。

（7）智能装配机器人：装配机器人的一个目标是实现工作自主，因此要利用知识规划、专家系统等人工智能研究领域成果，开发出智能型自主移动装配机器人，能在各种装配工作站工作。

（8）并联机器人：传统机器人采用连杆和关节串联结构，而并联机器人具有非累积定位误差、执行机构的分布得到改善、结构紧凑、刚性提高、承载能力增加等优点，而且其逆位置问题比较直接、奇异位置相对较少，所以近些年来备受重视。

（9）协作装配机器人：随着装配机器人应用领域的扩大，对装配机器人也提出一些新要求，如多机器人之间的协作，同一机器人双臂的协作，甚至人与机器人的协作，这对于重型或精密装配任务非常重要。

（10）多智能体协调控制技术：这是目前机器人研究的一个崭新领域，主要对多智能体的群体体系结构，相互间的通信与磋商机理，感知与学习方法，建模和规划，群体行为控制等方面进行研究。

6.4.5 协作机器人

2014年11月全球领先的工业机器人制造商德国库卡(KUKA)公司在2014中国国际工业博览会机器人展上，首次发布库卡公司第一款7轴轻型灵敏机器人LBR iiwa(图6-39)，其开创性的产品性能和广泛的应用领域，为工业机器人的发展开启了新时代。

图6-39 库卡轻型人机协作机器人LBR iiwa

LBR iiwa轻型机器人首次实现人类与机器人之间的直接合作，并开启了人机协作的新篇章(即人与机器人之间的直接协作)。该机器人扮演操作员"第三只手"的角色，可以与操作员直接协作，而无须使用安全护栏。同时，结合集成的传感器系统，使该轻型机器人具有可编程的灵敏性。其所有的轴都具有高性能碰撞检测功能和集成的关节力矩传感器，比如可以轻易地推开它，在它碰到人时也会自动远离。其次，拥有7轴结构的iiwa，其传感器使之具备了非常高的精确度，非常适合进行精细的连接工艺。同时它还可以通过学习来完善自己的功能，能够帮助人类实现难以完成的操作，这些优势为iiwa在精密装配行业应用提供了新的发展前景。

LBR iiwa除了具备灵敏和安全的突出特点外，其占地小，重量轻，拥有巨大的节能潜力，7轴的结构是基于人类手臂设计的，能够在适当位置进行操作和柔顺控制。使得该产品有较高的灵活度，可轻松地越过障碍物，甚至可以到达人类几乎无法到达的位置。其次，iiwa在保持整体高效率的同时还可以有效做到节能减耗，为客户赢得更大的价值。LBR iiwa机器人的结构采用铝制材料设计，其自身重量不超过30kg，负载重量可分别达到7kg和14kg，超薄的设计与轻铝机身令其运转迅速，灵活性强，不必设置安全屏障。库卡是首家也是唯一一家提供10kg以上有效载荷轻型机器人的制造商。

对于人机协作系统，对安全性的事前预测尤为重要。目前主要采用环境建模方法，通过系统安装传感器(如超声波、视觉、光电传感器等)来检测人机相对位置，预判人机相对运动，评估危险指数，并采取相应的安全措施避免碰撞的发生。这些措施可较好地提高机器人的安全性，但大量的环境数据及运算会影响潜在危险检测的准确性。在人机协作的共享空间内，对操作者的运动及其空间占用域预测，为机器人运动规划提供约束条件是目前解决人机协作系统安全的一种有效途径。

人和机器人的协作模式可分为两种：非物理交互(人和机器人各完成独立工作，如操作者放置工件,而机器人抓取工件)和物理交互(人和机器人共同搬运工件)。前者主要进行基于安全的机器人轨迹控制,而后者机器人必须能够感知操作者的运动趋势并配合操作者进行协同运动。人机协作过程如图 6-40 所示。

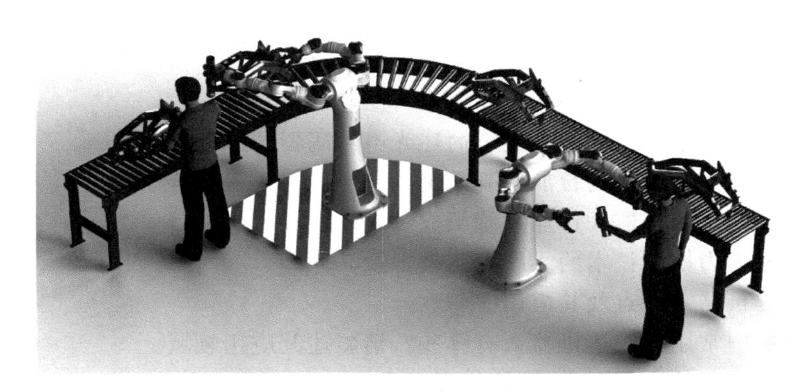

图 6-40　人机协作示意图

(1) 非物理交互:ISO 10218/2011 规定的人机协作安全标准包含速度、最小隔离距离准则。目前的主要方法是对机器人进行安全运动规划,是为确保操作者安全性而提出的事前安全规划控制策略。相较于事后安全控制方法,该方法能够在机器人与人发生碰撞之前遏制碰撞的发生,从根本上确保机器人运动的安全性。具体包括势场法、速度障碍法、危险区域法、深度空间法、安全域法等。同时,人机协同规划必须考虑安全和效率问题,既保证操作安全,又要考虑机器人的工作效率。

(2) 物理交互:在人机物理交互协同作业过程中,机器人并不接触刚性环境,由于导纳控制能够建立"操作者-机器人的力-运动"映射的动态关系,比较适合应用于物理人机交互。研究表明,采用导纳控制机器人的动态行为控制可通过修改交互过程中的虚拟刚度、阻尼和惯量完成。其中,虚拟阻尼是人机协同作业的决定性参数,虚拟阻尼的调整策略包括基于检测变量法(速度、力)和基于优化准则(学习人-人操作、预测人运动刚度-自调整)。前者采用启发式计算,不能保证得到最优解。后者的优化技术依赖于合作任务,不能扩展至其他运动形式。总之,变导纳控制是解决人和机器人协同作业的最有效的方法,结合人类知识使机器人具有导纳的自学习能力,对不同的操作具有鲁棒性是人机物理交互协同作业的难点。

6.5　小　结

本章介绍了工业机器人在制造业领域的应用状况,详细介绍了工业机器人的应用安全情况、系统应用通信方式。同时阐述了工业机器人应用的主要传感器系统,以及基于视觉、力觉的工业机器人应用设计案例。最后,分别介绍了焊接机器人、搬运机器人、喷涂机器人、装配机器人和协作机器人应用,给出了工业机器人应用的设计过程、功能和特点,大大提高了生产线的自动化和智能程度。

习　题

1. 工业机器人安全要素有哪些？安全保证技术有哪些？
2. 简述工业机器人在生产中的主要协作对象和通信方式。
3. 机器人传感器主要包括哪几类？简述光电编码器的原理和特点。
4. 框图说明工业机器人的智能控制系统。
5. 简述基于视觉的机器人作业系统组成。
6. 简述机器人力控制技术的柔顺控制技术及其原理。
7. 简述弧焊机器人特点及其应用。
8. 制造领域中常用的搬运机器人有哪些？请叙述其应用领域。
9. 为满足工业化的应用需求，喷涂机器人有哪些独特的工作特点？
10. 简述装配机器人的发展重点。
11. 简述协作机器人的特点，以及人机协作系统的协同控制模式。

参考文献

[1] 吴国魁. 工业机器人的碰撞辨识与安全控制[D]. 福州：福州大学，2014.
[2] 赵学增. 现代传感技术基础及应用[M]. 北京：清华大学出版社，2010：50-55.
[3] 邓桦. 机械臂空间目标视觉抓取的研究[D]. 哈尔滨：哈尔滨工业大学，2013：9-33.
[4] 陈立松. 工业机器人视觉引导关键技术的研究[D]. 合肥：合肥工业大学，2013：26-30.
[5] 李正义. 机器人与环境间力/位置控制技术研究与应用[D]. 武汉：华中科技大学，2011：9-17.
[6] 郭万金. 复杂形状零部件打磨作业机器人研究[D]. 哈尔滨：哈尔滨工业大学，2017：90-95.
[7] 宋金虎. 我国焊接机器人的应用与研究现状[J]. 电焊机，2009，39(4)：18-21.
[8] 李铁柱. 焊接机器人在汽车焊装领域中的应用[J]. 汽车零部件研究与开发，2014，12：64-67.
[9] 张锋. 焊接机器人的应用进展分析[J]. 中国新技术新产品，2014，11：4-4.
[10] 刘风臣，姚赟峰，等. 高速搬运机器人产业应用及发展[J]. 轻工机械，2012，30(2)：108-112.
[11] 李晓刚，刘晋浩. 码垛机器人的研究与应用现状问题及对策[J]. 包装工程，2011，32(3)：96-102.
[12] 李亚林. 喷涂机器人在汽车车身涂装的应用与质量控制研究[D]. 长沙：湖南大学，2012：7-25.
[13] 董欣胜，张传思，等. 装配机器人的现状与发展趋势[J]. 组合机床与自动化加工技术，2007，8：1-5.
[14] 高金刚，于佰领，张永贵，等. 机器人装配工作站设计[J]. 机械设计与制造，2014，4：47-49.
[15] 库卡公司. 开启自动化新时代——库卡推出首款轻型人机协作机器人 LBR iiwa[J]. 现代焊接，2014，12：14-15.
[16] 王健强，李斌，等. 基于 SoftPLC 和现场总线技术的点焊机器人柔性工作站系统集成[J]. 机床与液压，2010，38(15)：47-50.